范例导航系列丛书

Photoshop CS6 中文版图像处理

文杰书院　编著

清华大学出版社
北　京

内 容 简 介

本书是"范例导航系列丛书"的一个分册,以通俗易懂的语言、精挑细选的实用技巧、翔实生动的操作案例,全面介绍了 Photoshop CS6 的基础知识以及应用案例,主要内容包括 Photoshop CS6 基础入门、图像文件的基本操作、文件的编辑与操作、图像选区的应用、修复与修饰图像、图像色彩调整与应用、使用颜色与画笔工具、Photoshop CS6 中的滤镜、矢量工具与路径、图层及图层样式、通道与蒙版、文字工具、动作与任务自动化和 Photoshop 图像处理案例解析等。

本书配套一张多媒体全景教学光盘,收录了本书全部知识点的视频教学课程,同时还赠送了多套相关视频教学课程,超低的学习门槛和超大光盘容量,可以帮助读者循序渐进地学习、掌握和提高。

本书面向初中级用户,以及有志于从事平面广告设计、工业设计、企业形象策划、产品包装造型、印刷制版等工作的人员以及电脑美术爱好者,也可作为社会培训学校、大中专院校相关专业的教学参考书或上机实践指导用书。

本书封面贴有清华大学出版社防伪标签,无标签者不得销售。

版权所有,侵权必究。侵权举报电话:010-62782989 13701121933

图书在版编目(CIP)数据

Photoshop CS6 中文版图像处理/文杰书院编著. --北京:清华大学出版社,2015
(范例导航系列丛书)
ISBN 978-7-302-39101-2

Ⅰ.①P… Ⅱ.①文… Ⅲ.①图像处理软件 Ⅳ.①TP391.41

中国版本图书馆 CIP 数据核字(2015)第 017909 号

责任编辑:魏 莹
装帧设计:杨玉兰
责任校对:马素伟
责任印制:王静怡

出版发行:清华大学出版社
　　　　网　　　址:http://www.tup.com.cn,http://www.wqbook.com
　　　　地　　　址:北京清华大学学研大厦 A 座　　邮　　编:100084
　　　　社 总 机:010-62770175　　　　　　　　　邮　　购:010-62786544
　　　　投稿与读者服务:010-62776969,c-service@tup.tsinghua.edu.cn
　　　　质 量 反 馈:010-62772015,zhiliang@tup.tsinghua.edu.cn
　　　　课 件 下 载:http://www.tup.com.cn,010-62791865
印 刷 者:清华大学印刷厂
装 订 者:三河市新茂装订有限公司
经　　销:全国新华书店
开　　本:185mm×260mm　　印　张:26.5　　字　数:642 千字
　　　　(附 DVD1 张)
版　　次:2015 年 3 月第 1 版　　　　　　印　次:2015 年 3 月第 1 次印刷
印　　数:1～3000
定　　价:56.00 元

产品编号:056115-01

致 读 者

"范例导航系列丛书"将成为您"快速掌握电脑技能,灵活运用职场工作"的全新学习工具和业务宝典,通过"图书+多媒体视频教学光盘+网上学习指导"等多种方式与渠道,为您奉上丰盛的学习与进阶的盛宴。

"范例导航系列丛书"涵盖了电脑基础与办公、图形图像处理、计算机辅助设计等多个领域,本系列丛书汲取目前市面上同类图书作品的成功经验,针对读者最常见的需求来进行精心设计,从而知识更丰富,讲解更清晰,覆盖面更广,是读者首选的电脑入门与应用类学习与参考用书。

衷心希望通过我们坚持不懈的努力能够满足读者的需求,不断提高我们的图书编写和技术服务水平,进而达到与读者共同学习、共同提高的目的。

一、轻松易懂的学习模式

我们秉承**"打造最优秀的图书、制作最优秀的电脑学习软件、提供最完善的学习与工作指导"**的原则,在本系列丛书的编写过程中,聘请电脑操作与教学经验丰富的老师和来自工作一线的技术骨干倾力合作编写,为您系统化地学习和掌握相关知识与技术奠定扎实的基础。

1. 快速入门,学以致用

本套图书特别注重读者学习习惯和实践工作应用,针对图书的内容与知识点,设计了更加贴近读者学习的教学模式,采用**"基础知识学习+范例应用与上机指导+课后练习"**的教学模式,帮助读者从**初步了解**到**掌握**再到**实践应用**,循序渐进地成为电脑应用高手与行业精英。

2. 版式清晰,条理分明

为便于读者学习和阅读本书,我们聘请专业的图书排版与设计师,根据读者的阅读习

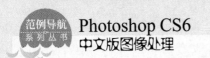
惯，精心设计了赏心悦目的版式，全书图案精美、布局美观，读者可以轻松完成整个学习过程，进而在轻松愉快的阅读氛围中，快速学习、逐步提高。

3. 结合实践，注重职业化应用

本套图书在内容安排方面，尽量摒弃枯燥无味的基础理论，精选了更适合实际生活与工作的知识点，每个知识点均采用**"基础知识+范例应用"**的模式编写，其中"基础知识"操作部分偏重于知识的学习与灵活运用，"范例应用"主要讲解该知识点在实际工作和生活中的综合应用。除此之外，每一章的最后都安排了"课后练习"，帮助读者综合应用本章的知识制作实例并进行自我练习。

二、轻松实用的编写体例

本套图书在编写过程中，注重内容起点低，操作上手快，讲解言简意赅，读者不需要复杂的思考，即可快速掌握所学的知识与内容。同时针对知识点及各个知识板块的衔接，科学地划分章节，知识点分布由浅入深，符合读者循序渐进与逐步提高的学习习惯，从而可使学习达到事半功倍的效果。

- **本章要点**：在每章的章首页，我们以言简意赅的语言，清晰地表述了本章即将介绍的知识点，读者可以有目的地学习与掌握相关知识。

- **操作步骤**：对于需要实践操作的内容，全部采用分步骤、分要点的讲解方式，图文并茂，使读者不但可以动手操作，还可以在大量实践案例的练习中，不断地积累经验、提高操作技能。

- **知识精讲**：对于软件功能和实际操作应用比较复杂的知识，或者难以理解的内容，进行更为详尽的讲解，帮助读者拓展、提高与掌握更多的技巧。

- **范例应用与上机操作**：读者通过阅读和学习此部分内容，可以边动手操作，边阅读书中所介绍的实例，一步一步地快速掌握和巩固所学知识。

- **课后练习**：通过此栏目内容，读者不但可以温习所学知识，还可以通过练习，达到巩固基础、提高操作能力的目的。

三、精心制作的教学光盘

本套丛书配套多媒体视频教学光盘，旨在帮助读者完成"从入门到提高，从实践操作到职业化应用"的一站式学习与辅导过程。配套光盘共分为"基础入门"、"知识拓展"、

"上网交流"和"配套素材"4 个模块，每个模块都注重知识点的分配与规划，使光盘功能更加完善。

- **基础入门**：在"基础入门"模块中，为读者提供了本书全部重要知识点的多媒体视频教学全程录像，从而帮助读者在阅读图书的同时，还可以通过观看视频操作快速掌握所学知识。

- **知识拓展**：在"知识拓展"模块中，为读者免费赠送了与本书相关的 4 套多媒体视频教学录像，读者在学习本书视频教学内容的同时，还可以学到更多的相关知识，读者买了一本书，相当于获得了 5 本书的知识与信息量！

- **上网交流**：在"上网交流"模块中，读者可以通过网上访问的形式，与清华大学出版社和本丛书作者远程沟通与交流，有助于读者在学习中有疑问的时候，可以快速解决问题。

- **配套素材**：在"配套素材"模块中，读者可以打开与本书学习内容相关的素材与资料文件夹，在这里读者可以结合图书中的知识点，通过配套素材全景还原知识点的讲解与设计过程。

四、图书产品与读者对象

"范例导航系列丛书"涵盖电脑应用的各个领域，为各类初、中级读者提供了全面的学习与交流平台，适合电脑的初、中级读者，以及对电脑有一定基础、需要进一步学习电脑办公技能的电脑爱好者与工作人员，也可作为大中专院校、各类电脑培训班的教材。本套图书具体书目如下。

- Office 2010 电脑办公基础与应用（Windows 7+Office 2010 版）
- Dreamweaver CS6 网页设计与制作
- AutoCAD 2014 中文版基础与应用
- Excel 2010 电子表格入门与应用
- Flash CS6 中文版动画设计与制作
- CorelDRAW X6 中文版平面设计与制作
- Excel 2010 公式·函数·图表与数据分析
- Illustrator CS6 中文版平面设计与制作

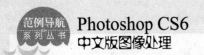

- Photoshop CS6 中文版图像处理
- UG NX 8.5 中文版入门与应用
- After Effects CS6 基础入门与应用

五、全程学习与工作指导

为了帮助您顺利学习、高效就业，如果您在学习与工作中遇到疑难问题，欢迎您与我们及时地进行交流与沟通，我们将全程免费答疑。希望我们的工作能够让您更加满意，希望我们的指导能够为您带来更大的收获，希望我们可以成为志同道合的朋友！

您可以通过以下方式与我们取得联系：

QQ 号码：12119840

读者服务 QQ 交流群号：128780298

电子邮箱：itmingjian@163.com

文杰书院网站：www.itbook.net.cn

最后，感谢您对本系列图书的支持，我们将再接再厉，努力为读者奉献更加优秀的图书。衷心地祝愿您能早日成为电脑高手！

编　者

前　　言

Adobe Photoshop CS6 是 Adobe 公司宣布推出的全新一季产品，Adobe Photoshop CS6 继承了以往版本的优良功能，同时性能更为稳定，使用 Adobe Photoshop CS6 进行平面设计，用户可以更好地执行设计理念，绘制出更完美的作品。为了帮助读者快速地了解和应用 Photoshop CS6 软件，我们编写了本书。

本书在编写过程中根据读者的学习习惯，采用由浅入深的方式讲解，通过大量的实例介绍了 Photoshop 的使用方法和技巧，为读者提供了一个全新的学习和实践操作平台。无论是基础知识的安排还是实践应用能力的训练，本书都充分地考虑了用户的需求，能够帮助读者快速地达到理论知识与应用能力的同步提高。

读者可以通过本书配套的多媒体视频教学光盘进行学习，还可以通过光盘中的赠送视频学习其他相关课程。本书结构清晰、内容丰富，全书共分为 14 章，主要包括以下 6 个方面的内容。

1. Adobe Photoshop CS6 的基础知识与入门

第 1～4 章，介绍了 Photoshop CS6 基础入门、图像文件的基本操作、文件的编辑与操作，以及图像选区的应用方面的具体知识与操作案例。

2. 图像修饰和色调调整

第 5、6 章，介绍了修复与修饰图像和图像色彩调整与应用方面的具体知识与操作案例。

3. 绘图工具、滤镜和矢量工具

第 7～9 章，讲解了使用颜色与画笔工具、Photoshop CS6 中的滤镜、矢量工具与路径方面的知识与操作案例。

4. 图层、图层样式及通道与蒙版

第 10、11 章，全面介绍了图层操作与应用、图层样式及应用、通道与蒙版方面的知识与操作案例。

5. 文字与自动化操作

第 12、13 章，介绍了文字工具、动作与任务自动化方面的知识与操作案例。

6. 实例解析

第 14 章，生动讲解了线框字体、水晶花和宠物动态影像三个设计实例，帮助用户更加灵活地运用 Photoshop CS6。

本书由文杰书院组织编写，参与本书编写工作的有李军、袁帅、王超、徐伟、李强、许媛媛、贾亮、安国英、冯臣、高桂华、贾丽艳、李统才、李伟、蔺丹、沈书慧、蔺影、宋艳辉、张艳玲、安国华、高金环、贾万学、蔺寿江、贾亚军、沈嵘、刘义等。

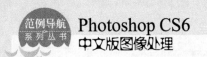

我们真切希望读者在阅读本书之后，可以开阔视野，增长实践操作技能，并从中学习和总结操作的经验和规律，达到灵活运用的水平。鉴于编者水平有限，书中纰漏和考虑不周之处在所难免，热忱欢迎读者予以批评、指正，以便我们日后能为您编写更好的图书。

如果您在使用本书时遇到问题，可以访问网站 http://www.itbook.net.cn 或发邮件至 itmingjian@163.com 与我们交流和沟通。

编　者

目　　录

目
录

目
录

第1章

Photoshop CS6 基础入门

本章主要介绍 Photoshop 运行环境及应用领域、图像处理和 Photoshop CS6 的工作界面方面的知识，同时还讲解 Photoshop CS6 工作区和使用辅助工具方面的知识。通过本章的学习，读者可以掌握 Photoshop CS6 基础入门方面的知识，为深入学习 Photoshop CS6 知识奠定基础。

范 例 导 航

1. Photoshop 简介
2. 图像处理基础知识
3. Photoshop CS6 的工作界面
4. Photoshop CS6 工作区
5. 使用辅助工具

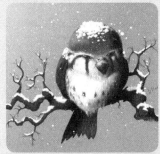

1.1 Photoshop 简介

      Photoshop 系列软件是 Adobe 公司旗下最出名的图像处理软件之一，其最新的操作版本为 Photoshop CS6。使用 Photoshop，用户可以进行图像扫描、编辑修改、图像制作、广告创意、图像输入与输出等操作。下面详细介绍 Photoshop 工作与运行环境及应用领域方面的知识。

1.1.1 Photoshop 工作与运行环境

      Photoshop 系列软件提供了强大的图像处理功能，可帮助用户更好地实现完美的平面设计作品，同时随着 Photoshop 软件版本的不断提升，其功能也越来越完善。为更好地使用 Photoshop CS6 绘制与编辑图形图像，用户应对 Photoshop 工作与运行环境的电脑配置要求有所了解。

1. Windows 操作系统

      Windows 操作系统是当今社会使用最为广泛的一种电脑操作系统，目前主流操作系统版本为 Windows 7 系列。Photoshop CS6 在 Windows 操作系统中的运行要求如下。

- Intel Pentium 4 或 AMD Athlon 64 处理器。
- Microsoft Windows XP(带有 Service Pack 3)、Windows Vista Home Premium、Business、Ultimate 或 Enterprise(带有 Service Pack 1，建议 Service Pack 2)，或 Windows 7。
- 1GB 内存。
- 1GB 可用硬盘空间用于安装，安装过程中需要额外的可用空间(无法安装在基于闪存的可移动存储设备上)
- 1024×768 屏幕(建议使用 1280×800)，配备符合条件的硬件加速 OpenGL 图形卡、16 位颜色和 256MB(建议使用 512MB)的 VRAM。
- 某些 GPU 加速功能需要 Shader Model 3.0 和 OpenGL 2.0 图形支持。
- DVD-ROM 驱动器。
- 多媒体功能需要安装 QuickTime 7.6.2 软件。
- 在线服务需要宽带 Internet 连接。

2. Mac OS 操作系统

      Mac OS 是一套运行于苹果 Macintosh 系列电脑上的操作系统，现行的最新的系统版本是 OS X 10.10 Yosemite。Photoshop CS6 在 Mac OS 操作系统中的运行要求如下。

- 带有 64 位支持的多核 Intel 处理器。
- Mac OS X v10.6.8 或 v10.7。当安装在基于英特尔的系统上时，Adobe Creative Suite

3、4、5，CS5.5 和 CS6 应用程序支持 Mac OS X 山狮(v10.8)。

- 1GB 内存。
- 2GB 可用硬盘空间用于安装，安装过程中需要额外的可用空间(无法在使用区分大小写的文件系统的卷或可移动的闪存设备上安装)。
- 1024×768 屏幕(建议使用 1280×800)，带 16 位颜色和 256 MB(建议使用 512 MB)的 VRAM。
- 支持 OpenGL 2.0 的系统。
- DVD-ROM 驱动器。

应该注意的是，Photoshop CS6 软件无论是在 Windows 操作系统，还是在 Mac OS 操作系统中，使用前都需要激活。用户必须具备宽带网络连接并完成注册，才能激活软件、验证订阅和访问在线服务，电话激活不可用。

1.1.2　Photoshop 的应用领域

Photoshop 系列软件作为目前最为主流的一种专业图像编辑软件，是 Adobe 公司数字图像处理产品系列的旗舰产品，已经被广泛应用到社会的各个领域。下面详细介绍 Photoshop 的应用领域。

1. 包装设计领域

通过使用 Photoshop，用户可以设计出精美的包装样式，如服装设计、环保袋和礼品盒等，如图 1-1 所示。

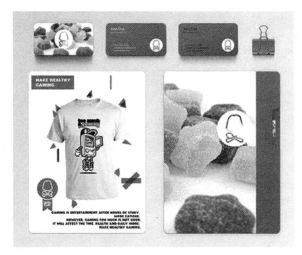

图 1-1

2. 广告设计领域

广告设计是 Photoshop 应用最为广泛的一个领域。使用功能强大的 Photoshop CS6，用户可以设计出精美绝伦的广告海报、招贴等，如图 1-2 所示。

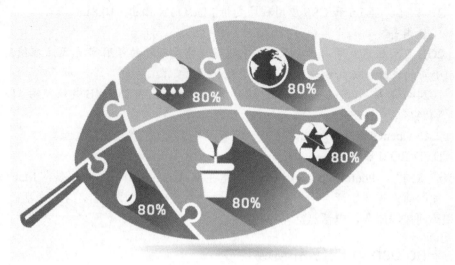

图 1-2

3. 网页设计领域

使用 Photoshop，用户可以制作网站中的各种元素，如网站标题、框架及背景图片等，如图 1-3 所示。

图 1-3

4. 插画绘制领域

使用 Photoshop，用户可以绘制出风格多样的电脑插图，并将其应用到广告、网络、T恤印图等领域，如图 1-4 所示。

图 1-4

5. 人像处理领域

使用 Photoshop 处理人像，用户可以修饰人物的皮肤、调整图像的色调，同时还可以合成背景，使影像更加完美，如图 1-5 所示。

图 1-5

6. 艺术文字领域

使用 Photoshop，用户可以制作各种精美的艺术字，用于图书封面、海报设计、建筑设计和标识设计等领域中，如图 1-6 所示。

图 1-6

7. 绘制或处理三维材质贴图领域

使用 Photoshop，用户可以对三维图像进行三维材质贴图的操作，更为逼真地展示图像，如图 1-7 所示。

图 1-7

8. 效果图后期处理领域

用户在制作建筑效果图时，渲染出的图片通常都要使用 Photoshop 进行后期处理，例如人物、车辆、植物、天空等，如图 1-8 所示。

图 1-8

9. 界面设计领域

使用 Photoshop，用户还可以设计出精美的软件界面、游戏界面、手机界面和电脑界面等，如图 1-9 所示。

图 1-9

 # 1.2　图像处理基础知识

图像是 Photoshop 进行处理的主要对象。使用 Photoshop CS6，用户可以对图像进行处理，增加图像的美感，同时可以将图像保存为各种格式。下面介绍图像处理基础方面的知识。

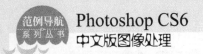
1.2.1 像素

像素是构成数码影像的基本单位，图像无限放大后，会发现图像是由许多小方格组成的，这些小方格就是像素，如图1-10所示。一个图像的像素越高，其色彩越丰富，越能表达图像真实的颜色。

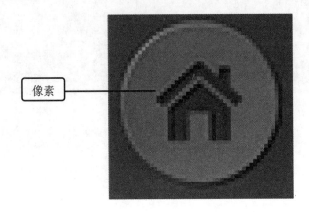

像素

图 1-10

1.2.2 矢量图和点阵图

用户可以将图像分为矢量图和点阵图两个种类，一般情况下，在Photoshop CS6软件中进行处理的图像多为点阵图，同时Photoshop CS6软件也可以处理矢量图，下面介绍有关矢量图和点阵图方面的知识。

1. 矢量图

矢量图也叫作向量图，就是缩放不失真的图像格式。矢量图是通过多个对象的组合生成的，对其中的每一个对象的记录方式，都是以数学函数来实现的，无论显示画面是大还是小，画面上的对象对应的算法是不变的，所以，即使对画面进行倍数相当大的缩放，其显示效果仍不失真，如图1-11所示。

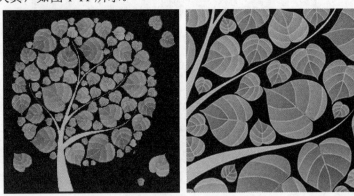

图 1-11

2. 点阵图

点阵图也称为位图，就是最小单位由像素构成的图，缩放时会失真，如图 1-12 所示。构成位图的最小单位是像素，位图就是由像素阵列的排列来实现其显示效果的，每个像素有自己的颜色信息，所以处理位图时，应着重考虑分辨率，分辨率越高，位图失真率越小。

图 1-12

1.2.3 图像分辨率

分辨率，英文为 resolution，图像分辨率是指单位英寸中所包含的像素点数。下面介绍使用 Photoshop CS6 查看图像分辨率的操作方法。

step 1 ① 启动 Photoshop CS6 程序，单击【图像】主菜单，② 在弹出的下拉菜单中，选择【图像大小】菜单项，如图 1-13 所示。

step 2 弹出【图像大小】对话框，在【文档大小】选项组中，在【分辨率】文本框中，用户即可查看图像分辨率数值，如图 1-14 所示。

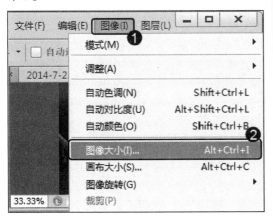

图 1-13

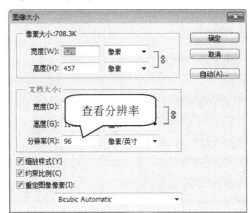

图 1-14

第一章 Photoshop CS6 基础入门

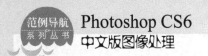

1.2.4　颜色深度

　　颜色深度，是指一种格式最多支持多少种颜色，颜色深度一般是用"位"来描述的。如果一幅图支持 256 种颜色，那么就需要 256 个不同的值来表示不同的颜色，也就是从 0 到 255。应注意的是，颜色深度越大，图片所占的空间越大，如图 1-15 所示。

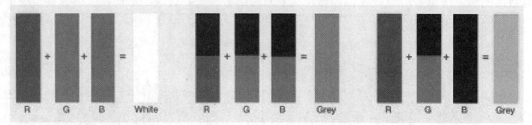

图 1-15

1.2.5　色彩模式

　　色彩模式，是将某种颜色表现为数字形式的模型。在 Photoshop CS6 中，色彩模式可分为位图模式、灰度模式、双色调模式、索引颜色模式、RGB 颜色模式、CMYK 颜色模式、Lab 颜色模式和双色调模式和多通道模式等，如表 1-1 所示。

表 1-1　常用图像色彩模式

色彩模式名称	特　点
位图模式	位图模式又称黑白模式，是一种最简单的色彩模式，属于无彩色模式。位图模式的图像只有黑白两色，由 1 位像素组成，每个像素用 1 位二进制数来表示，文件占据的存储空间非常小
灰度模式	灰度模式的图像中没有颜色信息，色彩饱和度为 0，属于无彩色模式，图像由介于黑白之间的 256 级灰色所组成
双色调模式	双色调模式是通过 1～4 种自定义灰色油墨或彩色油墨创建一幅双色调、三色调或者四色调的含有色彩的灰度图像
索引颜色模式	索引颜色模式只支持 8 位颜色，是使用系统预先定义好的最多含有 256 种典型颜色的颜色表中的颜色来表现彩色图像的
RGB 颜色模式	RGB 颜色模式采用三基色模型，又称为加色模式，是目前图像软件最常用的基本色彩模式。三基色可复合生成 1670 多万种颜色
CMYK 颜色模式	CMYK 颜色模式采用印刷三原色模型，又称减色模式，是打印、印刷等油墨成像设备即印刷领域使用的专有模式
Lab 颜色模式	Lab 颜色模式是一种色彩范围最广的色彩模式，它是各种色彩模式相互转换的中间模式
多通道模式	多通道模式的图像包含有多个具有 256 级强度值的灰阶通道，每个通道 8 位深度

1.2.6 图像的文件格式

文件格式是电脑为了存储信息而使用的特殊编码方式，主要用于识别内部存储的资料。Photoshop CS6 支持几十种文件格式，常用的文件格式包括 PSD、BMP、GIF、EPS、JPEG、PDF、PNG、TIFF 等，如表 1-2 所示。

表 1-2 图像的文件格式

文件格式名称	特 点
PSD	PSD 是 Photoshop 图像处理软件的专用文件格式，它可以比其他格式更快速地打开和保存图像
BMP	BMP 是一种与硬件设备无关的图像文件格式，被大多数软件所支持，主要用于保存位图文件。BMP 文件格式不支持 Alpha 通道
GIF	GIF 为 256 色 RGB 图像格式，其特点是文件尺寸较小，支持透明背景，适用于网页制作
EPS	EPS 是处理图像工作中最重要的格式，主要用于在 PostScript 输出设备上打印
JPEG	JPEG 是一种压缩效率很高的存储格式，但当压缩品质过高时，会损失图像的部分细节，其被广泛应用于网页制作和 GIF 动画
PDF	PDF 是由 Adobe Systems 创建的一种文件格式，允许在屏幕上查看电子文档，PDF 文件还可被嵌入到 Web 的 HTML 文档中
PNG	PNG 是用于无损压缩和在 Web 上显示图像的一种格式，与 GIF 格式相比，PNG 格式不局限于 256 色
TIFF	TIFF 支持 Alpha 通道的 RGB、CMYK、灰度模式以及无 Alpha 通道的索引、灰度模式、16 位和 24 位 RGB 文件，可设置透明背景

1.3　Photoshop CS6 的工作界面

为了更好地使用 Photoshop CS6 进行图像编辑操作，用户应首先对 Photoshop CS6 的工作界面进行了解。下面详细介绍 Photoshop CS6 的工作界面。

1.3.1 菜单栏

Photoshop CS6 中共有 11 个主菜单，每个主菜单内都包含一系列对应的操作命令。如单击【文件】主菜单，在弹出的下拉菜单中，用户可以选择相应的菜单项，设置相应的文件命令。如果某些命令显示为灰色，表示该命令在当前状态下不能使用，如图 1-16 所示。

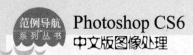

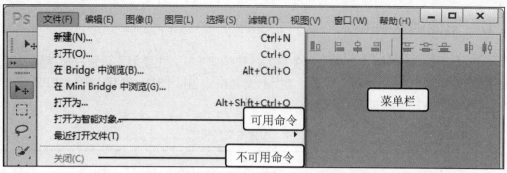

图 1-16

1.3.2 选项栏

工具选项栏简称选项栏，用于显示当前所选工具的选项，如图 1-17 所示。工具不同，选项栏的功能也各不相同。单击并拖动工具选项栏可以使它成为浮动的工具选项栏，将其拖动到菜单栏下方，在出现蓝色条时放开鼠标，便可使其重新归回原位。

图 1-17

1.3.3 工具箱

在 Photoshop CS6 中，使用工具箱中的工具可以进行创建选区、绘图、取样，以及编辑、移动、注释和查看图像等操作，同时还可以更改前景色和背景色，并可以采用不同的屏幕显示模式和快速蒙版模式编辑图像，如图 1-18 所示。

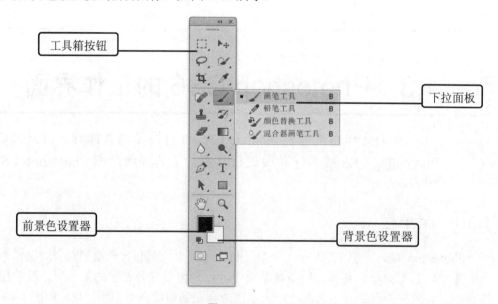

图 1-18

1.3.4　面板组

　　面板组可以用来设置图像的颜色、色板、样式、图层和历史记录等。在 Photoshop CS6
中，面板组中包含 20 多个面板，并可以浮动展示，如图 1-19 所示。

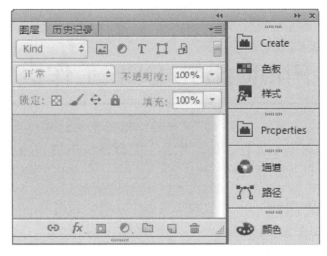

图 1-19

1.3.5　文档窗口

　　在 Photoshop CS6 中，打开一个图像，便会创建一个文档窗口，用于显示正在处理的图
像文件，如图 1-20 所示。当打开多个图像时，文档窗口将以选项卡的形式进行显示。单击
相应的标签即可切换文档窗口，按 Ctrl+Tab 组合键则可以按顺序切换窗口。

图 1-20

1.3.6　状态栏

　　状态栏用于显示文档的窗口缩放比例、文档尺寸和当前工具等信息，如图 1-21 所示。
单击状态栏中的右三角按钮▶，在弹出的下拉菜单中选择【显示】菜单项，在弹出的子菜

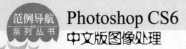

单中可以选择【文档大小】、【文档配置文件】、【文档尺寸】、【测量比例】、【暂存盘大小】、【效率】、【即时】、【当前工具】、【32 位曝光】和 Save Progress 等子菜单项。

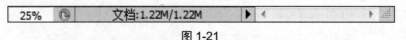

图 1-21

1.4 Photoshop CS6 工作区

在 Photoshop CS6 中，用户可以根据不同的编辑要求，选择不同的工作区，或是定制自己的工作区。下面详细介绍 Photoshop CS6 工作区方面的知识与操作技巧。

1.4.1 工作区的切换

在 Photoshop CS6 中，用户可以根据图像编辑的需要，快速切换至不同类型的工作区，方便用户操作。下面将介绍切换工作区的操作方法。

step 1 ① 打开图像文件后，单击【窗口】主菜单，② 在弹出的下拉菜单中，选择【工作区】菜单项，③ 在弹出的子菜单中，选择【摄影】菜单项，如图 1-22 所示。

step 2 返回到 Photoshop CS6 主程序中，程序自动将工作区切换至"摄影"工作区模式，如图 1-23 所示，这样即可完成切换工作区的操作。

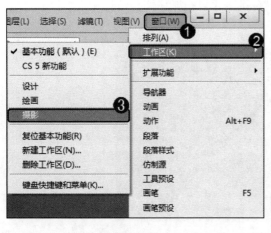

图 1-22

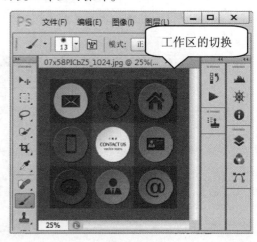

图 1-23

1.4.2 定制自己的工作区

在 Photoshop CS6 中，如果程序自带的工作区不能满足用户的工作需要，用户还可以定制自己的工作区界面。下面介绍定制自己的工作区的操作方法。

step 1 ① 打开图像文件后，单击【窗口】主菜单，② 在弹出的下拉菜单中，选择【动画】菜单项，如图1-24所示。

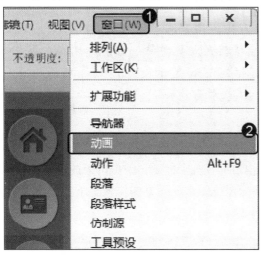

图1-24

step 2 这样即可在现有工作区的基础上添加用户需要的面板，如图1-25所示。

图1-25

step 3 ① 打开图像文件后，单击【窗口】主菜单，② 在弹出的下拉菜单中，选择【工作区】菜单项，③ 在弹出的子菜单中，选择【新建工作区】菜单项，如图1-26所示。

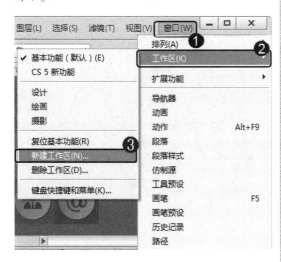

图1-26

step 4 ① 弹出【新建工作区】对话框，在【名称】文本框中，输入保存的工作区名称，② 单击【存储】按钮，如图1-27所示，这样即可完成定制自己的工作区的操作。

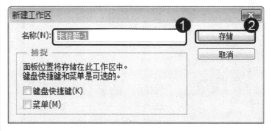

图1-27

 考考您

请您根据上述方法定制一个工作区，测试一下您的学习效果。

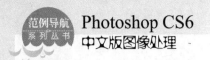
 # 1.5　使用辅助工具

使用 Photoshop CS6 中的辅助工具，用户可以更好地对图像进行编辑操作。Photoshop CS6 辅助工具包括标尺、参考线、智能参考线、网格、注释等。此外，Photoshop CS6 还提供对齐和显示额外内容等功能。下面介绍在 Photoshop CS6 中使用辅助工具方面的知识。

1.5.1　使用标尺

在 Photoshop CS6 中，标尺一般出现在文档窗口的顶部和左侧，用户可以通过移动鼠标指针来更改标尺的原点。使用标尺，用户可以精确定位图像或元素的位置。下面介绍使用标尺的操作方法。

step 1 ① 在 Photoshop CS6 中打开图像，单击【视图】主菜单，② 在弹出的下拉菜单中，选择【标尺】菜单项，如图 1-28 所示。

step 2 返回到 Photoshop CS6 工作主界面中，在图像文档窗口顶部和左侧显示出标尺刻度器，如图 1-29 所示，这样即可完成启用标尺的操作。

图 1-28

图 1-29

1.5.2　使用参考线

在 Photoshop CS6 中，参考线用于精确定位图像或元素的位置，用户可以移动和移去参考线，同时还可以锁定参考线，使其不可移动。下面介绍使用参考线的操作方法。

step 1 在 Photoshop CS6 中启用标尺后，将鼠标指针移动至文档窗口顶端的标尺处，按住鼠标左键并向下方拖动鼠标，然后在指定位置释放鼠标，即可绘制出一条水平参考线，如图 1-30 所示。

step 2 在 Photoshop CS6 中启用标尺后，将鼠标指针移动至文档窗口左侧的标尺处，按住鼠标左键并向右侧拖动鼠标，然后在指定位置释放鼠标，即可绘制出一条垂直参考线，如图 1-31 所示。

图 1-30

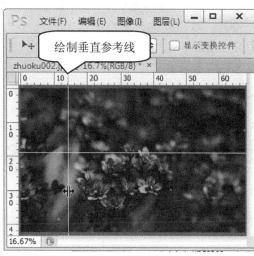

图 1-31

1.5.3　使用智能参考线

在 Photoshop CS6 进行图像移动操作时，使用智能参考线，用户可以对移动的图像进行对齐形状、选区和切片的操作。下面介绍使用智能参考线的操作方法。

step 1 ① 打开图像后，单击【视图】主菜单，② 在弹出的下拉菜单中，选择【显示】菜单项，③ 在弹出的子菜单中，选择【智能参考线】菜单项，如图 1-32 所示。

step 2 启用智能参考线功能后，在拖动图像的过程中，文档窗口中会显示智能参考线，如图 1-33 所示，这样即可完成使用智能参考线的操作。

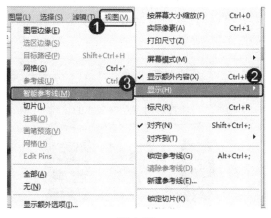

图 1-32

图 1-33

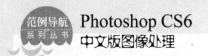

1.5.4 使用网格

在 Photoshop CS6 中，用户可以利用显示网格的方法，对图像进行对齐操作。下面介绍使用网格的操作方法。

step 1 ① 打开图像后，单击【视图】主菜单，② 在弹出的下拉菜单中，选择【显示】菜单项，③ 在弹出的子菜单中，选择【网格】菜单项，如图 1-34 所示。

step 2 启用网格功能后，在文档窗口中将显示网格，如图 1-35 所示，这样即可完成显示网格的操作。

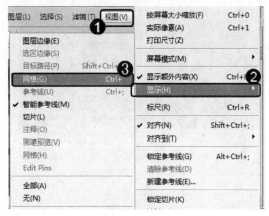

图 1-34

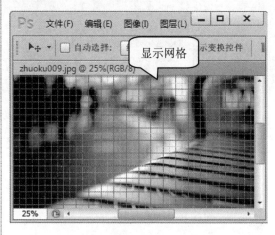

图 1-35

1.5.5 启用对齐功能

在 Photoshop CS6 中，开启参考线、网格、图层、切片或文档边界功能时，使用对齐功能，程序可以将用户移动的图形图像自动吸附对齐到使用中的参考线、网格、图层、切片或文档边界上，从而达到用户编辑的要求。下面介绍启用对齐功能的操作方法。

step 1 ① 打开图像后，单击【视图】主菜单，② 在弹出的下拉菜单中，选择【对齐】菜单项，如图 1-36 所示。

step 2 通过以上方法即可完成启用对齐功能的操作，此时，将图像移动至参考线附近，图形会自动对齐至参考线的边缘，如图 1-37 所示。

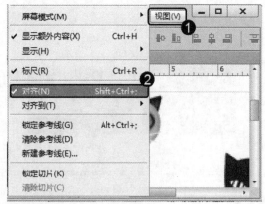

图 1-36

图 1-37

1.5.6　添加注释

在 Photoshop CS6 中，注释工具的作用是为图像添加文字释义。下面介绍添加注释的操作方法。

step 1 ① 打开图像后，在工具箱中，单击【注释】按钮 📝，② 在文档窗口中，在准备添加注释的位置单击，如图 1-38 所示。

step 2 弹出【注释】面板，在【注释】文本框中，输入准备添加的释义语句，如图 1-39 所示，这样即可完成添加注释的操作。

图 1-38

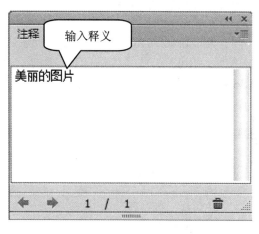

图 1-39

1.5.7　显示额外内容

在 Photoshop CS6 中，开启显示额外内容功能，程序将显示网格、参考线、图层边缘、选区边缘、切片和注释等内容。下面介绍显示额外内容的操作方法。

在 Photoshop CS6 中，打开图像后，单击【视图】主菜单，在弹出的下拉菜单中，选择【显示额外内容】菜单项，如图 1-40 所示，这样即可完成显示额外内容的操作。

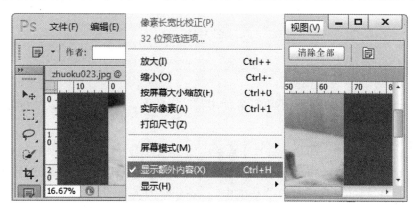

图 1-40

第一章　Photoshop CS6 基础入门

1.6 范例应用与上机操作

通过本章的学习，读者基本可以掌握 Photoshop CS6 基础入门的基本知识和操作技巧。下面介绍几个范例应用与上机操作，以达到巩固学习、拓展提高的目的。

1.6.1 查看系统信息

在 Photoshop CS6 中，单击【帮助】主菜单，在弹出的下拉菜单中，选择【系统信息】菜单项，即可打开【系统信息】对话框。在弹出的【系统信息】对话框中，用户可以查看 Adobe Photoshop 的版本、操作系统、处理器速度、Photoshop 可用的内存、Photoshop 占用的内存和图像高速缓存级别等信息，如图 1-41 所示。

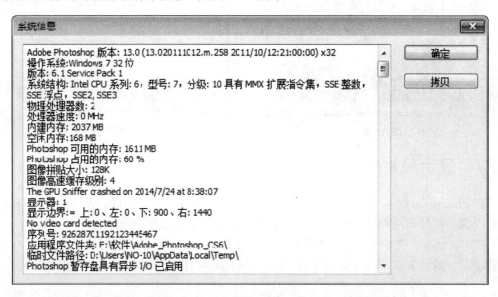

图 1-41

1.6.2 删除工作区

在 Photoshop CS6 中，如果不再准备使用某一工作区，用户可以将其从程序中删除。下面介绍删除工作区的操作方法。

step 1 ① 打开文件后，单击【窗口】主菜单，② 在弹出的下拉菜单中，选择【工作区】菜单项，③ 在弹出的子菜单中，选择【删除工作区】菜单项，如图 1-42 所示。

step 2 ① 弹出【删除工作区】对话框，在【工作区】下拉列表框中，选择准备删除的工作区，② 单击【删除】按钮，如图 1-43 所示。

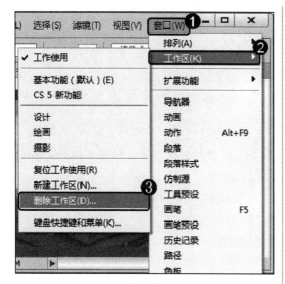

图 1-42

图 1-43

智慧锦囊

在 Photoshop CS6 中,打开【删除工作区】对话框后,在【工作区】下拉列表框中,选择【所有自定工作区】选项,单击【删除】按钮,即可删除所有自定义的工作区。

step 3 弹出【删除工作区】对话框,单击【是】按钮,如图 1-44 所示,这样即可完成删除工作区的操作。

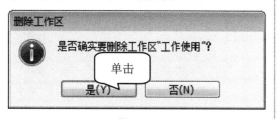

图 1-44

考考您

请您根据上述方法删除一个工作区,测试一下您的学习效果。

1.7 课后练习

1.7.1 思考与练习

一、填空题

1. 使用 Photoshop,用户可以进行_____、编辑修改、_____、广告创意,_____等操作。

2. _____是构成数码影像的基本单位,图像无限放大后,会发现图像是由许多_____组成的,这些小方格就是像素。一个图像的像素越高,其色彩_____,越能表达图像真实的颜色。

3. _____也叫作向量图,就是缩放不失真的图像格式。_____是通过多个对象的组合生成的，对其中的每一个对象的记录方式，都是以数学函数来实现的，无论显示画面是大还是小，画面上的对象对应的算法是不变的，所以，即使对画面进行倍数相当大的缩放，其显示效果仍_____。

二、判断题

1. Photoshop CS6 中共有 11 个主菜单，每个主菜单内都包含一系列对应的操作命令。

2. 在 Photoshop CS6 中，使用工具箱中的工具可以进行创建选区、绘图、取样，以及编辑、移动、注释和查看图像等操作。

3. Photoshop CS6 标准工具包括卡尺、参考线、智能参考线、网格、注释等。

三、思考题

1. 什么是状态栏？
2. 如何启动标尺？

1.7.2　上机操作

1. 启动 Photoshop CS6 软件，进行定制自己的工作区的练习操作。
2. 启动 Photoshop CS6 软件，进行使用网格的练习操作。

范例导航
系列丛书

第2章

图像文件的基本操作

　　本章主要介绍新建与保存文件和打开与关闭文件方面的知识，同时还讲解置入与导出文件和查看图像文件方面的操作技巧。通过本章的学习，读者可以掌握图像文件的基本操作方面的知识，为深入学习 Photoshop CS6 知识奠定基础。

范 例 导 航

1. 新建与保存文件
2. 打开与关闭文件
3. 置入与导出文件
4. 查看图像文件

2.1 新建与保存文件

在 Photoshop CS6 中，用户可以通过新建文件快速创建准备编辑图像的背景图层，通过保存文件防止编辑好的图像丢失。本节将重点介绍新建与保存文件方面的知识。

2.1.1 新建图像文件

在 Photoshop CS6 中，用户可以创建一个新的空白图像文件。下面介绍新建图像文件的操作方法。

step 1 ① 启动 Photoshop CS6 主程序，单击【文件】主菜单，② 在弹出的下拉菜单中，选择【新建】菜单项，如图 2-1 所示。

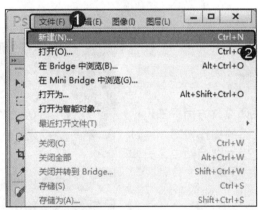

图 2-1

step 3 通过以上方法即可完成新建图像文件的操作，如图 2-3 所示。

图 2-3

step 2 ① 弹出【新建】对话框，在【名称】文本框中，输入新建图像的名称，② 在【宽度】文本框中，输入新建文件的宽度值，③ 在【高度】文本框中，输入新建文件的高度值，④ 单击【确定】按钮，如图 2-2 所示。

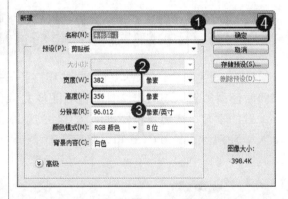

图 2-2

 智慧锦囊

在 Photoshop CS6 中，按 Ctrl+N 组合键，用户同样可以进行新建图像文件的操作。

 考考您

请您根据上述方法新建一个图像文件，测试一下您的学习效果。

2.1.2 保存图像文件

在 Photoshop CS6 中，用户可以对编辑完成的图像文件进行保存，保存文件的方法有很多，下面介绍常用的两种保存图像文件的方法。

1. 使用【存储】命令保存文件

在 Photoshop CS6 中，使用【存储】命令随时保存文件，可以有效防止文件的丢失。下面介绍使用【存储】命令保存文件的操作方法。

step 1 ① 在 Photoshop CS6 中，图像文件编辑完成后，单击【文件】主菜单，② 在弹出的下拉菜单中，选择【存储】菜单项，如图 2-4 所示。

step 2 通过以上方法即可完成使用【存储】命令保存文件的操作，如图 2-5 所示使用【存储】命令。

图 2-4

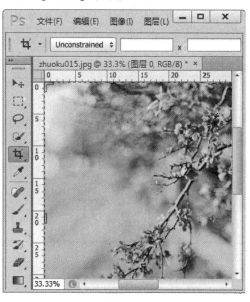

图 2-5

2. 使用【存储为】命令保存文件

在 Photoshop CS6 中，使用【存储为】命令可以将文件保存到电脑中的其他位置，以便对编辑的图像文件进行备份。下面详细介绍使用【存储为】命令保存文件的操作方法。

step 1 ① 在 Photoshop CS6 中，图像文件编辑完成后，单击【文件】主菜单，② 在弹出的下拉菜单中，选择【存储为】菜单项，如图 2-6 所示。

step 2 ① 弹出【存储为】对话框，在【保存在】下拉列表框中，选择文件存放的磁盘位置，② 在【文件名】文本框中，输入文件保存的名称，③ 在【格式】下拉列表框中，选择保存文件的格式，④ 单击【保存】按钮，如图 2-7 所示，这样即可完成使用【存储为】命令保存文件的操作。

图 2-6

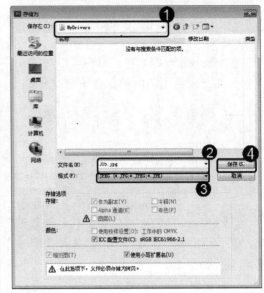

图 2-7

在【存储为】对话框中，设置好文件存储格式，单击【保存】按钮后，根据选择的存储格式的不同，会弹出不同格式的存储对话框。如选择将图像存储为 JPEG 格式后，会弹出【JPEG 选项】对话框，用户可以设置图像存储的图像品质的大小及其他参数。

2.2 打开与关闭文件

在 Photoshop CS6 中，快速打开图像文件，可以方便用户快速进行素材的选择与使用，同时关闭不再使用的图像文件，可以节省软件的操作空间，提升编辑操作的速度。本节将介绍打开与关闭文件方面的知识。

2.2.1 使用【打开】命令打开文件

在 Photoshop CS6 中，用户可以快速打开准备编辑的图像文件。下面介绍使用【打开】命令打开文件的操作方法。

 ❶ 启动 Photoshop CS6 主程序，单击【文件】主菜单，❷ 在弹出的下拉菜单中，选择【打开】菜单项，如图 2-8 所示。

❶ 弹出【打开】对话框，在【查找范围】下拉列表框中，选择文件存放的磁盘位置，❷ 单击选中准备打开的图像文件，❸ 单击【打开】按钮，如图 2-9 所示。

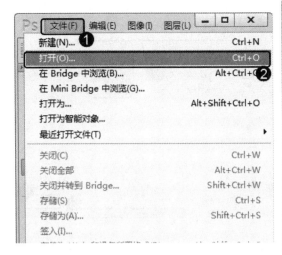

图 2-8

图 2-9

Step 3 通过以上方法即可完成使用【打开】命令打开图像文件的操作，如图 2-10 所示。

图 2-10

智慧锦囊

在 Photoshop CS6 中，按 Ctrl+O 组合键，用户同样可以进行打开图像文件的操作。

考考您

请您根据上述方法打开一个图像文件，测试一下您的学习效果。

2.2.2 使用【打开为】命令打开文件

在 Photoshop CS6 中，使用【打开为】命令打开文件，需要指定特定的文件格式，不是指定格式的文件将无法打开。下面介绍使用【打开为】命令打开文件的操作方法。

Step 1 ① 启动 Photoshop CS6 主程序，单击【文件】主菜单，② 在弹出的下拉菜单中，选择【打开为】菜单项，如图 2-11 所示。

Step 2 ① 弹出【打开】对话框，在【查找范围】下拉列表框中，选择文件存放的磁盘位置，② 单击选中准备打开的图像文件，③ 在【打开为】下拉列表框中，选择与准备打开的图像文件的格式相一致的选项，如 JPEG，④ 单击【打开】按钮，如图 2-12 所示，这样即可完成使用【打开为】命令打开文件的操作。

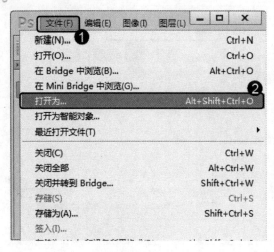

图 2-11

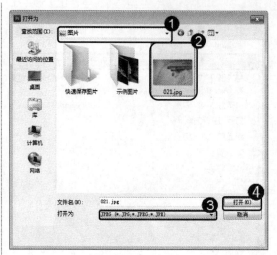

图 2-12

2.2.3　关闭图像文件

　　在 Photoshop CS6 中，当图像编辑完成后，用户可以将不需要编辑的图像关闭，这样可以节省软件的缓存空间，为编辑其他图像文件节省操作空间。下面介绍关闭图像文件的操作方法。

① 在 Photoshop CS6 中，保存图像文件后，单击【文件】主菜单，② 在弹出的下拉菜单中，选择【关闭】菜单项，如图 2-13 所示。

② 通过以上方法即可完成关闭图像文件的操作，如图 2-14 所示。

图 2-13

图 2-14

2.2.4　使用【关闭全部】命令

　　在 Photoshop CS6 中，如果打开过多的图像文件，用户可以使用【关闭全部】命令一次性将打开的文件全部关闭。下面介绍使用【关闭全部】命令关闭文件的操作方法。

step 1 ① 在 Photoshop CS6 中，保存多个图像文件后，单击【文件】主菜单，② 在弹出的下拉菜单中，选择【关闭全部】菜单项，如图 2-15 所示。

step 2 通过以上方法即可完成关闭全部图像文件的操作，如图 2-16 所示。

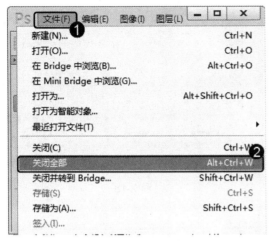

图 2-15

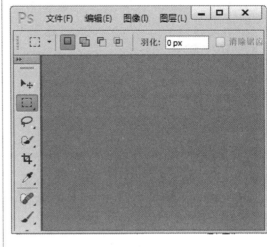

图 2-16

 在 Photoshop CS6 中，按 Ctrl+W 组合键，即可关闭当前文件；按 Alt+Ctrl+W 组合键，即可关闭全部文件。

2.3 置入与导出文件

在 Photoshop CS6 中，置入文件是指打开一个图像文件后，将另一图像文件直接置入到当前打开的图像文件当中，而导出文件是指将当前文件导出至指定的设备或磁盘位置上进行编辑。本节将重点介绍置入与导出文件方面的知识。

2.3.1 置入 EPS 格式文件

在 Photoshop CS6 中，用户可以将 EPS 格式的文件，直接置入当前打开的图像文件当中。下面介绍置入 EPS 格式文件的操作方法。

step 1 ① 在 Photoshop CS6 中，打开图像文件后，单击【文件】主菜单，② 在弹出的下拉菜单中，选择【置入】菜单项，如图 2-17 所示。

step 2 ① 弹出【置入】对话框，在【查找范围】下拉列表框中，选择文件存放的磁盘位置，② 单击选中准备打开的 EPS 文件，③ 单击【置入】按钮，如图 2-18 所示。

第 2 章 图像文件的基本操作

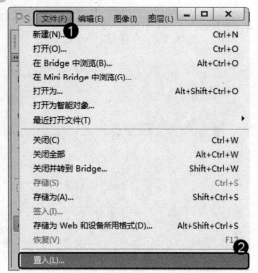

图 2-17

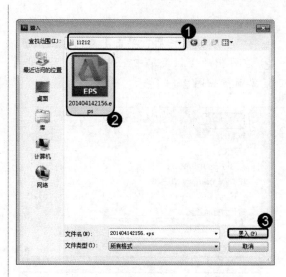

图 2-18

Step 3 此时，在当前打开的图像文件中，
EPS 格式的图像文件将被直接置入
其中，如图 2-19 所示，这样即可完成置入 EPS
格式文件的操作。

图 2-19

 智慧锦囊

使用 Photoshop CS6 的置入功能，用户
不仅可以置入 EPS 格式的文件，还可以置入
PSD、TIFF 等格式的文件。

考考您

请您根据上述方法置入一个 EPS 格式
的图像文件，测试一下您的学习效果。

2.3.2 置入 AI 格式文件

AI 格式具有占用硬盘空间小、打开速度快、方便格式转换等特点。在 Photoshop CS6
中，用户可以直接打开 AI 格式的文件。下面介绍置入 AI 格式文件的操作方法。

Step 1 ① 在 Photoshop CS6 中，打开图像
文件后，单击【文件】主菜单，② 在
弹出的下拉菜单中，选择【置入】菜单项，
如图 2-20 所示。

Step 2 ① 弹出【置入】对话框，在【查找
范围】下拉列表框中，选择文件存
放的磁盘位置，② 单击选中准备打开的 AI
文件，③ 单击【置入】按钮，如图 2-21
所示。

图 2-20

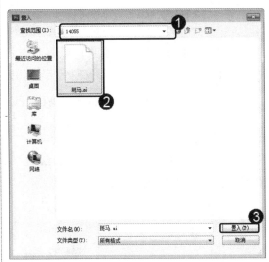

图 2-21

step 3 ① 弹出【置入 PDF】对话框，在【选择】选项组中，选中【页面】单选按钮，② 在【页面预览】区域中，用户可查看准备置入的 AI 格式的图像，③ 在【选项】选项组中，在【裁剪到】下拉列表框中，选择【边框】选项，④ 单击【确定】按钮，如图 2-22 所示。

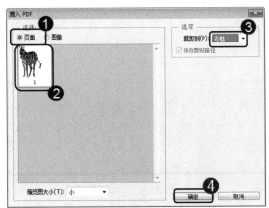

图 2-22

step 4 返回到 Photoshop CS6 主程序中，在当前打开的图像文件中，AI 格式的图像文件将被直接置入其中，如图 2-23 所示，这样即可完成置入 AI 格式文件的操作。

图 2-23

知识精讲　在 Photoshop CS6 中，在使用置入功能置入 EPS 格式、AI 格式等类型的图形文件时，置入的图形文件将在【图层】面板中自动生成一个独立的智能对象图层。

第 2 章　图像文件的基本操作

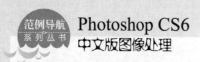
2.3.3　导出文件

在 Photoshop CS6 中，用户可以将制作好的图像文件导出到其他设备或程序上进行二次加工或备份，下面以"将图形文件导出成 Illustrator 格式文件"为例，介绍导出文件的方法。

step 1 ① 在 Photoshop CS6 中，编辑图像文件后，单击【文件】主菜单，② 在弹出的下拉菜单中，选择【导出】菜单项，③ 在弹出的子菜单中，选择【路径到 Illustrator】菜单项，如图 2-24 所示。

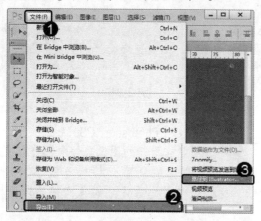

图 2-24

step 3 ① 弹出【选择存储路径的文件名】对话框，在【查找范围】下拉列表框中，选择文件存储的磁盘位置，② 在【文件名】文本框中，设置文件的名称，③ 单击【保存】按钮，如图 2-26 所示，这样即可将文件导出成 Illustrator 程序所需的格式，方便用户使用 Illustrator 程序继续加工该图像文件。

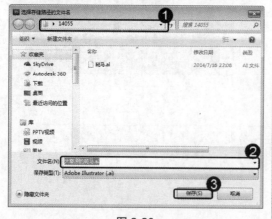

图 2-26

step 2 ① 弹出【导出路径到文件】对话框，在【路径】下拉列表框中，选择【文档范围】选项，② 单击【确定】按钮，如图 2-25 所示。

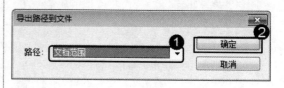

图 2-25

考考您

请您根据上述方法导出一个文件，测试一下您的学习效果。

智慧锦囊

在 Photoshop CS6 中，如果用户需要将图层分别导出成单独的图像的话（比如按钮设计，尺寸相同，但是颜色不一样），可以使用 Photoshop 的脚本功能，即先选中图层，然后单击【文件】主菜单，在弹出的下拉菜单中，选择【脚本】菜单项，在弹出的子菜单中，选择【将图层导出到文件】菜单项，这样 Photoshop CS6 就会分别将各个图层保存成单独的文件，文件名和图层名一样。用户还可以调整文件格式和文件大小。但这个方法的缺陷在于导出之前，用户可能需要将一些图层进行合并，总体而言还是非常实用的。

2.4　查看图像文件

　　在使用 Photoshop CS6 编辑图像文件的过程中，用户可以随时查看图像文件的整体或局部信息。查看图像文件的方法有很多，如使用【导航器】面板查看图像、使用缩放工具查看图像和使用抓手工具查看图像等。本节将介绍查看图像文件的方法。

2.4.1　使用【导航器】面板查看图像

　　在 Photoshop CS6 中，用户可以使用【导航器】面板，查看图像的局部细节。下面介绍使用【导航器】面板查看图像的操作方法。

step 1　在 Photoshop CS6 中，调出【导航器】面板后，在【导航器】预览窗口中，按住鼠标左键，拖动红框至准备查看的图像区域，如图 2-27 所示。

step 2　然后释放鼠标左键，这样即可完成使用【导航器】面板查看图像的操作，如图 2-28 所示。

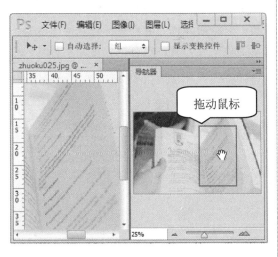

图 2-27

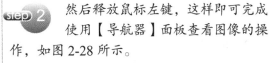

图 2-28

2.4.2　使用缩放工具查看图像

　　在 Photoshop CS6 中，用户可以使用缩放工具通过放大和缩小操作来查看图像的局部区域。下面介绍使用缩放工具查看图像的操作方法。

step 1　① 打开图像文件后，在工具箱中，单击【缩放工具】按钮，② 在缩放工具选项栏中，单击【放大】按钮，如图 2-29 所示。

step 2　在文档窗口中，按鼠标左键，对准备放大查看的图像进行放大处理，如图 2-30 所示，这样即可完成使用缩放工具放大图像的操作。

图 2-29   图 2-30

 3 ① 在缩放工具选项栏中，单击【缩小】按钮 ，② 在文档窗口中，按鼠标左键，对图像进行缩小处理，如图 2-31 所示，这样即可完成使用缩放工具缩小图像的操作。

图 2-31

智慧锦囊

在 Photoshop CS6 中，打开图像文件后，按 Ctrl++组合键，用户同样可以快速放大当前图像；按 Ctrl+-组合键，用户同样可以快速缩小当前图像。

考考您

请您根据上述方法使用缩放工具查看图像，测试一下您的学习效果。

2.4.3 使用抓手工具查看图像

在 Photoshop CS6 中，图像文件被放大后，用户还可以使用抓手工具查看图像的局部区域。下面介绍使用抓手工具查看图像的操作方法。

 1 ① 打开图像文件后，在工具箱中，单击【抓手工具】按钮 ，② 在文档窗口中，按住鼠标左键，拖动鼠标移动图像，如图 2-32 所示。

2 将鼠标拖动至准备查看的图像位置，然后释放鼠标左键，这样即可完成使用抓手工具查看图像的操作，如图 2-33 所示。

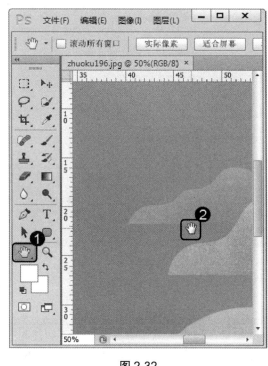

图 2-32

图 2-33

在 Photoshop CS6 中，按住空格键不放，拖动鼠标，用户同样可以使用抓手工具查看图像；同时，按抓手工具的快捷键 H 键，也可以使用抓手工具。

2.5 范例应用与上机操作

通过本章的学习，读者基本可以掌握图像文件的基本操作方面的知识。下面介绍几个范例应用与上机操作，以达到巩固学习、拓展提高的目的。

2.5.1 最近打开的文件

在 Photoshop CS6 中，用户可以在程序中快速打开最近使用过的文件，省略查找文件的步骤，方便用户编辑与操作。下面介绍打开"最近打开的文件"的操作方法。

 ① 启动 Photoshop CS6 主程序后，单击【文件】主菜单，② 在弹出的下拉菜单中，选择【最近打开文件】菜单项，③ 在弹出的子菜单中，选择最近打开的文件选项，如图 2-34 所示。

 通过以上方法即可完成打开"最近打开的文件"的操作，如图 2-35 所示。

图 2-34

图 2-35

2.5.2　打开为智能对象

在 Photoshop CS6 中，智能对象是包含栅格或矢量图像中的图像数据的图层。智能对象将保留图像的源内容及其所有原始特性，从而让用户能够对图层执行非破坏性编辑。下面介绍打开为智能对象的操作。

step 1 ① 启动 Photoshop CS6 主程序后，单击【文件】主菜单，② 在弹出的下拉菜单中，选择【打开为智能对象】菜单项，如图 2-36 所示。

step 2 ① 弹出【打开为智能对象】对话框，在【查找范围】下拉列表框中，选择文件存放的磁盘位置，② 单击选中准备打开的图像文件，③ 单击【打开】按钮，如图 2-37 所示。

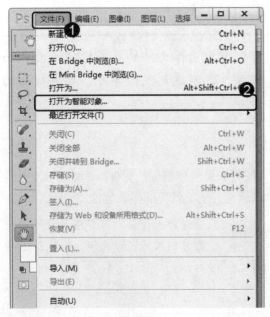

图 2-36

图 2-37

step 3 此时，打开的图像文件自动转换成智能对象，如图 2-38 所示，这样即可完成打开为智能对象的操作。

图 2-38

智慧锦囊

在 Photoshop CS6 中，正常打开的图像文件，在编辑的过程中，栅格化的图像或者位图在做变形处理的时候会变得模糊（这个结果随着变形次数的增多会更加明显）。而作为智能对象打开的图像文件，无论进行任何变形处理，图像始终和原始效果一样，没有一点模糊，所有像素信息在变形的时候都会被保护起来。

考考您

请您根据上述方法将一个图像文件打开为智能对象，测试一下您的学习效果。

2.6 课后练习

2.6.1 思考与练习

一、填空题

1. 在 Photoshop CS6 中，用户可以通过_____快速创建准备编辑图像的_____，通过保存文件防止编辑好的_____。

2. 在 Photoshop CS6 中，快速_____，可以方便用户快速进行_____的选择与使用，同时关闭不再使用的图像文件，可以节省软件的_____，提升编辑操作的速度。

3. 在 Photoshop CS6 中，_____是指打开一个图像文件后，将另一图像文件直接置入到当前打开的图像文件当中，而_____是指将当前文件导出至指定的设备或磁盘位置上进行编辑。

4. 在使用 Photoshop CS6 编辑图像文件的过程中，用户可以随时查看图像文件的_____信息。查看图像文件的方法有很多，如_____、使用缩放工具查看图像和

37

_____等。

二、判断题

1. 在 Photoshop CS6 中，使用【打开为】命令打开文件，需要指定特定的文件格式，不是指定格式的文件将无法打开。

2. 在 Photoshop CS6 中，图像文件被放大后，用户还可以使用缩放工具查看图像的局部区域。

3. 在 Photoshop CS6 中，用户可以将 EPS 格式的文件，直接置入当前打开的图像文件当中。

三、思考题

1. 如何关闭图像文件？
2. 如何使用【导航器】面板查看图像？

2.6.2　上机操作

1. 启动 Photoshop CS6 软件，进行新建图像文件的练习操作。
2. 启动 Photoshop CS6 软件，进行关闭全部图像文件的练习操作。

第3章

文件的编辑与操作

本章主要介绍设置像素与分辨率、设置图像尺寸和画布、使用【历史记录】面板方面的知识，同时还讲解了复制与粘贴图像、裁剪与裁切图像和变换图像方面的操作技巧。通过本章的学习，读者可以掌握文件的编辑与操作方面的知识，为深入学习 Photoshop CS6 奠定基础。

范 例 导 航

1. 设置像素与分辨率
2. 设置图像尺寸和画布
3. 使用【历史记录】面板
4. 复制与粘贴图像
5. 裁剪与裁切图像
6. 变换图像

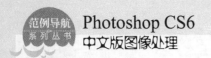
 # 3.1 设置像素与分辨率

在 Photoshop CS6 中，用户可以修改图像像素与分辨率。修改图像像素的大小，可以更改图像的大小；而修改图像的分辨率，则可以使图像打印时不失真。本节将重点介绍修改图像像素与分辨率方面的知识和操作技巧。

3.1.1 修改图像的像素

在 Photoshop CS6 中，用户不仅可以使用【裁剪】命令对图像进行尺寸裁剪，还可以使用修改图像像素的方法更改图像的大小。下面介绍修改图像像素的操作方法。

step 1 ① 打开图像文件后，单击【图像】主菜单，② 在弹出的下拉菜单中，选择【图像大小】菜单项，如图 3-1 所示。

图 3-1

step 2 ① 弹出【图像大小】对话框，在【像素大小】选项组中，在【宽度】文本框中，输入图像像素大小的数值，② 单击【确定】按钮，如图 3-2 所示，这样即可完成修改图像像素的操作。

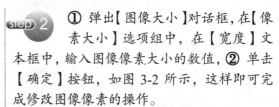

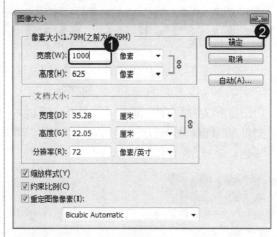

图 3-2

3.1.2 修改图像的分辨率

在 Photoshop CS6 中，用户可以随时调整图像的分辨率，以便图像输出时可以达到最佳效果。下面介绍修改图像分辨率的操作方法。

在 Photoshop CS6 中，单击【图像】主菜单，在弹出的下拉菜单中，选择【图像大小】菜单项。弹出【图像大小】对话框，在【分辨率】文本框中，输入准备设置的分辨率数值，如图 3-3 所示，这样即可完成修改图像分辨率的操作。

图 3-3

在 Photoshop CS6 中，按 Ctrl+Alt+I 组合键，用户同样可以打开【图像大小】对话框。在【分辨率】文本框中修改图像分辨率的数值时，数值要求在 1.000～9999.999 之间。

3.2 设置图像尺寸和画布

在 Photoshop CS6 中，用户还可以修改图像尺寸和画布大小。修改图像尺寸，可以根据修改的尺寸打印图像；而修改画布大小，则可以将图像填充至更大的编辑区域中，从而更好地执行用户的编辑操作。本节将重点介绍设置图像尺寸和画布方面的知识。

3.2.1 修改图像的尺寸

在 Photoshop CS6 中，用户可以对图像尺寸进行详细设置。下面介绍修改图像尺寸的操作方法。

在 Photoshop CS6 中，单击【图像】主菜单，在弹出的下拉菜单中，选择【图像大小】菜单项。弹出【图像大小】对话框，在【文档大小】选项组中，在【宽度】文本框中，输入准备设置的图像宽度值，如图 3-4 所示，这样即可完成修改图像尺寸的操作。

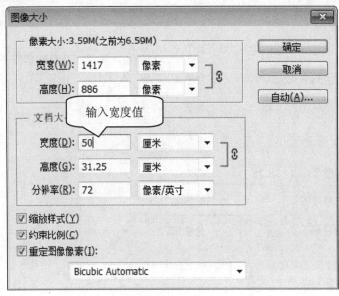

图 3-4

3.2.2 修改画布大小

在 Photoshop CS6 中，用户可以对画布大小进行详细设置。下面介绍修改画布大小的操作方法。

step 1 ① 打开图像文件后，单击【图像】主菜单，② 在弹出的下拉菜单中，选择【画布大小】菜单项，如图 3-5 所示。

step 2 ① 弹出【画布大小】对话框，在【新建大小】选项组中，在【宽度】文本框中，输入画布宽度值，② 在【高度】文本框中，输入画布高度值，③ 在【定位】选项中，选择画布分布的位置，④ 在【画布扩展颜色】下拉列表框中，选择【白色】选项，⑤ 单击【确定】按钮，如图 3-6 所示。

图 3-5

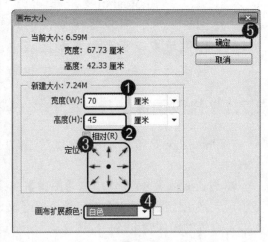

图 3-6

step 3　返回到 Photoshop CS6 主程序中，在文档窗口中，画布大小已经修改完成，如图 3-7 所示，这样即可完成修改画布大小的操作。

图 3-7

智慧锦囊

在 Photoshop CS6 中，按 Alt+Ctrl+C 组合键，用户同样可以打开【画布大小】对话框，进行修改画布大小的操作。

考考您

请您根据上述方法修改一个图像文件的画布大小，测试一下您的学习效果。

3.2.3　旋转画布

在 Photoshop CS6 中，用户还可以将图像的画布进行旋转，方便用户编辑和操作。下面介绍旋转画布的操作方法。

step 1　① 打开图像文件后，单击【图像】主菜单，② 在弹出的下拉菜单中，选择【画布旋转】菜单项，③ 在弹出的子菜单中，选择【90 度（顺时针）】菜单项，如图 3-8 所示。

图 3-8

step 2　通过以上方法即可完成旋转画布的操作，如图 3-9 所示。

图 3-9

第 3 章　文件的编辑与操作

43

3.3 使用【历史记录】面板

在 Photoshop CS6 中，【历史记录】面板是非常重要的组成部分，使用历史记录，用户可以快速访问到之前的操作步骤，并修改错误的操作过程。本节将重点介绍使用【历史记录】面板方面的知识。

3.3.1 详解【历史记录】面板

在 Photoshop CS6 中，【历史记录】面板记录了所有的操作过程，如图 3-10 所示。

图 3-10

- 历史状态：用于记录用户编辑的每一个操作步骤。
- 从当前状态创建新文档：单击此按钮，即可在当前的历史状态中，创建一个新图像文档。
- 创建新快照：单击此按钮，即可在当前的历史状态中，创建出一个临时副本文件。
- 删除历史状态：单击此按钮，即可删除当前选择的历史状态。

3.3.2 还原图像

【历史记录】面板可以很直观地显示用户进行的各项操作，用户可以使用鼠标单击历史记录选项，回到指定的历史状态。下面介绍使用【历史记录】面板还原图像的操作方法。

step 1 在【窗口】主菜单中调出【历史记录】面板后，在【历史记录】面板中，单击准备返回到的历史记录选项，如图 3-11 所示。

step 2 此时在文档窗口中，图像被还原到指定的历史状态，如图 3-12 所示，这样即可完成使用【历史记录】面板还原图像的操作。

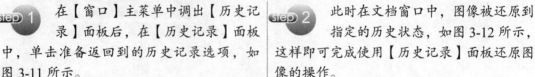

图 3-11　　　　　　　　　　　　　　　　图 3-12

3.4　复制与粘贴图像

在 Photoshop CS6 中，图像文件的复制与粘贴功能不再单一，用户复制图像后，可以对图像进行剪切、拷贝与合并拷贝、粘贴与选择性粘贴及清除等操作，使图像可以根据用户编辑的需要，呈现不同的编辑效果。本节将重点介绍复制与粘贴图像的操作方法。

3.4.1　剪切、拷贝与合并拷贝图像

在 Photoshop CS6 中，用户可以对图像文件快速进行剪切、拷贝与合并拷贝等操作。下面将具体介绍剪切、拷贝与合并拷贝图像的操作方法。

1. 剪切

剪切是指不保留原有图像，直接将图像从一个位置移动到另一个位置。下面介绍剪切图像的操作方法。

step 1 ① 打开图像文件后，按 Ctrl+A 快捷键，将图像文件全部选中，② 单击【编辑】主菜单，③ 在弹出的下拉菜单中，选择【剪切】菜单项，如图 3-13 所示。

step 2 返回到 Photoshop CS6 主程序中，在文档窗口中，图像已经被剪切，如图 3-14 所示，这样即可完成剪切图像的操作。

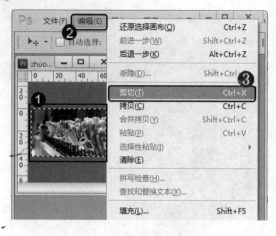

图 3-13

图 3-14

2. 拷贝

拷贝是指在保留原有图像的基础上，创建另一个图像副本。下面介绍拷贝图片的操作方法。

step 1 ① 打开图像文件后，按 Ctrl+A 快捷键，将图像文件全部选中，② 单击【编辑】主菜单，③ 在弹出的下拉菜单中，选择【拷贝】菜单项，如图 3-15 所示。

step 2 返回到 Photoshop CS6 主程序中，在文档窗口中，图像已经被拷贝，如图 3-16 所示，这样即可完成拷贝图像的操作。

图 3-15

图 3-16

3. 合并拷贝

在 Photoshop CS6 中，如果文档包含多个图层，则使用合并拷贝功能，就可以将所有可见图层的内容复制并合并到剪切板中。下面介绍合并拷贝图层的操作方法。

step 1 打开文件后，将需要合并拷贝的图层设置为可见图层，如图3-17所示。

图 3-17

step 3 返回到 Photoshop CS6 主程序中，在文档窗口中，图像已经被合并拷贝，如图3-19所示，这样即可完成合并拷贝图像的操作。

图 3-19

3.4.2　粘贴与选择性粘贴

在 Photoshop CS6 中，如果图像已经进行了剪切、拷贝或合并拷贝等操作，用户即可以对图像进行粘贴与选择性粘贴的操作。

step 2 ① 按 Ctrl+A 快捷键，将图像文件全部选中，② 单击【编辑】主菜单，③ 在弹出的下拉菜单中，选择【合并拷贝】菜单项，如图3-18所示。

图 3-18

 智慧锦囊

在 Photoshop CS6 中，全选可见的图层对象后，按 Shift+Ctrl+C 组合键，用户同样可以进行合并拷贝图层的操作。

考考您

请您根据上述方法合并拷贝一个图像文件，测试一下您的学习效果。

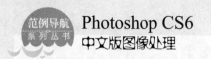
1. 粘贴

在 Photoshop CS6 中，将图像剪切、拷贝或合并拷贝后，用户即可对图像进行粘贴操作。下面介绍粘贴图像的操作方法。

step 1 ① 拷贝图像文件后，单击【编辑】主菜单，② 在弹出的下拉菜单中，选择【粘贴】菜单项，如图 3-20 所示。

step 2 返回到 Photoshop CS6 主程序中，在文档窗口中，拷贝的图像已经被粘贴，将其移动到合适的位置处，如图 3-21 所示，这样即可完成粘贴图像的操作。

图 3-20

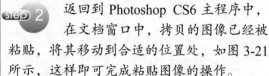

图 3-21

2. 选择性粘贴

在 Photoshop CS6 中，选择性粘贴又分为原位粘贴、贴入和外部粘贴三种。下面以贴入图像为例，介绍选择性粘贴的操作方法。

step 1 拷贝图像文件后，在文档窗口中，在准备选择性粘贴的图像位置，绘制出一个五角星形选区，如图 3-22 所示。

step 2 ① 创建选区后，单击【编辑】主菜单，② 在弹出的下拉菜单中，选择【选择性粘贴】菜单项，③ 在弹出的子菜单中，选择【贴入】菜单项，如图 3-23 所示。

图 3-22

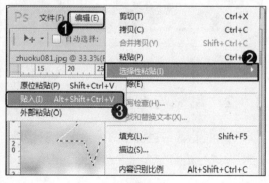

图 3-23

Step 3 在文档窗口中，拷贝的图像已经被贴入到选区内，同时用户可以将贴入的图像移动到合适的位置处，应注意的是，图像大于选区范围的部分将不予以显示，如图 3-24 所示，这样即可完成贴入图像的操作。

图 3-24

智慧锦囊

原位粘贴是指将复制的图像根据需要在复制图像的原位置粘贴图像；贴入是指在文档中创建选区，然后将剪贴板中的图像粘贴到选区内；外部粘贴是指在文档中创建选区，然后将剪贴板中的图像粘贴到选区外。

考考您

请您根据上述方法选择性粘贴一个图像文件，测试一下您的学习效果。

3.4.3 清除图像

在 Photoshop CS6 中，用户可以快速地将不再准备使用的图像区域清除。下面介绍清除图像的操作方法。

Step 1 打开图像文件后，创建准备清除的图像选区，如图 3-25 所示。

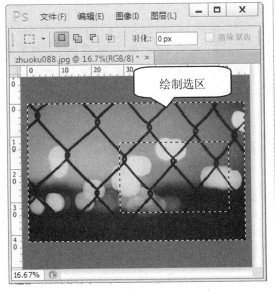

图 3-25

Step 2 ① 创建选区后，单击【编辑】主菜单，② 在弹出的下拉菜单中，选择【清除】菜单项，如图 3-26 所示。

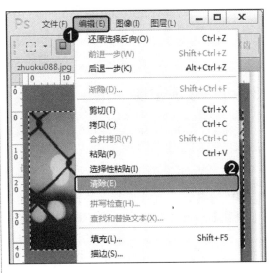

图 3-26

3 返回到 Photoshop CS6 主程序中，在文档窗口中，选区的图像已经被清除，如图 3-27 所示，这样即可完成清除图像的操作。

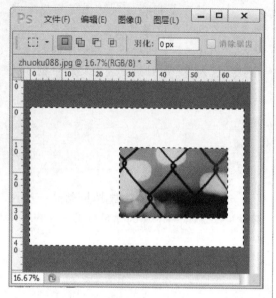

图 3-27

智慧锦囊

在 Photoshop CS6 中，创建选区后，按 Delete 键，用户可在弹出的【填充】对话框中，按照前景色、背景色填充清除图像。

考考您

请您根据上述方法清除一个图像文件，测试一下您的学习效果。

3.5 裁剪与裁切图像

在 Photoshop CS6 中，用户可以根据图像编辑操作的需要，对打开的图像素材进行裁剪或裁切，以便用户可以更好地根据图像的尺寸要求进行操作。本节将重点介绍裁剪与裁切图像文件方面的知识。

3.5.1 裁剪图像

在 Photoshop CS6 中，用户运用裁剪工具可以对图像进行快速裁剪。下面介绍裁剪图像的操作方法。

step 1 ① 打开图像文件后，在工具箱中，单击【裁剪工具】按钮 ，② 在【裁剪】工具选项栏中，设置裁剪的高度和宽度值，③ 在文档窗口中，绘制出裁剪区域，然后按 Enter 键，如图 3-28 所示。

step 2 返回到 Photoshop CS6 主程序中，在文档窗口中，图像已经按照设定的尺寸进行了裁剪，如图 3-29 所示，这样即可完成裁剪图像的操作。

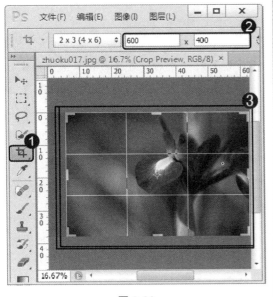

图 3-28

图 3-29

3.5.2 裁切图像

在 Photoshop CS6 中，【裁切】命令可用于对没有背景图层的图像进行快速裁切，这样可以将图像中的透明区域清除。下面介绍裁切图像的操作方法。

step 1 ① 打开图像文件后，单击【图像】主菜单，② 在弹出的下拉菜单中，选择【裁切】菜单项，如图 3-30 所示。

step 2 ① 弹出【裁切】对话框，选中【透明像素】单选按钮，② 单击【确定】按钮，如图 3-31 所示。

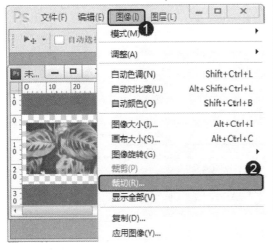

图 3-30

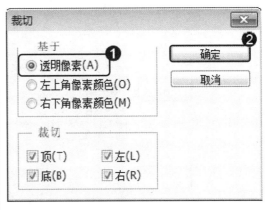

图 3-31

step 3 返回到 Photoshop CS6 中，在文档窗口中，图像的透明区域已被裁切，如图 3-32 所示，这样即可完成裁切图像的操作。

图 3-32

智慧锦囊

在 Photoshop CS6 中裁切图像时，打开【裁切】对话框后，在【裁切】选项组中，对【顶】复选框、【左】复选框、【底】复选框和【右】复选框进行组合勾选，其最终的裁切效果也不同。

考考您

请您根据上述方法裁切一个图像文件，测试一下您的学习效果。

3.6 变换图像

在 Photoshop CS6 中，用户可以对图像进行变换操作。图像的变换操作包括旋转、移动、斜切、扭曲和透视等。本节将重点介绍图像的变换方面的知识和操作技巧。

3.6.1 边界框、中心点和控制点

在 Photoshop CS6 中执行变换命令时，当前图像中会显示出控制点、中心点和定界框，如图 3-33 所示。

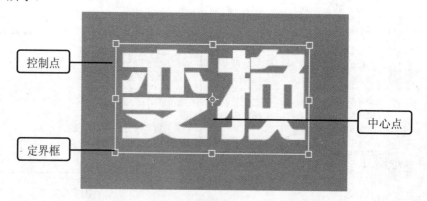

图 3-33

- 控制点：位于图像的四个顶点及定界框各条边的中心处，拖动控制点可以改变图像形状。
- 中心点：位于图像的中心，用于定义图像的变换中心，拖动中心点可以移动它的位置。
- 定界框：用于区别上、下、左、右各个方向。

3.6.2 旋转图像

在 Photoshop CS6 中，用户可以使用【旋转】命令对图像进行旋转修改，这样方便用户绘制图像。下面介绍旋转图像的操作方法。

step 1 ① 打开图像文件后，选择准备旋转图像的图层，② 按 Ctrl+T 快捷键，图像中出现定界框、中心点和控制点，③ 右键图像文件，在弹出的快捷菜单中，选择【旋转】菜单项，如图 3-34 所示。

step 2 将光标定位在定界框外靠近上方处，当光标变成 ▲ 形状时，按住鼠标左键并拖动鼠标对图像进行旋转操作，然后按 Enter 键，这样即可完成旋转图像的操作，如图 3-35 所示。

图 3-34

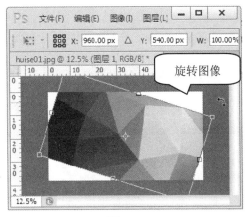

图 3-35

3.6.3 移动图像

在 Photoshop CS6 中，移动图像是指移动图层上的图像对象，在进行移动图像的操作时，需要先选择移动工具。下面介绍移动图像的操作方法。

step 1 ① 打开图像文件后，选择准备移动图像的图层，② 在工具箱中，单击【移动工具】按钮 ▶₊，③ 在图像上按住鼠标左键并向右上方拖动鼠标，如图 3-36 所示。

step 2 将图像移动至指定位置，然后释放鼠标左键，这样即可完成移动图像的操作，如图 3-37 所示。

图 3-36

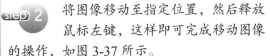

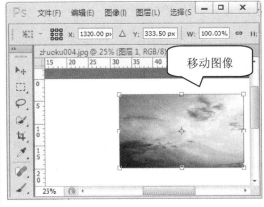

图 3-37

3.6.4　斜切图像

用户可以使用【斜切】命令对图像进行修改，这样图像可以按照垂直方向或水平方向倾斜。下面介绍斜切图像的操作方法。

step 1　① 打开图像文件后，选择准备斜切图像的图层，② 按 Ctrl+T 快捷键，图像中出现定界框、中心点和控制点，③ 右击图像文件，在弹出的快捷菜单中，选择【斜切】菜单项，如图 3-38 所示。

step 2　将光标定位在定界框外靠近上方处，当光标变成 形状时，按住鼠标左键并拖动鼠标对图像进行斜切操作，然后按 Enter 键，这样即可完成斜切图像的操作，如图 3-39 所示。

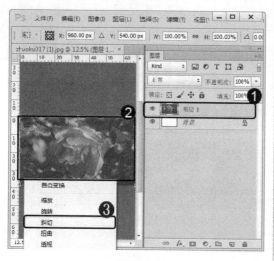

图 3-38

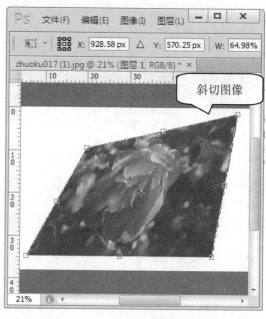

图 3-39

知识精讲　　在 Photoshop CS6 中，单击【编辑】主菜单，在弹出的下拉菜单中，选择【变换】菜单项，在弹出的子菜单中，选择【斜切】菜单项，用户同样可以斜切图像。

3.6.5　扭曲图像

在 Photoshop CS6 中，用户可以使用【扭曲】命令对图像进行修改，这样图像可以向各个方向伸展。下面介绍扭曲图像的操作方法。

step 1　① 打开图像文件后，选择准备扭曲图像的图层，② 按 Ctrl+T 快捷键，图像中出现定界框、中心点和控制点，③ 右击图像文件，在弹出的快捷菜单中，选择【扭曲】菜单项，如图 3-40 所示。

step 2　将光标定位在定界框外靠近上方处，当光标变成 形状时，按住鼠标左键并拖动鼠标对图像进行扭曲操作，然后按 Enter 键，这样即可完成扭曲图像的操作，如图 3-41 所示。

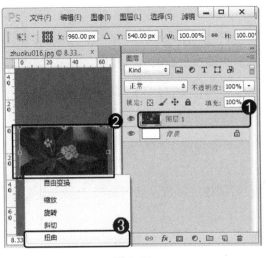

图 3-40

扭曲图像

图 3-41

3.6.6　透视图像

在 Photoshop CS6 中，用户可以使用【透视】命令对图像进行翻转透视效果的制作。下面介绍透视图像的操作方法。

step 1 ① 打开图像文件后，选择准备透视图像的图层，② 按 Ctrl+T 快捷键，图像中出现定界框、中心点和控制点，③ 右击图像文件，在弹出的快捷菜单中，选择【透视】菜单项，如图 3-42 所示。

step 2 将光标定位在定界框外靠近上方处，当光标变成▷形状时，按住鼠标左键并拖动鼠标对图像进行透视操作，然后按 Enter 键，这样即可完成透视图像的操作，如图 3-43 所示。

图 3-42

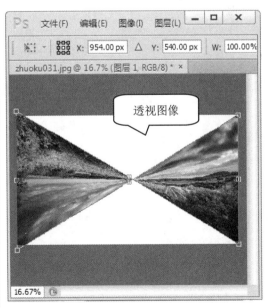

透视图像

图 3-43

3.7　范例应用与上机操作

通过本章的学习，读者可以掌握文件的编辑与操作方面的知识，下面介绍几个范例应用与上机操作，以达到巩固学习的目的。

3.7.1　任意角度旋转画布

在 Photoshop CS6 中，用户可以根据绘制需要对图像进行任意角度旋转，制作出倾斜、倒立等效果。下面将详细介绍任意角度旋转画布的操作方法。

素材文件❀ 配套素材\第 3 章\素材文件\zhuoku038.jpg

效果文件❀ 配套素材\第 3 章\效果文件\3.7.1　任意角度旋转画布.jpg

step 1 ① 打开图像文件后，单击【图像】主菜单，② 在弹出的下拉菜单中，选择【图像旋转】菜单项，③ 在弹出的子菜单中，选择【任意角度】菜单项，如图 3-44 所示。

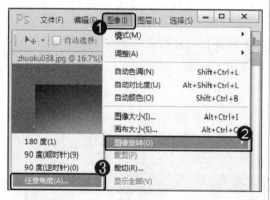

图 3-44

step 3 通过以上方法即可完成任意角度旋转画布的操作，如图 3-46 所示。

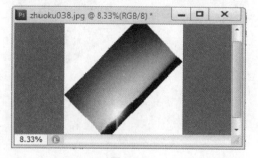

图 3-46

step 2 ① 弹出【旋转画布】对话框，在【角度】文本框中，输入数值，② 选中【度(逆时针)】单选按钮，③ 单击【确定】按钮，如图 3-45 所示。

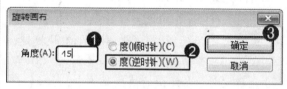

图 3-45

 考考您

请您根据上述方法以任意角度旋转一个图像文件的画布，测试一下您的学习效果。

 智慧锦囊

在 photoshop CS6 中，任意角度旋转画布的数据范围为-359.99 ~ 359.99。

3.7.2　还原与重做

在 Photoshop CS6 中，使用【还原】命令，用户可以还原上一步操作；使用【重做】命令，用户可以将错误还原的操作撤销。下面介绍还原与重做的操作方法。

素材文件 ❀ 配套素材\第 3 章\素材文件\ zhuoku031(1).jpg

效果文件 ❀ 无

step 1 ① 编辑图像文件后，单击【编辑】主菜单，② 在弹出的下拉菜单中，选择【还原曲线】菜单项，如图 3-47 所示。

图 3-47

step 2 此时在文档窗口中，图像被还原到上一操作中，被掩盖的图像重新显示，如图 3-48 所示，这样即可完成还原操作。

图 3-48

step 3 ① 编辑图像文件后，单击【编辑】主菜单，② 在弹出的下拉菜单中，选择【重做曲线】菜单项，如图 3-49 所示。

图 3-49

step 4 此时在文档窗口中，还原的步骤被重新操作，图像重新被掩盖，如图 3-50 所示，这样即可完成执行重做命令的操作。

图 3-50

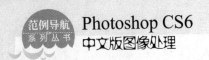
3.8　课后练习

3.8.1　思考与练习

一、填空题

1. 在 Photoshop CS6 中，用户可以修改图像_____，修改图像像素的大小，可以更改_____；而修改图像的分辨率，则可以使图像打印时_____。

2. 在 Photoshop CS6 中，用户还可以修改图像_____，修改_____，可以根据修改的尺寸打印图像；而修改_____，则可以将图像填充至更大的编辑区域中，从而更好地执行用户的编辑操作。

3. 在 Photoshop CS6 中，图像文件的_____功能不再单一，用户复制图像后，可以对图像进行_____、拷贝与合并拷贝、粘贴与选择性粘贴及_____等操作，使图像可以根据用户编辑的需要，呈现出不同的编辑效果。

二、判断题

1. 【记录】面板可以很直观地显示用户进行的各项操作，用户可以使用鼠标单击历史记录选项，回到指定的历史状态。

2. 在 Photoshop CS6 中，用户不仅可以使用【裁剪】命令对图像进行尺寸裁剪，还可以使用修改图像像素的方法更改图像的大小。

3. 在 Photoshop CS6 中，如果图像已经进行了剪切、拷贝或合并拷贝等操作，用户即可以对图像进行粘贴与选择性粘贴的操作。

三、思考题

1. 如何修改图像的尺寸？
2. 如何斜切图像？

3.8.2　上机操作

1. 启动 Photoshop CS6 软件，打开"配套素材\第 3 章\素材文件\风景.jpg"文件，进行修改图像像素的练习。效果文件可参考"配套素材\第 3 章\效果文件\风景.jpg"。

2. 启动 Photoshop CS6 软件，打开"配套素材\第 3 章\素材文件\城市.jpg"文件，进行透视图像的练习。效果文件可参考"配套素材\第 3 章\效果文件\城市.jpg"。

第4章

图像选区的应用

本章主要介绍什么是选区、创建规则形状选区、创建不规则形状选区和使用菜单命令创建选区与修改选区方面的知识，同时还讲解使用魔棒与快速选择工具、选区的基本操作和选区的编辑操作方面的操作技巧。通过本章的学习，读者可以掌握图像选区的应用方面的知识，为深入学习 Photoshop CS6 知识奠定基础。

范例导航

1. 什么是选区
2. 创建规则形状选区
3. 创建不规则形状选区
4. 使用菜单命令和按钮命令创建选区
5. 使用菜单命令修改选区
6. 使用魔棒与快速选择工具
7. 选区的基本操作
8. 选区的编辑操作

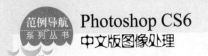

4.1 什么是选区

在 Photoshop CS6 中，如果准备对一个图像的某个部分进行编辑，用户首先需要在图像中建立选区，在编辑结束后取消选区。建立选区的方法多种多样，如使用魔棒工具、选框工具和套索工具创建选区等。本节将重点介绍选区方面的知识。

4.1.1 选区的概念

选区是指通过工具或者命令在图像上创建的选取范围，创建选区轮廓后，用户可以在选区内的区域进行复制、移动、填充或颜色校正等操作。

在设置选区时，特别要注意 Photoshop 软件是以像素为基础，而不是以矢量为基础的。所以在使用 Photoshop 软件编辑图像时，画布是以彩色像素或透明像素填充的。

当在工作图层中对图像的某个区域创建选区后，该区域的像素将会处于被选取状态，此时对该图层进行相应编辑时被编辑的范围将会只局限于选区内，如图 4-1 所示。

图 4-1

4.1.2 选区的种类

在 Photoshop CS6 中，选区可分为普通选区和羽化选区两种。普通选区是指通过魔棒工具、选框工具、套索工具和【色彩范围】命令等创建的选区，是具有明显边界的选区；羽化选区则是将在图像中创建的普通选区的边界进行柔化后得到的选区，应注意的是，根据羽化的数值不同，羽化的效果也不同，一般羽化的数值越大，其羽化的范围也越大，如图 4-2 所示。

<table>
<tr><td>普通选区</td><td>羽化选区</td></tr>
</table>

图 4-2

 ## 4.2　创建规则形状选区

在 Photoshop CS6 中，用户可以使用工具箱中的矩形选框工具、椭圆选框工具、单行选框工具、单列选框工具等创建规则形状的选区，如矩形选区、椭圆等。本节将重点介绍创建规则形状选区方面的知识与操作技巧。

4.2.1　使用矩形选框工具

在 Photoshop CS6 中，用户可以使用工具箱中的矩形选框工具，在图像中划取矩形或正方形选区区域。下面介绍使用矩形选框工具创建矩形选区的操作方法。

打开图像文件后，在工具箱中，单击【矩形选框】按钮，当鼠标指针变成十字形状后，按住鼠标左键并拖动鼠标指针选取准备选择的区域，即可创建矩形选区，如图 4-3 所示。

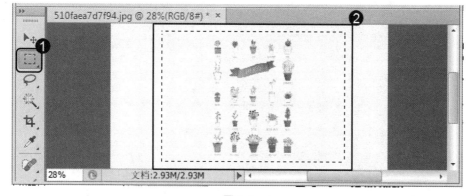

图 4-3

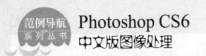
4.2.2 使用椭圆选框工具

在 Photoshop CS6 中，用户可以使用工具箱中的椭圆选框工具，在图像中划取椭圆形或正圆形选区区域。下面介绍使用椭圆选框工具创建椭圆选区的操作方法。

在 Photoshop CS6 中打开图像文件后，在工具箱中，①单击【矩形选框】下拉按钮，在弹出的下拉板中，选择【椭圆选框工具】选项，②当鼠标指针变成十字形状后，按住鼠标左键并拖动鼠标指针选取准备选择的区域，即可创建椭圆选区，如图 4-4 所示。

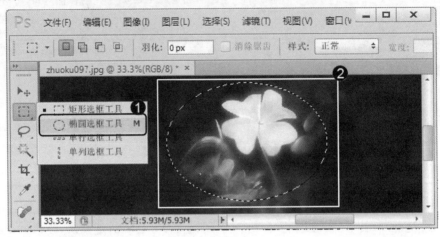

图 4-4

4.2.3 使用单行选框工具

在 Photoshop CS6 中，用户可以使用单行选框工具创建水平方向的单像素的选区。下面介绍使用单行选框工具创建水平选区的操作方法。

在 Photoshop CS6 中打开图像文件后，在工具箱中，①单击【矩形选框】下拉按钮，在弹出的下拉面板中，选择【单行选框工具】选项，②在文档窗口中，在指定的图像位置处单击，即可创建水平选区，如图 4-5 所示。

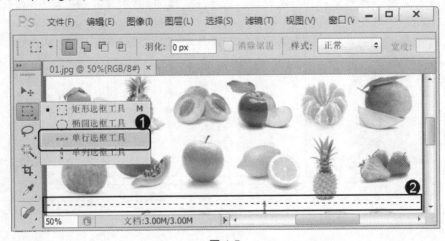

图 4-5

4.2.4　使用单列选框工具

在 Photoshop CS6 中，用户可以使用单列选框工具，创建垂直方向的单像素的选区。下面介绍使用单列选框工具创建垂直选区的操作方法。

在 Photoshop CS6 中打开图像文件后，在工具箱中，单击【矩形选框】下拉按钮，在弹出的下拉面板中，选择【单列选框工具】选项，在文档窗口中，在指定的图像位置处单击，即可创建垂直选区，如图 4-6 所示。

图 4-6

4.2.5　选框工具选项栏

在 Photoshop CS6 中，选框工具选项栏中包括运算区域、羽化区域、【消除锯齿】复选框、【样式】下拉列表框、【宽度】与【高度】文本框和【调整边缘】按钮等选项，一般在工具箱中选择选框工具后即可显示选框工具选项栏，如图 4-7 所示。

图 4-7

- 运算区域：运算区域中包括【新选区】按钮、【添加到选区】按钮、【从选区减去】按钮和【与选区交叉】按钮，使用这些按钮可以对选区进行运算。当图像中已存在选区时，单击【新选区】按钮即可替换原有的选区，单击【添加到选区】按钮即可在原有选区基础上添加绘制的选区，单击【从选区减去】按钮即可在原有选区的基础上减去绘制的选区，单击【与选区交叉】按钮即可将原有选区与新建选区的交叉处保留。
- 羽化区域：在【羽化】文本框中输入准备设置的羽化值，可以在新建选区时设置该选区的羽化值，数值越大，羽化范围越广。
- 【消除锯齿】复选框：该复选框仅在使用椭圆选框工具时可用，在新建椭圆选区

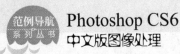
时容易产生锯齿，选中该复选框可以消除锯齿。

- 【样式】下拉列表框：用于选择创建选区的方式，包括【正常】、【固定比例】和【固定大小】选项。选择【固定比例】或【固定大小】选项时，右侧的【宽度】与【高度】文本框可用，可以设置宽度与高度的比例，也可以设置选框的大小，单击【高度和宽度互换】按钮可以互换高度与宽度的值。
- 【调整边缘】按钮：单击该按钮，弹出【调整边缘】对话框，可进行羽化等操作。

 # 4.3 创建不规则形状选区

在 Photoshop CS6 中，用户可以使用工具箱中的套索工具、多边形套索工具和磁性套索工具等创建不规则形状的选区。不规则选区一般用于选取图像的边缘，如套取人像边缘等。本节将重点介绍创建不规则形状选区方面的知识与操作技巧。

4.3.1 使用套索工具

在 Photoshop CS6 中，使用套索工具时，用户释放鼠标后起点和终点处自动连接一条直线，这样可以创建不规则选区。下面介绍使用套索工具创建不规则选区的操作方法。

step 1 ① 在 Photoshop CS6 主程序的工具箱中，单击【套索工具】按钮 ○，② 当鼠标指针变为 ○ 形状时，在文档窗口中，按住鼠标左键并拖动鼠标绘制选区，到达目标位置后释放鼠标左键，如图 4-7 所示。

step 2 此时，在文档窗口中，图像选区已经被套索出来，如图 4-8 所示，这样即可完成使用套索工具创建不规则选区的操作。

图 4-7

图 4-8

4.3.2 使用多边形套索工具

在 Photoshop CS6 中，使用多边形套索工具时，用户可以选择具有棱角的图形，选择结束后双击即可与起点相连形成选区。下面介绍使用多边形套索工具创建不规则选区的操作方法。

step 1 ① 在 Photoshop CS6 主程序的工具箱中，单击【套索工具】按钮 ⌇，在弹出的下拉面板中，选择【多边形套索工具】选项，② 当鼠标指针变为 ⌇ 形状时，在文档窗口中，在起点处单击，然后在各转折点单击，到达目标位置后双击，如图 4-9 所示。

step 2 此时，在文档窗口中，图像选区已经被多边形套索工具套索出来，如图 4-10 所示，这样即可完成使用多边形套索工具创建不规则选区的操作。

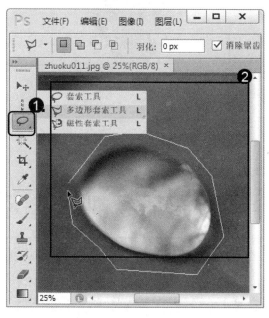

图 4-9

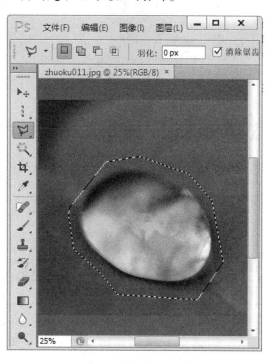

图 4-10

4.3.3 使用磁性套索工具

在 Photoshop CS6 中，如果图像与背景对比明显，同时图像的边缘清晰，用户可以使用磁性套索工具快速选取图像选区。下面介绍使用磁性套索工具创建不规则选区的操作方法。

step 1 ① 在工具箱中，单击【磁性套索工具】按钮 ⌇，② 当鼠标指针变为 ⌇ 形状时，在文档窗口中，单击并拖动鼠标左键沿着图像边缘绘制选区，到达目标位置后释放鼠标左键，如图 4-11 所示。

step 2 此时，在文档窗口中，图像选区已经被磁性套索工具套索出来，如图 4-12 所示，这样即可完成使用磁性套索工具创建不规则选区的操作。

第 4 章 图像选区的应用

图 4-11

图 4-12

4.4   使用菜单命令和按钮命令创建选区

在 Photoshop CS6 中，用户可以使用菜单命令和按钮命令来创建各种选区，可创建选区的菜单命令和按钮命令包括【全部】命令、【以快速蒙版模式编辑】按钮和【色彩范围】命令等。本节将重点介绍使用菜单命令创建选区方面的知识与操作技巧。

4.4.1   使用【全部】命令

在 Photoshop CS6 中，全选是指选中图像文件中的所有图像。下面介绍使用【全部】命令创建选区的操作方法。

step 1 ❶ 打开准备创建选区的图像文件，单击【选择】主菜单，❷ 在弹出的下拉菜单中，选择【全部】菜单项，如图 4-13 所示。

step 2 返回到文档窗口中，此时图像区域将全部选中，如图 4-14 所示，这样即可完成使用【全部】命令创建选区的操作。

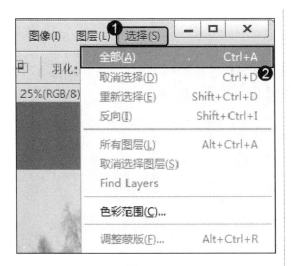

图 4-13

图 4-14

4.4.2 使用【以快速蒙版模式编辑】按钮

在 Photoshop CS6 中，用户可以使用【以快速蒙版模式编辑】按钮，在指定的图像区域涂抹创建选区。下面介绍使用【以快速蒙版模式编辑】按钮创建选区的操作方法。

step 1 ① 打开准备创建选区的图像，在工具箱中单击【以快速蒙版模式编辑】按钮 ，② 在工具箱中，单击【画笔工具】按钮 ，③ 在文档窗口中，在准备创建图像的区域，使用画笔工具在图像上进行涂抹操作，涂抹的区域将以红色的蒙版来显示，如图 4-15 所示。

step 2 ① 在指定的图像区域中进行涂抹操作后，在工具箱中再次单击【以快速蒙版模式编辑】按钮 ，退出快速蒙版模式，② 返回到文档窗口中，此时除涂抹图像的区域没有创建选区外，其他区域的选区已经被创建，如图 4-16 所示，这样即可完成使用【以快速蒙版模式编辑】按钮创建选区的操作。

图 4-15

图 4-16

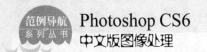

4.4.3 使用【色彩范围】命令

使用【色彩范围】命令，用户可以快速选取颜色相近的选区，同时，通过【色彩范围】命令可以对图像进行更多设置。下面介绍使用【色彩范围】命令的操作方法。

step 1 ① 打开准备创建选区的图像文件，单击【选择】主菜单，② 在弹出的下拉菜单中，选择【色彩范围】菜单项，如图 4-17 所示。

step 2 ① 弹出【色彩范围】对话框，在【颜色容差】文本框中，输入颜色容差值，② 在【图像预览】区域，使用吸管工具，选取准备创建选区的图像部分，③ 单击【确定】按钮，如图 4-18 所示。

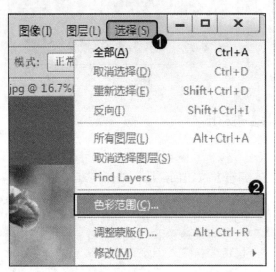

图 4-17

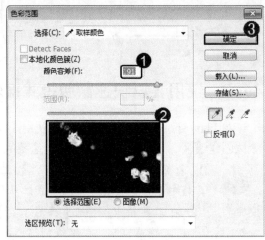

图 4-18

step 3 返回到文档窗口中，图像的选区已经被创建，如图 4-19 所示，这样即可完成使用【色彩范围】命令创建选区的操作。

图 4-19

智慧锦囊

在 Photoshop CS6 中，打开【色彩范围】对话框后，在【选择】下拉列表框中，程序提供了多个选项供用户使用，包括【取样颜色】选项、【红色】选项、【黄色】选项、【绿色】选项、【青色】选项、【蓝色】选项、【洋红】选项、【高光】选项、【中间调】选项、【阴影】选项、Skin Tones 选项和【溢色】选项。选择不同的选项，颜色选取的效果也不同。

考考您

请您根据上述方法，使用【色彩范围】命令选取一个图像文件的选区，测试一下您的学习效果。

4.5　使用菜单命令修改选区

在 Photoshop CS6 中，用户还可以使用【扩大选取】菜单命令和【选取相似】菜单命令来修改各种选区的大小。本节将重点介绍使用菜单命令修改选区方面的知识与操作技巧。

4.5.1　使用【扩大选取】命令

使用【扩大选取】命令扩大选区时，系统会基于魔棒工具选项栏中的容差值，来决定选区的扩展范围。下面介绍使用【扩大选取】命令扩大选区的操作方法。

step 1 ① 在已经创建选区的图像文件中，单击【选择】主菜单，② 在弹出的下拉菜单中，选择【扩大选取】菜单项，如图 4-20 所示。

step 2 返回到文档窗口中，已经创建的选区被扩大，如图 4-21 所示，这样即可完成使用【扩大选取】命令扩大选区的操作。

图 4-20

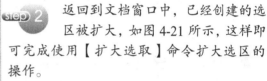

图 4-21

 在 Photoshop CS6 中，使用【扩大选取】命令编辑图像选区时，用户应该注意的是，在位图模式下的图像或在 32 位/通道的图像，将无法使用【扩大选取】命令。

4.5.2　使用【选取相似】命令

使用【选取相似】命令扩大选区时，程序会在图像中查找与当前选区中像素色调相近的像素，以便扩大选择区域。下面介绍使用【选取相似】命令扩大选区的操作方法。

step 1 ① 在已经创建选区的图像文件中，单击【选择】主菜单，② 在弹出的下拉菜单中，选择【选取相似】菜单项，如图 4-22 所示。

step 2 返回到文档窗口中，已经创建的选区被扩大，如图 4-23 所示，这样即可完成使用【选取相似】命令扩大选区的操作。

图 4-22

图 4-23

4.6 使用魔棒与快速选择工具

在 Photoshop CS6 中，用户不仅可以创建出规则或不规则形状的选区，还可以使用工具箱中的魔棒与快速选择工具，快速选取图像的选区，如根据颜色的不同选取图像的局部区域等。本节将重点介绍使用魔棒与快速选择工具方面的知识与操作技巧。

4.6.1 使用魔棒工具

在 Photoshop CS6 中，魔棒工具可以用于选取颜色相近的区域，对于颜色差别较大的图像可以使用该工具创建选区。下面介绍使用魔棒工具创建选区的操作方法。

step 1 ① 在 Photoshop CS6 工具箱中，单击【魔棒工具】按钮，② 在魔棒工具选项栏中，单击【添加到选区】按钮，③ 在文档窗口中，在准备选择的图像上连续单击，创建选区，如图 4-24 所示。

step 2 选择完毕后，在文档窗口中，已经创建出选区，如图 4-25 所示，这样即可完成使用魔棒工具创建选区的操作。

图 4-24

图 4-25

4.6.2 使用快速选择工具

在 Photoshop CS6 中，使用快速选择工具，用户可以通过画笔笔尖接触图形，自动查找图像边缘。下面介绍使用快速选择工具创建选区的操作方法。

step 1 ① 在 Photoshop CS6 工具箱中，单击【快速选择工具】按钮，② 在快速选择工具选项栏中，在【以打开"画笔"选取器】下拉面板中，在【大小】文本框中，输入工具大小的数值，③ 在【硬度】文本框中，输入工具硬度值，④ 在【间距】文本框中，输入工具间距值，如图 4-26 所示。

step 2 返回到文档窗口中，在准备创建选区的图像区域中拖动鼠标进行涂抹操作，确定选区范围后释放鼠标左键，这样即可完成使用快速选择工具创建选区的操作，如图 4-27 所示。

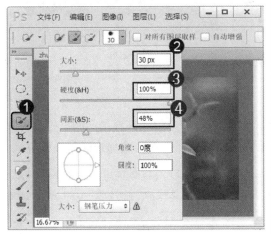

图 4-26

图 4-27

4.7 选区的基本操作

在 Photoshop CS6 中，用户学会创建选区的方法后，应学习并掌握选区的一些基本操作，包括选区反选、取消选择与重新选择选区、移动选区和选区的运算等。本节将介绍选区的基本操作方面的知识。

4.7.1 选区反选

在 Photoshop CS6 中，用户可以对已经创建选区的图像，进行选区反选的操作。下面介绍进行选区反选的操作方法。

step 1 ① 打开已经创建选区的图像文件，单击【选择】主菜单，② 在弹出的下拉菜单中，选择【反向】菜单项，如图 4-28 所示。

step 2 返回到文档窗口中，此时图像的选区已经反向选取，如图 4-29 所示，这样即可完成选区反选的操作。

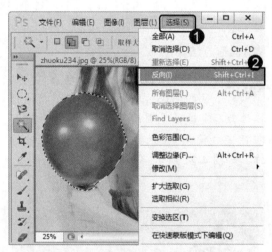

图 4-28

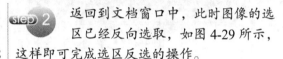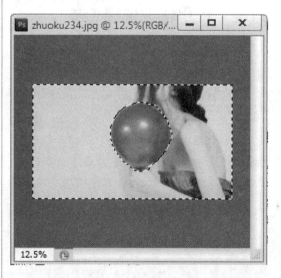

图 4-29

4.7.2 取消选择与重新选择选区

在 Photoshop CS6 中，如果创建的选区不再使用，用户可以将选区取消；如果想要再次使用取消的选区，用户可以将其重新载入。下面介绍取消选择与重新选择选区的操作方法。

step 1 ① 打开已经创建选区的图像，单击【选择】主菜单，② 在弹出的下拉菜单中，选择【取消选择】菜单项，如图 4-30 所示。

step 2 返回到文档窗口中，此时图像的选区已经被取消，如图 4-31 所示，这样即可完成取消选择选区的操作。

图 4-30

图 4-31

图 4-32

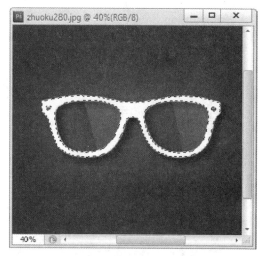

图 4-33

step 3 ① 取消选择选区后，单击【选择】主菜单，② 在弹出的下拉菜单中，选择【重新选择】菜单项，如图 4-32 所示。

step 4 返回到文档窗口中，此时图像的选区已经重新选择，如图 4-33 所示，这样即可完成重新选择选区的操作。

4.7.3　移动选区

在 Photoshop CS6 中，创建选区后，用户可以将创建的选区移动到指定的位置，方便用户进一步的操作。下面介绍移动选区的操作方法。

step 1 ① 在工具箱中，单击【套索工具】按钮，② 在套索工具选项栏中，单击【新选区】按钮，③ 将鼠标指针移动至选区内部，当鼠标指针变为 形状后，拖动鼠标至目标位置，如图 4-34 所示。

step 2 拖动鼠标将选区移动至目标位置后，释放鼠标左键，这样即可完成移动选区的操作，如图 4-35 所示。

图 4-34

图 4-35

4.7.4 选区的运算

在 Photoshop CS6 中，用户可以对已经创建的选区进行添加到选区和从选区减去等操作。下面将详细介绍选区的运算方面的知识。

1. 添加到选区

在 Photoshop CS6 中，用户可以使用【添加到选区】按钮来添加选区，这样可以增加所需的选取区域。下面介绍使用【添加到选区】按钮添加选区的操作方法。

step 1 ① 在 Photoshop CS6 中，打开一张图像，在工具箱中，单击【矩形选框工具】按钮，② 返回到文档窗口中，创建一个矩形选框，如图 4-36 所示。

step 2 ① 在选框工具选项栏中，单击【添加到选区】按钮，② 在文档窗口中，当鼠标指针变为十形状时，在图像上再次绘制一个选区，如图 4-37 所示。

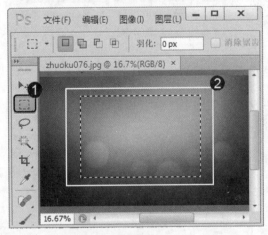

图 4-36

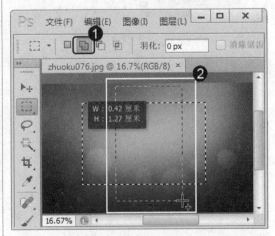

图 4-37

step 3 在文档窗口中，图像的选区已经被添加，如图 4-38 所示，这样即可完成添加到选区的操作。

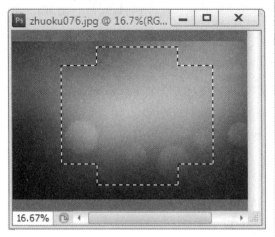

图 4-38

在 Photoshop CS6 中，在按住 Shift 键的同时，拖动选区工具(如矩形选框工具)，用户同样可以添加选区。

考考您

请您根据上述方法，在图像文件中创建选区后，再继续添加选区，测试一下您的学习效果。

2. 从选区减去

在 Photoshop CS6 中，用户可以使用【从选区减去】按钮来减去选区，这样可以减少所需的选取区域。下面介绍使用【从选区减去】按钮减去选区的操作方法。

step 1 ① 在 Photoshop CS6 中，打开一张图像，在工具箱中，单击【椭圆选框工具】按钮，② 返回到文档窗口中，创建一个圆形选框，如图 4-39 所示。

step 2 ① 在选框工具选项栏中，单击【从选区减去】按钮，② 在文档窗口中，当鼠标指针变为十形状时，在图像上再绘制一个椭圆选区，如图 4-40 所示。

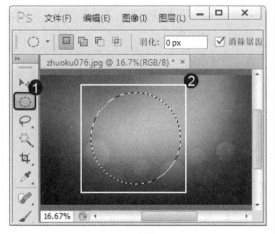

图 4-39

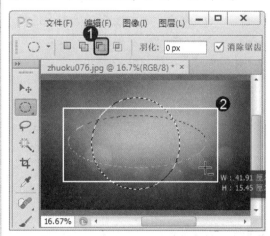

图 4-40

step 3 在文档窗口中，图像的选区已经被减去，如图 4-41 所示，这样即可完成从选区减去的操作。

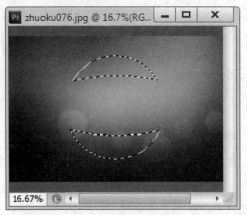

图 4-41

4.8 选区的编辑操作

在 Photoshop CS6 中，创建选区后，用户可以对选区进行平滑选区、扩展选区、羽化选区、调整边缘、边界选区和收缩选区等编辑操作。本节将重点介绍选区的编辑操作方面的知识。

4.8.1 平滑选区

在 Photoshop CS6 中，使用平滑选区功能，用户可以将选区中生硬的边缘变得平滑顺畅，使选区中的图像更加美观。下面介绍平滑选区的操作方法。

step 1 ① 创建一个选区后，单击【选择】主菜单，② 在弹出的下拉菜单中，选择【修改】菜单项，③ 在弹出的子菜单中，选择【平滑】菜单项，如图 4-42 所示。

step 2 ① 弹出【平滑选区】对话框，在【取样半径】文本框中，输入半径数值，② 单击【确定】按钮，如图 4-43 所示。

图 4-43

图 4-42

step 3 返回到文档窗口中，创建的选区已经变平滑，如图4-44所示，这样即可完成平滑选区的操作。

图4-44

4.8.2 扩展选区

在Photoshop CS6中，使用扩展选区功能，用户可以将选区范围按照输入的数值进行扩展。下面介绍扩展选区的操作方法。

step 1 ① 创建一个选区后，单击【选择】主菜单，② 在弹出的下拉菜单中，选择【修改】菜单项，③ 在弹出的子菜单中，选择【扩展】菜单项，如图4-45所示。

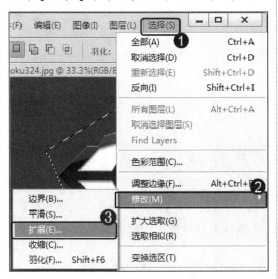

图4-45

step 3 返回到文档窗口中，创建的选区已经被扩展，如图4-47所示，这样即可完成扩展选区的操作。

智慧锦囊

在【平滑选区】对话框中，在【取样半径】文本框中输入适当的数值，可使当前选区中小于取样半径的凸出或凹陷部位产生平滑效果。

考考您

请您根据上述方法，在图像文件中创建选区后，对其进行平滑选区的操作，测试一下您的学习效果。

step 2 ① 弹出【扩展选区】对话框，在【扩展量】文本框中，输入扩展数值，② 单击【确定】按钮，如图4-46所示。

图4-46

智慧锦囊

在【扩展选区】对话框中，在【扩展量】文本框中输入适当的数值，用户可以将选区向外扩展相应的像素数。

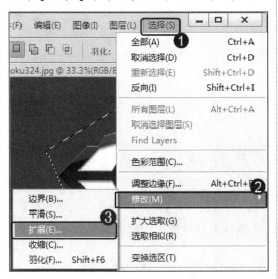

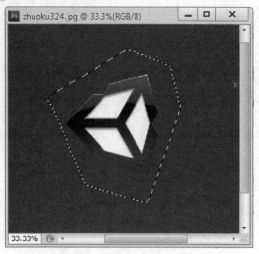

图 4-47

4.8.3 羽化选区

在 Photoshop CS6 中，羽化是指通过设置像素值对图像边缘进行模糊操作。一般来说，羽化数值越大，图像边缘虚化程度越大。下面介绍羽化选区的操作方法。

step 1 ① 创建一个选区后，单击【选择】主菜单，② 在弹出的下拉菜单中，选择【修改】菜单项，③ 在弹出的子菜单中，选择【羽化】菜单项，如图 4-48 所示。

step 2 ① 弹出【羽化选区】对话框，在【羽化半径】文本框中，输入羽化数值，② 单击【确定】按钮，如图 4-49 所示。

图 4-49

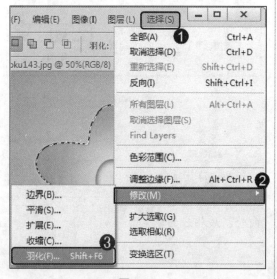

图 4-48

step 3 返回到文档窗口中，创建的选区已经被羽化，如图 4-50 所示，这样即可完成羽化选区的操作。

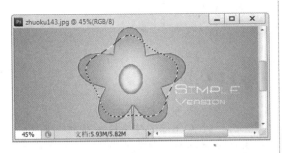

图 4-50

请您根据上述方法，在图像文件中创建选区后，对其进行羽化选区的操作，测试一下您的学习效果。

4.8.4 调整边缘

在 Photoshop CS6 中，创建选区后，用户可以对创建的选区进行调整边缘的操作。下面介绍调整边缘的操作方法。

step 1 ① 创建一个选区后，单击【选择】主菜单，② 在弹出的下拉菜单中，选择【调整边缘】菜单项，如图 4-51 所示。

step 2 ① 弹出【调整边缘】对话框，在【视图】下拉列表框中，选择【背景图层】选项，② 在【边缘检测】选项组中，在【半径】文本框中，输入像素边缘的半径值，③ 在【调整边缘】选项组中，在【平滑】文本框中，输入像素边缘的平滑度数值，④ 在【羽化】文本框中，输入边缘羽化的数值，⑤ 单击【确定】按钮，如图 4-52 所示。

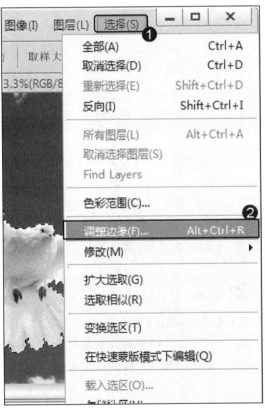

图 4-51

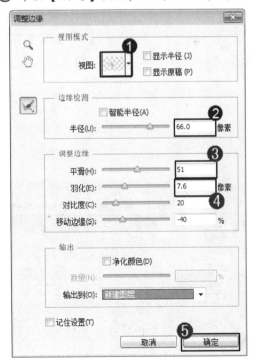

图 4-52

step 3 通过以上方法即可完成调整边缘的操作，如图4-53所示。

图 4-53

请您根据上述方法，在图像文件中创建选区后，对其进行调整边缘的操作，测试一下您的学习效果。

4.8.5 边界选区

在 Photoshop CS6 中，边界选区是将设置的像素值同时向选区内部和外部扩展所得到的区域。下面介绍创建边界选区的操作方法。

step 1 ① 创建一个选区后，单击【选择】主菜单，② 在弹出的下拉菜单中，选择【修改】菜单项，③ 在弹出的子菜单中，选择【边界】菜单项，如图4-54所示。

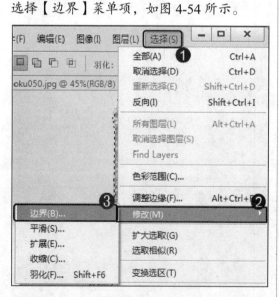

图 4-54

step 3 返回到文档窗口中，创建的选区已经变为边界选区，如图4-56所示，这样即可完成创建边界选区的操作。

step 2 ① 弹出【边界选区】对话框，在【宽度】文本框中，输入边界宽度数值，② 单击【确定】按钮，如图4-55所示。

图 4-55

在 Photoshop CS6 中，创建选区后，在【边界选区】对话框的【宽度】文本框中，输入的宽度值越大，选区边界扩展度越大。

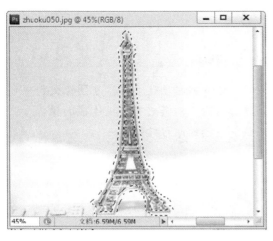

图 4-56

请您根据上述方法,在图像文件中创建选区后,对其进行创建边界选区的操作,测试一下您的学习效果。

4.8.6 收缩选区

在 Photoshop CS6 中,使用收缩选区功能,用户可以将创建的选区范围按照输入的数值收缩。下面介绍收缩选区的操作方法。

step 1 ① 创建一个选区后,单击【选择】主菜单,② 在弹出的下拉菜单中,选择【修改】菜单项,③ 在弹出的子菜单中,选择【收缩】菜单项,如图 4-57 所示。

step 2 ① 弹出【收缩选区】对话框,在【收缩量】文本框中,输入收缩数值,② 单击【确定】按钮,如图 4-58 所示。

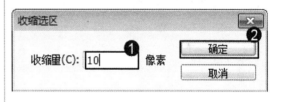

图 4-58

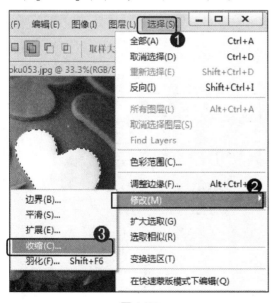

图 4-57

step 3 返回到文档窗口中,创建的选区已经被收缩,如图 4-59 所示,这样即可完成收缩选区的操作。

智慧锦囊

在 Photoshop CS6 中,创建选区后,在【收缩选区】对话框的【收缩量】文本框中,输入的收缩值越大,选区收缩幅度越大。

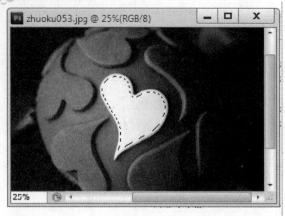

图 4-59

请您根据上述方法，在图像文件中创建选区后，对其进行收缩选区的操作，测试一下您的学习效果。

4.8.7 描边选区

在 Photoshop CS6 中，创建选区后，用户可以对创建的选区进行描边的操作，将选区内的图像用自定义颜色区分出来。下面介绍描边选区的操作方法。

step 1 ① 创建一个选区后，单击【编辑】主菜单，② 在弹出的下拉菜单中，选择【描边】菜单项，如图 4-60 所示。

step 2 ① 弹出【描边】对话框，在【宽度】文本框中，输入描边的宽度数值，② 在【颜色】选取框中，设置准备描边的颜色，③ 在【位置】选项组中，选中【居外】单选按钮，④ 单击【确定】按钮，如图 4-61 所示。

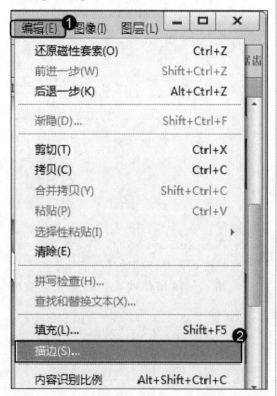

图 4-60

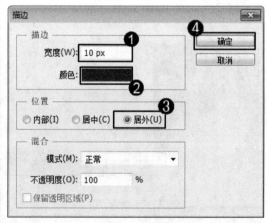

图 4-61

step 3 返回到文档窗口中，创建的选区已经被描边显示，如图 4-62 所示，这样即可完成描边选区的操作。

图 4-62

 智慧锦囊

在 Photoshop CS6 中，选区描边的宽度值需在 1 像素至 255 像素之间的整数中进行选取。

考考您

请您根据上述方法，在图像文件中创建选区后，对其进行描边选区的操作，测试一下您的学习效果。

4.9 范例应用与上机操作

通过本章的学习，读者可以掌握图像选区的应用方面的知识。下面介绍几个范例应用与上机操作，以达到巩固学习的目的。

4.9.1 将艺术字体与风景照合成

在 Photoshop CS6 中，用户运用本章与前几章所学的知识，可以将艺术字体与风景照合成为一张完整的图像。下面将详细介绍将艺术字体与风景照合成的操作方法。

 素材文件 配套素材\第 4 章\素材文件\风景.jpg、艺术字体.jpg
效果文件 配套素材\第 4 章\效果文件\4.9.1　将艺术字体与风景照合成.jpg

step 1 ① 启动 Photoshop CS6 后，单击【文件】主菜单，② 在弹出的下拉菜单中，选择【新建】菜单项，如图 4-63 所示。

step 2 ① 弹出【新建】对话框，在【名称】文本框中，输入新建图像的名称，② 在【宽度】文本框中，输入新建文件的宽度值，③ 在【高度】文本框中，输入新建文件的高度值，④ 单击【确定】按钮，如图 4-64 所示。

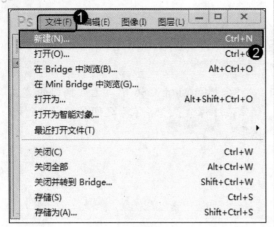

图 4-63

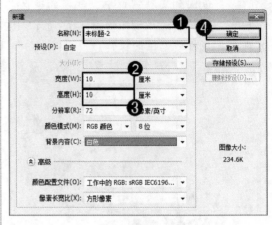

图 4-64

step 3　① 新建文件后，单击【文件】主菜单，② 在弹出的下拉菜单中，选择【打开】菜单项，如图 4-65 所示。

step 4　① 弹出【打开】对话框，在【查找范围】下拉列表框中，选择文件存放的磁盘位置，② 单击选中准备打开的图像文件，如"风景.jpg"，③ 单击【打开】按钮，如图 4-66 所示。

图 4-65

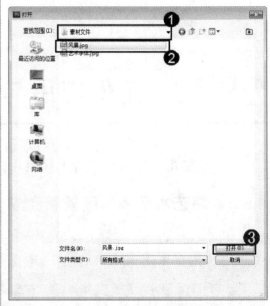

图 4-66

step 5　① 打开图像文件后，单击【选择】主菜单，② 在弹出的下拉菜单中，选择【全部】菜单项，如图 4-67 所示。

step 6　全选图像后，按 Ctrl+C 快捷键，复制图像，然后在键盘上按下 Ctrl+V 快捷键，将复制的图像粘贴到新建的文档中，并使用变换功能调整图形大小，如图 4-68 所示。

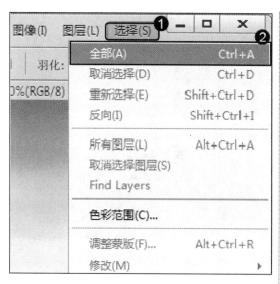

图 4-67

全选并复制图像

100%

图 4-68

step 7　① 单击【文件】主菜单，② 在弹出的下拉菜单中，选择【打开】菜单项，如图 4-69 所示。

图 4-69

step 9　① 打开素材文件后，在 Photoshop CS6 工具箱中，单击【魔棒工具】按钮，② 在魔棒工具选项栏中，单击【添加到选区】按钮，③ 在文档窗口中，在准备选择的图像上连续单击，创建选区，如图 4-71 所示。

step 8　① 弹出【打开】对话框，在【查找范围】下拉列表框中，选择文件存放的磁盘位置，② 单击选中准备打开的图像文件，如"艺术字体.jpg"，③ 单击【打开】按钮，如图 4-70 所示。

图 4-70

step 10　创建选区后，按 Ctrl+C 快捷键，复制图像，然后按 Ctrl+V 快捷键，将复制的图像粘贴到新建的文档中，并使用变换功能调整图形大小，保存图像，如图 4-72 所示，这样即可完成将艺术字与风景照合成的操作。

图 4-71

图 4-72

4.9.2　制作爱心情侣图像

在 Photoshop CS6 中，用户运用本章与前几章所学的知识，可以制作一个爱心情侣图像。下面将详细介绍制作爱心情侣图像的操作方法。

素材文件 配套素材\第 4 章\素材文件\情侣.png、爱心\.jpg

效果文件 配套素材\第 4 章\效果文件\4.9.2　制作爱心情侣图像.jpg

 step 1 ① 启动 Photoshop CS6 后，单击【文件】主菜单，② 在弹出的下拉菜单中，选择【打开】菜单项，如图 4-73 所示。

step 2 ① 弹出【打开】对话框，在【查找范围】下拉列表框中，选择文件存放的磁盘位置，② 单击选中准备打开的图像文件，如"情侣.png"，③ 单击【打开】按钮，如图 4-74 所示。

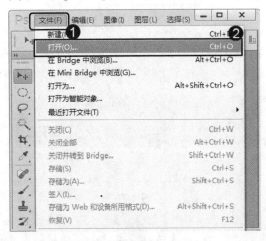

图 4-73

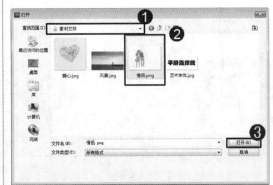

图 4-74

step 3 ① 打开素材文件后，单击【文件】主菜单，② 在弹出的下拉菜单中，选择【打开】菜单项，如图 4-75 所示。

step 4 ① 弹出【打开】对话框，在【查找范围】下拉列表框中，选择文件存放的磁盘位置，② 单击选中准备打开的图像文件，如"爱心.jpg"，③ 单击【打开】按钮，如图 4-76 所示。

图 4-75

step 5 ① 打开素材文件后，单击【选择】主菜单，② 在弹出的下拉菜单中，选择【色彩范围】菜单项，如图 4-77 所示。

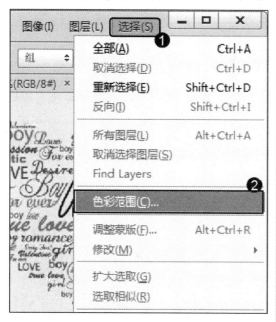

图 4-77

step 7 返回到文档窗口中，图像的选区已经被创建，如图 4-79 所示。

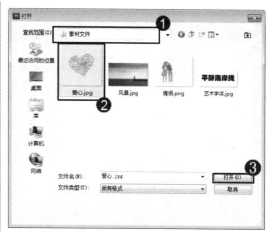

图 4-76

step 6 ① 弹出【色彩范围】对话框，在【颜色容差】文本框中，输入颜色容差值，② 在【图像预览】区域，使用【吸管】工具，选取准备创建选区的图像部分，③ 单击【确定】按钮，如图 4-78 所示。

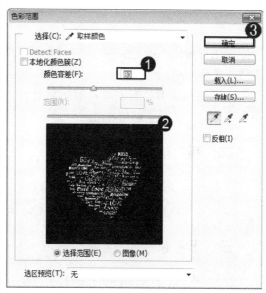

图 4-78

step 8 创建选区后，按 Ctrl+C 快捷键，复制图像，然后按 Ctrl+V 快捷键，将复制的图像粘贴到"情侣.png"文档中，并使用变换功能调整图形大小，保存图像，这样即可完成制作爱心情侣图像的操作，如图 4-80 所示。

第 4 章 图像选区的应用

图 4-79

图 4-80

4.10　课后练习

4.10.1　思考与练习

一、填空题

1. 在 Photoshop CS6 中，用户可以使用_____菜单命令和_____菜单命令来修改各种选区的大小。

2. 创建选区后，用户可以对选区进行_____、平滑选区、扩展选区、_____、边界选区和_____等编辑操作。

二、判断题

1. 创建选区后，用户不可以将创建的选区移动到指定的位置。
2. 用户可以对已经创建的选区进行添加到选区和从选区减去的操作。

三、思考题

1. 如何使用【全部】菜单命令创建选区？
2. 如何扩展选区？

4.10.2　上机操作

1. 启动 Photoshop CS6 软件，进行创建规则形状选区方面的操作练习。
2. 启动 Photoshop CS6 软件，进行创建不规则形状选区方面的操作练习。

第**5**章

修复与修饰图像

　　本章主要介绍修复图像和擦除图像方面的知识，同时还讲解复制图像和编辑图像方面的操作技巧。通过本章的学习，读者可以掌握修复与修饰图像方面的知识，为深入学习 Photoshop CS6 知识奠定基础。

1. 修复图像
2. 擦除图像
3. 复制图像
4. 编辑图像

5.1 修复图像

在 Photoshop CS6 中，修复图像是一项核心功能，用户可以使用修复画笔工具、污点修复画笔工具、修补工具、红眼工具和颜色替换工具等对图像进行修饰与修复，使图像更加美观。本节将重点介绍修复图像方面的知识。

5.1.1 修复画笔工具的运用

在 Photoshop CS6 中，修复画笔工具可用于校正瑕疵，修复画笔工具可将样本像素的纹理、光照、透明度和阴影与所修复的像素进行匹配，从而使修复后的像素不留痕迹地融入图像的其余部分。下面介绍使用修复画笔工具修复图像的操作方法。

step 1 ① 打开图像文件后，单击工具箱中的【修复画笔工具】按钮 🖊️，②按住 Alt 键，在文档窗口中，当鼠标指针变成 ⊕ 形状时，在图像中的皮肤光滑处单击取样，如图 5-1 所示。

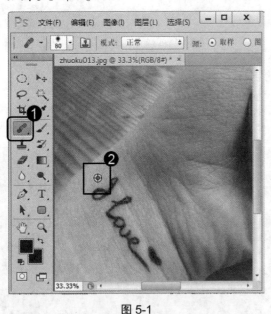

图 5-1

step 2 当鼠标指针变成 ◯ 形状时，在图像需要修复的位置上，重复进行拖动鼠标涂抹的操作，直至修复图像为止，如图 5-2 所示。

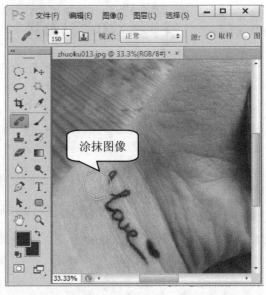

图 5-2

step 3 此时在文档窗口中，图像已经被修复，如图 5-3 所示，这样即可完成使用修复画笔工具修复图像的操作。

考考您

请您根据上述方法，使用修复画笔工具修复图像，测试一下您的学习效果。

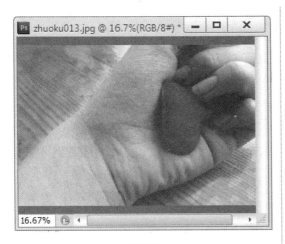

图 5-3

智慧锦囊

在修复画笔工具选项栏中，可以设置修复画笔的大小，方便用户操作。

5.1.2　污点修复画笔工具的运用

在 Photoshop CS6 中，污点修复画笔工具可以快速移去照片中的污点和其他不理想的部分。下面介绍使用污点修复画笔工具修复图像的操作方法。

step 1 ① 打开图像文件后，单击工具箱中的【污点修复画笔工具】按钮 ，② 在文档窗口中，当鼠标指针变为 形状时，在需要修复的位置，进行鼠标拖动涂抹的操作，如图 5-4 所示。

step 2 通过以上方法即可完成使用污点修复画笔工具修复图像的操作，如图 5-5 所示。

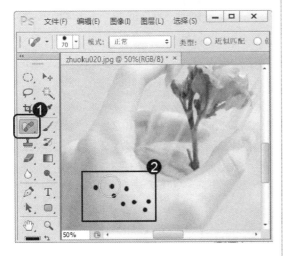

图 5-4

图 5-5

知识精讲

在 Photoshop CS6 中，如果在污点修复画笔工具选项栏中，选中【对所有图层取样】复选框，那么用户可从所有可见图层中对数据进行取样，否则只能从当前图层中取样。

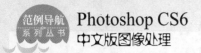
5.1.3 修补工具的运用

在 Photoshop CS6 中，修补工具可通过将取样像素的纹理等因素与修补图像的像素进行匹配，来清除图像中的杂点。下面介绍使用修补工具修复图像的操作方法。

step 1 ① 打开图像文件后，单击工具箱中的【修补工具】按钮 🔘，② 在文档窗口中，当鼠标指针变为 🔸形状时，划取需要修补的图像区域，如图 5-6 所示。

step 2 将鼠标指针移动至选区周围，当鼠标指针变成 🔸形状时，按住鼠标左键并拖动鼠标，将选区移动到可以替换需要修补的图像位置，如图 5-7 所示。

图 5-6

图 5-7

step 3 此时在文档窗口中，图像中的文字部分已经被修补，如图 5-8 所示，这样即可完成使用修补工具修复图像的操作。

图 5-8

智慧锦囊

在 Photoshop CS6 中，使用修补工具时，在修补工具选项栏中选中【目标】单选按钮，用户可以进行复制选中图像的操作。

考考您

请您根据上述方法，使用修补工具修复图像，测试一下您的学习效果。

5.1.4 红眼工具的运用

在 Photoshop CS6 中，使用红眼工具，用户可以修复由闪光灯照射到人眼时，瞳孔放大而产生的视网膜泛红现象。下面介绍使用红眼工具修复图像的操作方法。

step 1 ① 打开图像文件后，单击工具箱中的【红眼工具】按钮 ，② 在文档窗口中，当鼠标指针变为+ 形状时，在需要修复红眼的地方单击，如图 5-9 所示。

step 2 此时在文档窗口中，图像中红眼的部分已经被修复，如图 5-10 所示，这样即可完成使用红眼工具修复图像的操作。

图 5-9

修复红眼

图 5-10

5.1.5 颜色替换工具的运用

在 Photoshop CS6 中，颜色替换工具能够简化图像中特定颜色的替换，用户可以用不同的颜色，在目标颜色上绘画。下面介绍使用颜色替换工具替换图像颜色的操作方法。

step 1 打开图像文件后，创建准备替换颜色的选区，如图 5-11 所示。

step 2 ① 在工具箱中，单击【颜色替换工具】按钮 ，② 在工具箱中，选择准备替换的前景色，如图 5-12 所示。

创建选区

图 5-11

图 5-12

step **3** 选择颜色替换工具后，按 Ctrl+J 快捷键，这样即可快速将选区内的图像复制到新图层中，如图 5-13 所示。

图 5-13

step **4** 此时在文档窗口中，在新建的图层上，当鼠标指针变为 ⊕ 形状时，对图像进行涂抹操作，这样即可完成使用颜色替换工具替换图像颜色的操作，如图 5-14 所示。

图 5-14

5.2 擦除图像

在 Photoshop CS6 中，如果图像文件中有不准备使用的区域，用户可以将其擦除，以保持图像的整洁和美观。图像擦除工具包括橡皮擦工具、背景橡皮擦工具和魔术橡皮擦工具等。本节将重点介绍擦除图像方面的知识。

5.2.1 橡皮擦工具的运用

在 Photoshop CS6 中，在图像中拖动橡皮擦工具会更改图像中的像素，如果在背景图层或在透明区域锁定的图层中拖动，抹除的像素会更改为背景色，否则抹除的像素会变为透明。下面介绍使用橡皮擦工具的操作方法。

step **1** ① 打开图像文件后，在工具箱中，单击【橡皮擦工具】按钮 ✐，② 在工具箱中的【背景色】框中，设置准备擦除图像的颜色，③ 在文档窗口中，对准备擦除的图像区域进行涂抹操作，如图 5-15 所示。

step **2** 对图像进行反复的涂抹操作后，图像中的文字就会被擦除干净，如图 5-16 所示，这样即可完成使用橡皮擦工具的操作。

图 5-15

图 5-16

5.2.2 背景橡皮擦工具的运用

在 Photoshop CS6 中,背景橡皮擦工具可以自动识别图像的边缘,将背景擦为透明区域。下面介绍使用背景橡皮擦工具的操作方法。

step 1 ① 打开图像文件后,在工具箱中,单击【背景橡皮擦工具】按钮 ,② 在文档窗口中,当鼠标指针变为 ⊕ 形状时,在需要擦除图像的位置,拖动鼠标进行涂抹操作,如图 5-17 所示。

step 2 对图像进行反复的涂抹操作后,图像中的部分区域就会转成透明区域,如图 5-18 所示,这样即可完成使用背景橡皮擦工具的操作。

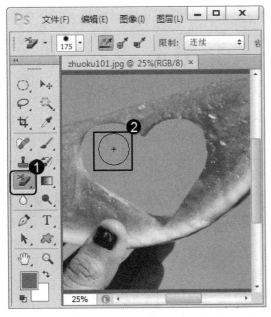

图 5-17

图 5-18

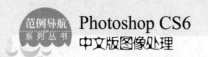

5.2.3 魔术橡皮擦工具的运用

在 Photoshop CS6 中，使用魔术橡皮擦工具在图层中单击时，工具会将所有相似的像素更改为透明。下面介绍使用魔术橡皮擦工具的操作方法。

 ① 打开图像文件后，在工具箱中，单击【魔术橡皮擦工具】按钮，
② 文档窗口中，当鼠标指针变为 形状时，在需要擦除图像的位置处单击，如图 5-19 所示。

 此时，图像中进行了单击操作的区域就会转换成透明区域，如图 5-20 所示，这样即可完成使用魔术橡皮擦工具的操作。

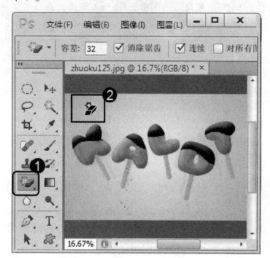

图 5-19

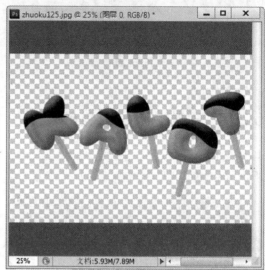

图 5-20

 魔术橡皮擦工具在作用上与背景橡皮擦工具类似，都是将像素抹除以得到透明区域。只是两者的操作方法不同，背景橡皮擦工具采用了类似画笔的绘制(涂抹)型操作方式，而魔术橡皮擦工具采用的则是区域型操作方式。

5.3 复制图像

在 Photoshop CS6 中，使用仿制图章工具和图案图章工具，用户可以对图像的局部区域进行编辑或复制，这样可以使用复制的图像修复破损或不整洁的区域。本节将重点介绍复制图像方面的知识。

5.3.1 仿制图章工具的运用

使用仿制图章工具，用户可以复制图形中的信息，同时将其应用到其他位置，这样可以修复图像中的污点、褶皱和光斑等。下面介绍使用仿制图章工具复制图像的操作方法。

step 1 ① 打开图像文件后，在工具箱中，单击【仿制图章工具】按钮 ⬛ ，② 按住 Alt 键，在文档窗口中，当鼠标指针变为 ⊕ 形状时，在需要复制图像的位置处单击，如图 5-21 所示。

step 2 复制取样工作完成后，在准备仿制该图像的位置进行连续单击操作，如图 5-22 所示。

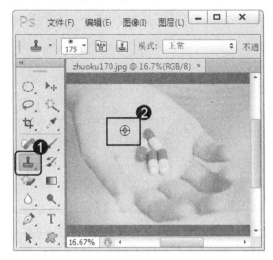

图 5-21

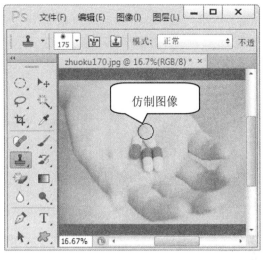

图 5-22

step 3 继续进行单击操作，直至复制完成，如图 5-23 所示，这样即可完成使用仿制图章工具复制图像的操作。

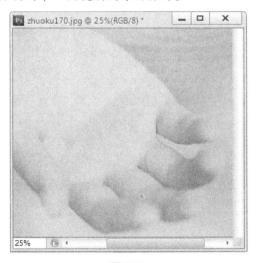

图 5-23

智慧锦囊

在 Photoshop CS6 中仿制图像的过程中，单击鼠标时，指针将变为 ⊹○ 形状，同时，使用仿制图章工具取样时，复制的图像将保存到剪切板中。

考考您

请您根据上述方法，使用仿制图章工具复制图像，测试一下您的学习效果。

5.3.2 图案图章工具的运用

使用图案图章工具，用户可以在图像中填充系统自带的图案。下面介绍使用图案图章工具复制图像的操作方法。

范例导航
系列丛书

step 1　① 打开图像文件后，创建准备填充图案的选区，② 在工具箱中，单击【图案图章工具】按钮，③ 在工具选项栏中，在【图案样式】下拉列表框中，选择准备填充的图案样式，如图 5-24 所示。

step 2　选择准备填充的图案样式后，当鼠标指针变为○形状时，在创建的选区中反复涂抹图像，填充选择的图案样式，如图 5-25 所示。

填充图案

图 5-25

图 5-24

step 3　完成涂抹操作后，选区内的图像即被选择的图案样式所覆盖，取消选区，这样即可完成使用图案图章工具复制图像的操作，如图 5-26 所示。

图 5-26

智慧锦囊

在工具箱中选择图案图章工具后，在图案图章工具选项栏中，在【模式】下拉列表框中，用户可以设置图案图章工具的填充模式；在【不透明度】文本框中输入数值，用户可以设置填充图案时图案的不透明度。

考考您

请您根据上述方法，使用图案图章工具复制图像，测试一下您的学习效果。

5.4 编辑图像

在 Photoshop CS6 中，用户可以使用涂抹工具、模糊工具、锐化工具、海绵工具和加深工具等对图像的局部区域进行编辑或特效制作，使图像更加美观并具有不同的风格属性。本节将重点介绍编辑图像方面的知识与操作技巧。

5.4.1 涂抹工具的运用

在 Photoshop CS6 中，使用涂抹工具，用户可以模拟手指拖过湿油漆时所看到的效果。下面介绍使用涂抹工具涂抹图像的操作方法。

step 1 ① 打开图像文件后，在工具箱中，单击【涂抹工具】按钮，② 在文档窗口中，对准备涂抹的图像区域进行涂抹操作，如图 5-27 所示。

step 2 对图像进行反复的涂抹操作，在达到用户满意的制作效果后释放鼠标，这样即可完成使用涂抹工具涂抹图像的操作，如图 5-28 所示。

图 5-27

图 5-28

5.4.2 模糊工具的运用

在 Photoshop CS6 中，使用模糊工具，用户可以减少图像中的细节显示，使图像产生柔化模糊的效果。下面介绍使用模糊工具模糊图像的操作方法。

step 1 ① 打开图像文件后，在工具箱中，单击【模糊工具】按钮 ◯，② 在文档窗口中，对准备模糊的图像进行涂抹操作，如图 5-29 所示。

step 2 对图像进行反复的涂抹操作，在达到用户满意的制作效果后释放鼠标，这样即可完成使用模糊工具模糊图像的操作，如图 5-30 所示。

图 5-29

图 5-30

5.4.3 锐化工具的运用

在 Photoshop CS6 中，使用锐化工具，用户可以增加图像的清晰度或聚焦程度，但不会过度锐化图像。下面介绍使用锐化工具锐化图像的操作方法。

step 1 ① 打开图像文件后，在工具箱中，单击【锐化工具】按钮 △，② 在文档窗口中，对准备锐化的图像进行涂抹操作，如图 5-31 所示。

step 2 对图像进行反复的涂抹操作，在达到用户满意的制作效果后释放鼠标，这样即可完成使用锐化工具锐化图像的操作，如图 5-32 所示。

图 5-31

图 5-32

5.4.4　海绵工具的运用

　　海绵工具可用于对图像的区域加色或去色，用户可以使用海绵工具使对象或区域上的颜色更鲜明或更柔和。下面介绍使用海绵工具降低图像饱和度的操作方法。

Step 1　① 打开图像文件后，在工具箱中，单击【海绵工具】按钮◎，② 在文档窗口中，对准备吸取颜色的图像区域进行涂抹操作，如图 5-33 所示。

Step 2　对图像进行反复的涂抹操作，在达到用户满意的制作效果后释放鼠标，这样即可完成使用海绵工具降低图像饱和度的操作，如图 5-34 所示。

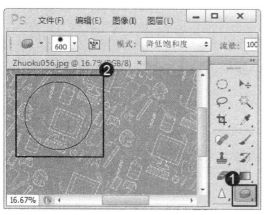

图 5-33

图 5-34

5.4.5　加深工具的运用

　　在 Photoshop CS6 中，加深工具用于调节照片特定区域的曝光度，用户可以使用加深工具使图像区域变暗。下面介绍使用加深工具加深图像的操作方法。

Step 1　① 打开图像文件后，在工具箱中，单击【加深工具】按钮◎，② 在文档窗口中，对准备加深颜色的图像区域进行涂抹操作，如图 5-35 所示。

Step 2　对图像进行反复的涂抹操作，在达到用户满意的制作效果后释放鼠标，这样即可完成使用加深工具加深图像的操作，如图 5-36 所示。

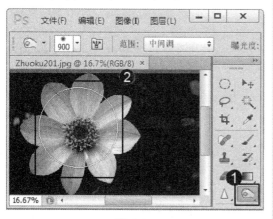

图 5-35

图 5-36

5.5 范例应用与上机操作

　　通过本章的学习，读者可以掌握修复与修饰图像方面的知识，下面介绍几个范例应用与上机操作，以达到巩固学习的目的。

5.5.1 修复安卓机器人图像

　　在 Photoshop CS6 中，用户运用本章与前几章所学的知识，可以修复一张安卓机器人的图像。下面将详细介绍修复安卓机器人图像的操作方法。

素材文件❀ 配套素材\第 5 章\素材文件\安卓机器人.jpg

效果文件❀ 配套素材\第 5 章\效果文件\5.5.1　修复安卓机器人图像.jpg

step 1　① 启动 Photoshop CS6 后，单击【文件】主菜单，② 在弹出的下拉菜单中，选择【打开】菜单项，如图 5-37 所示。

step 2　① 弹出【打开】对话框，在【查找范围】下拉列表框中，选择文件存放的磁盘位置，② 单击选中准备打开的图像文件，如"安卓机器人.jpg"，③ 单击【打开】按钮，如图 5-38 所示。

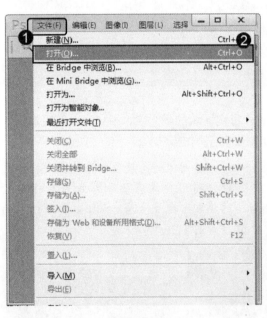

图 5-37

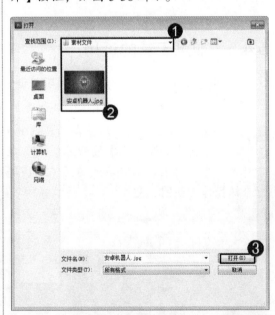

图 5-38

step 3　① 打开素材文件后，单击工具箱中的【污点修复画笔工具】按钮 ，② 在文档窗口中，当鼠标指针变为 ○ 形状时，在需要修复的位置，拖动鼠标涂抹操作，如图 5-39 所示。

step 4　① 修复图像污点后，单击工具箱中的【修补工具】按钮 ，② 在文档窗口中，当鼠标指针变为 形状时，划取需要修补的图像区域，如图 5-40 所示。

图 5-39

step 5 将鼠标指针移动至选区周围，当鼠标指针变成 形状时，按住鼠标左键并拖动鼠标，将选区移动到可以替换需要修补的图像的位置，这样图像中的文字部分可以被修补好，如图 5-41 所示。

图 5-41

step 7 ① 在工具箱中，单击【颜色替换工具】按钮 ，② 在工具箱中，选择准备替换的前景色，③ 当鼠标指针变为 形状时，对图像进行涂抹操作，如图 5-43 所示。

step 6 修补图像后，创建准备替换颜色的选区，如图 5-42 所示。

图 5-40

图 5-42

step 8 替换颜色后保存文档，这样即可完成修复安卓机器人图像的操作，如图 5-44 所示。

图 5-43

图 5-44

5.5.2　修复小狗的红眼并替换背景

在 Photoshop CS6 中，用户运用本章与前几章所学的知识，可以修复一张小狗的图像并替换其背景。下面将详细介绍修复小狗的红眼并替换背景的操作方法。

素材文件❀ 配套素材\第 5 章\素材文件\小狗.jpg
效果文件❀ 配套素材\第 5 章\效果文件\5.5.2　修复小狗的红眼并替换背景.jpg

 ① 打开素材文件后，单击工具箱中的【红眼工具】按钮 ，② 在文档窗口中，当鼠标指针变为 形状时，在需要修复红眼的地方单击，如图 5-45 所示。

 此时在文档窗口中，图像中红眼的部分已经被修复，如图 5-46 所示。

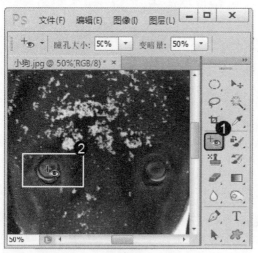

图 5-45

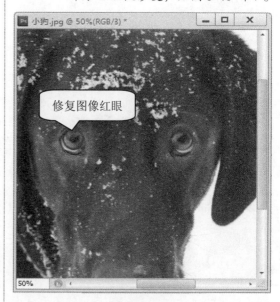

修复图像红眼

图 5-46

step 3 修复图像红眼后，创建准备填充图案的选区，如图 5-47 所示。

图 5-47

step 5 选择准备填充的图案样式后，当鼠标指针变为○形状时，在创建的选区中反复涂抹图像，填充选择的图案样式，如图 5-49 所示。

图 5-49

step 4 ① 在工具箱中，单击【图案图章工具】按钮，② 在工具选项栏中，在【图案样式】下拉列表框中，选择准备填充的图案样式，如图 5-48 所示。

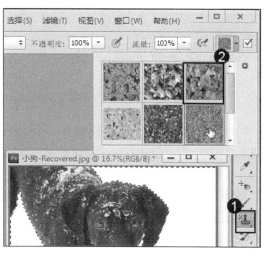

图 5-48

step 6 填充图案后，保存文档，这样即可完成修复小狗的红眼并替换背景的操作，如图 5-50 所示。

图 5-50

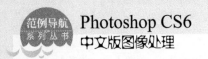

5.6 课后练习

5.6.1 思考与练习

一、填空题

1. 在 Photoshop CS6 中，_____是一项核心功能，用户可以使用_____、修补工具、_____、红眼工具和颜色替换工具等对图像进行修饰与修复，使图像更加美观。

2. 在 Photoshop CS6 中，使用_____和_____，用户可以对图像的局部区域进行编辑或复制，这样可以使用复制的_____修复破损或不整洁的区域。

3. 在 Photoshop CS6 中，用户可以使用_____、锐化工具、_____、加深工具和_____等对图像的局部区域进行编辑或特效的制作，使图像更加美观并具有不同的风格属性。

二、判断题

1. 修复画笔工具可以快速移去照片中的污点和其他不理想部分。

2. 在 Photoshop CS6 中，在图像中拖动橡皮擦工具会更改图像中的像素，如果在背景图层或在透明区域锁定的图层中拖动，抹除的像素会更改为背景色，否则抹除的像素会变为透明。

3. 在 Photoshop CS6 中，使用背景橡皮擦工具在图层中单击时，工具会将所有相似的像素更改为白色。

三、思考题

1. 如何使用修补工具修复图像？
2. 如何使用锐化工具锐化图像？

5.6.2 上机操作

1. 启动 Photoshop CS6 软件，打开"配套素材\第 5 章\素材文件\猫咪的眼睛.jpg"文件，进行修复红眼的练习。效果文件可参考"配套素材\第 5 章\效果文件\猫咪的眼睛.jpg"。

2. 启动 Photoshop CS6 软件，打开"配套素材\第 5 章\素材文件\卡通.jpg"文件，进行擦除素材"卡通"多余字体的练习。效果文件可参考"配套素材\第 5 章\效果文件\卡通.jpg"。

第6章

图像色彩调整与应用

本章主要介绍特殊的色彩效果和自动校正颜色方面的知识，同时还讲解手动校正图像色彩和自定义调整图像色调方面的操作技巧。通过本章的学习，读者可以掌握图像色彩调整与应用方面的知识，为深入学习 Photoshop CS6 知识奠定基础。

1. 特殊的色彩效果
2. 自动校正颜色
3. 手动校正图像色彩
4. 自定义调整图像色调

6.1 特殊的色彩效果

在 Photoshop CS6 中，用户可以使用【色调分离】命令、【渐变映射】命令、【反相】命令、【阈值】命令、【去色】命令、【黑白】命令、【照片滤镜】命令和【色相/饱和度】命令等来对图像进行特殊颜色的设置，以便制作出精美的艺术效果。本节将介绍特殊的色彩效果方面的知识。

6.1.1 色调分离

在 Photoshop CS6 中，使用【色调分离】命令，用户可以将图像制作出手绘的效果。下面介绍使用【色调分离】命令制作手绘效果的操作方法。

step 1 ① 打开图像文件后，单击【图像】主菜单，② 在弹出的下拉菜单中，选择【调整】菜单项，③ 在弹出的子菜单中，选择【色调分离】菜单项，如图 6-1 所示。

step 2 ① 弹出【色调分离】对话框，在【色阶】文本框中，输入色阶数值，② 单击【确定】按钮，如图 6-2 所示。

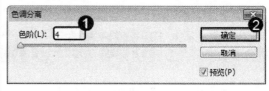

图 6-2

图 6-1

step 3 返回到文档窗口中，图像已经呈现出色调分离的艺术效果，如图 6-3 所示，这样即可完成使用【色调分离】命令制作手绘效果的操作。

> **智慧锦囊**
>
> 在 Photoshop CS6 中，色调分离功能会根据用户指定的色阶值去将图像中相应匹配的像素的色调和亮度进行统一，所以色调分离其实就是用来制造分色效果的。

> **智慧锦囊**
>
> 在使用色调分离功能的过程中，如果将 RGB 图像中的通道设置为只有两个色调，那么 Photoshop CS6 图像只能产生 6 种颜色，

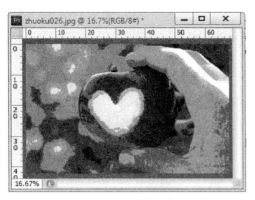

图 6-3

即两个红色、两个绿色和两个蓝色。

考考您

请您根据上述方法，使用【色调分离】命令编辑图像，测试一下您的学习效果。

6.1.2 反相

在 Photoshop CS6 中，使用【反相】命令，用户可以将照片制作出底片效果，同时也可以将底片反相出冲印的效果。下面介绍使用【反相】命令制作底片冲印效果的操作方法。

Step 1 ① 打开图像文件后，单击【图像】主菜单，② 在弹出的下拉菜单中，选择【调整】菜单项，③ 在弹出的子菜单中，选择【反相】菜单项，如图 6-4 所示。

图 6-4

Step 2 返回到文档窗口中，图像已经被反相，如图 6-5 所示，这样即可完成使用【反相】命令制作底片冲印效果的操作。

图 6-5

6.1.3 阈值

在 Photoshop CS6 中，使用【阈值】命令，用户可以对图像进行黑白图像效果的制作。下面介绍使用【阈值】命令制作黑白图像效果的操作方法。

step 1 ① 打开图像文件后，单击【图像】主菜单，② 在弹出的下拉菜单中，选择【调整】菜单项，③ 在弹出的子菜单中，选择【阈值】菜单项，如图 6-6 所示。

step 2 ① 弹出【阈值】对话框，在【阈值色阶】文本框中，输入图像阈值数值，② 单击【确定】按钮，如图 6-7 所示。

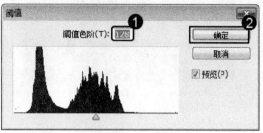

图 6-7

图 6-6

step 3 返回到文档窗口中，图像已经呈现出黑白效果，如图 6-8 所示。这样即可完成使用【阈值】命令制作黑白图像效果的操作。

图 6-8

智慧锦囊

阈值就是临界值，在 Photoshop CS6 中的阈值，实际上是基于图片亮度的一个黑白分界值，默认值是 50%中性灰，亮度小于50%中性灰的会变白，大于 50%中性灰的会变黑。处理图像时，用户可以先使用高反差保留滤镜，再使用【阈值】命令，效果会更好。

考考您

请您根据上述方法，使用【阈值】命令编辑图像，测试一下您的学习效果。

6.1.4 去色

在 Photoshop CS6 中，使用【去色】命令，用户可以快速将图像去除颜色，制作出灰色图像效果。下面介绍使用【去色】命令去除图像颜色的操作方法。

① 打开图像文件后，单击【图像】主菜单，② 在弹出的下拉菜单中，选择【调整】菜单项，③ 在弹出的子菜单中，选择【去色】菜单项，如图 6-9 所示。

返回到文档窗口中，图像已经去色，如图 6-10 所示，这样即可完成使用【去色】命令去除图像颜色的操作。

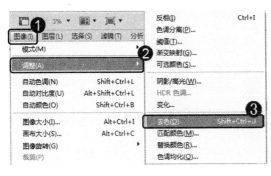

图 6-9

图 6-10

6.1.5 黑白

在 Photoshop CS6 中，使用【黑白】命令，用户可以快速将图像颜色设置成黑白效果，并且根据绘图需要调整图像黑白效果的显示模式。下面介绍使用【黑白】命令设置图像黑白效果的操作方法。

① 打开图像文件后，单击【图像】主菜单，② 在弹出的下拉菜单中，选择【调整】菜单项，③ 在弹出的子菜单中，选择【黑白】菜单项，如图 6-11 所示。

① 弹出【黑白】对话框，在【红色】文本框中，输入数值，② 在【黄色】文本框中，输入数值，③ 在【绿色】文本框中，输入数值，④ 单击【确定】按钮，如图 6-12 所示。

图 6-11

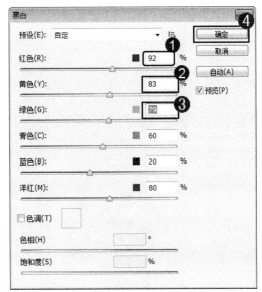

图 6-12

step 3　返回到文档窗口中，图像已经按照设定的黑白效果显示，如图 6-13 所示，这样即可完成使用【黑白】命令设置图像黑白效果的操作。

图 6-13

智慧锦囊

在 Photoshop CS6 中，按 Alt+Ctrl+Shift+B 组合键，用户同样可以使用【黑白】命令编辑图像。

考考您

请您根据上述方法，使用【黑白】命令编辑图像，测试一下您的学习效果。

6.1.6　渐变映射

在 Photoshop CS6 中，使用【渐变映射】命令，用户可以将图像填充成不同的色彩。下面介绍使用【渐变映射】命令制作彩色渐变效果的操作方法。

step 1　① 打开图像文件后，单击【图像】主菜单，② 在弹出的下拉菜单中，选择【调整】菜单项，③ 在弹出的子菜单中，选择【渐变映射】菜单项，如图 6-14 所示。

step 2　① 弹出【渐变映射】对话框，在【灰度映射所用的渐变】下拉列表框中，设置渐变映射选项，② 单击【确定】按钮，如图 6-15 所示。

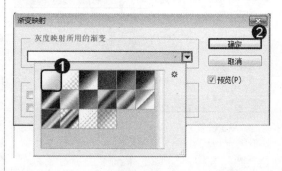

图 6-15

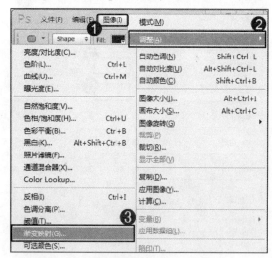

图 6-14

step 3 返回到文档窗口中，图像已经设置成渐变映射的颜色，如图 6-16 所示，这样即可完成使用【渐变映射】命令制作彩色渐变效果的操作。

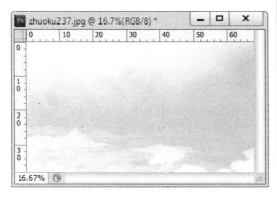

图 6-16

6.1.7 照片滤镜

在 Photoshop CS6 中，使用【照片滤镜】命令，用户可以快速设置图像滤镜颜色，使图像色温快速被更改。下面介绍使用【照片滤镜】命令设置图像滤镜颜色的操作方法。

step 1 ① 打开图像文件后，单击【图像】主菜单，② 在弹出的下拉菜单中，选择【调整】菜单项，③ 在弹出的子菜单中，选择【照片滤镜】菜单项，如图 6-17 所示。

step 2 ① 弹出【照片滤镜】对话框，选中【滤镜】单选按钮，在【滤镜】下拉列表框中，设置滤镜颜色，② 在【浓度】文本框中，输入滤镜颜色的浓度数值，③ 单击【确定】按钮，如图 6-18 所示。

图 6-17

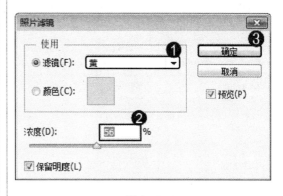

图 6-18

step 3 返回到文档窗口中,图像已经按照
设定的滤镜颜色显示,如图6-19所
示。这样即可完成使用【照片滤镜】命令设
置图像滤镜颜色的操作。

图 6-19

智慧锦囊

打开【照片滤镜】对话框,选中【颜
色】单选按钮,在【颜色】框中设置滤镜颜
色,这样即可自定义设置滤镜颜色。

考考您

请您根据上述方法,使用【照片滤镜】
命令编辑图像,测试一下您的学习效果。

6.1.8 色相/饱和度

使用【色相/饱和度】命令,用户可以对图像的整体色相与饱和度进行调整,从而使图
像的颜色更加浓烈饱满。下面介绍使用【色相/饱和度】命令调整图像色相与饱和度的操作
方法。

step 1 ① 打开图像文件后,单击【图像】
主菜单,② 在弹出的下拉菜单中,
选择【调整】菜单项,③ 在弹出的子菜单中,
选择【色相/饱和度】菜单项,如图6-20所示。

step 2 ① 弹出【色相/饱和度】对话框,
在【色相】文本框中,输入数值,
调整图像色相颜色,② 在【饱和度】文本框
中,输入图像饱和度的数值,③ 单击【确定】
按钮,如图6-21所示。

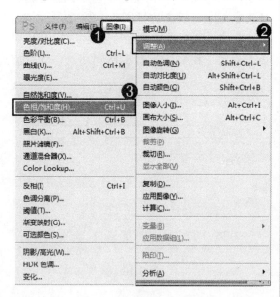

图 6-20

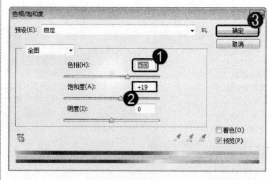

图 6-21

step 3 返回到文档窗口中,图像已经按照设定的色相与饱和度显示,如图 6-22 所示,这样即可完成使用【色相/饱和度】命令调整图像色相与饱和度的操作。

图 6-22

智慧锦囊

在 Photoshop CS6 中,按 Ctrl+U 快捷键,用户同样可以使用【色相/饱和度】命令编辑图像。

考考您

请您根据上述方法,使用【色相/饱和度】命令编辑图像,测试一下您的学习效果。

 # 6.2 自动校正颜色

在 Photoshop CS6 中,用户可以对图像对象进行自动校正图像色彩与色调的操作,包括自动调整色调、自动校正图像偏色和自动调整对比度等。本节将介绍自动校正颜色方面的知识。

6.2.1 自动色调

在 Photoshop CS6 中,使用【自动色调】命令,用户可以增强图像的对比度和明暗程度。下面介绍使用【自动色调】命令的操作方法。

step 1 ① 打开图像文件后,单击【图像】主菜单,② 在弹出的下拉菜单中,选择【自动色调】菜单项,如图 6-23 所示。

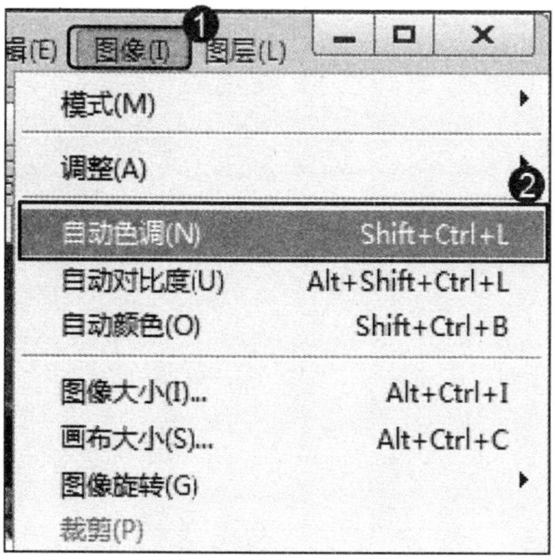

step 2 此时,图像的色调已经自动调整,如图 6-24 所示,这样即可完成使用【自动色调】命令的操作。

图 6-23

图 6-24

第6章 图像色彩调整与应用

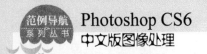
6.2.2　自动颜色

在 Photoshop CS6 中，使用【自动颜色】命令，用户可以通过对图像中的中间调、阴影和高光进行标识，自动校正图像偏色问题。下面介绍使用【自动颜色】命令的操作方法。

step 1　① 打开图像文件后，单击【图像】主菜单，② 在弹出的下拉菜单中，选择【自动颜色】菜单项，如图 6-25 所示。

step 2　此时，图像的颜色已经自动调整，如图 6-26 所示，这样即可完成使用【自动颜色】命令的操作。

图 6-25

图 6-26

6.2.3　自动对比度

在 Photoshop CS6 中，使用【自动对比度】命令，用户可以自动调整图像的对比度，这样可以使图像中的高光更亮，阴影更暗。下面介绍使用【自动对比度】命令的操作方法。

step 1　① 打开图像文件后，单击【图像】主菜单，② 在弹出的下拉菜单中，选择【自动对比度】菜单项，如图 6-27 所示。

step 2　此时，图像的对比度已经自动调整，如图 6-28 所示，这样即可完成使用【自动对比度】命令的操作。

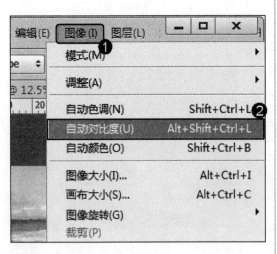

图 6-27

图 6-28

6.3 手动校正图像色调

在 Photoshop CS6 中，用户还可以对图像对象进行手动校正图像色调的操作，这样可以更灵活地根据用户的编辑需求进行色调调整。本节将重点介绍手动校正图像色调方面的知识。

6.3.1 阴影/高光

在 Photoshop CS6 中，用户可以使用【阴影/高光】命令对图像中的阴影或高光区域的相邻像素进行校正处理。下面介绍使用【阴影/高光】命令调整图像色调的操作方法。

 step 1　❶ 打开图像文件后，单击【图像】主菜单，❷ 在弹出的下拉菜单中，选择【调整】菜单项，❸ 在弹出的子菜单中，选择【阴影/高光】菜单项，如图 6-29 所示。

step 2　❶ 弹出【阴影/高光】对话框，在【阴影】选项组中，在【数量】文本框中，设置图像阴影数值，❷ 在【高光】选项组中，在【数量】文本框中，设置图像高光数值，❸ 单击【确定】按钮，如图 6-30 所示。

图 6-29

智慧锦囊

使用【阴影/高光】命令对图像阴影或高光区域的相邻像素进行校正操作，对阴影区域进行调整时，高光区域的影响可以忽略不计；对高光区域进行调整时，阴影区域的影响可以忽略不计。

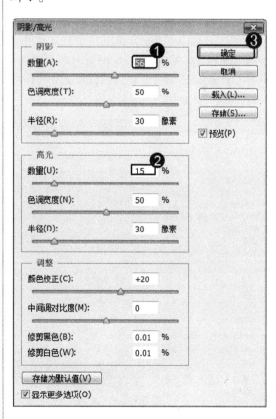

图 6-30

step 3 通过以上方法即可完成使用【阴影/高光】命令调整图像色调的操作，如图 6-31 所示。

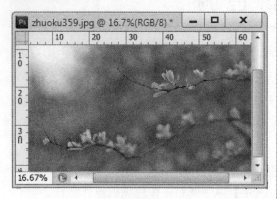

图 6-31

考考您

请您根据上述方法，使用"阴影/高光"命令编辑图像，测试一下您的学习效果。

6.3.2 亮度/对比度

在 Photoshop CS6 中，使用【亮度/对比度】命令，用户可以对图像进行亮度和对比度的自定义调整，解决图像偏灰不亮的问题。下面介绍使用【亮度/对比度】命令调整图像亮度和对比度的操作方法。

step 1 ① 打开图像文件后，单击【图像】主菜单，② 在弹出的下拉菜单中，选择【调整】菜单项，③ 在弹出的子菜单中，选择【亮度/对比度】菜单项，如图 6-32 所示。

step 2 ① 弹出【亮度/对比度】对话框，在【亮度】文本框中，输入数值，调整图像亮度，② 在【对比度】文本框中，输入图像对比度的数值，③ 单击【确定】按钮，如图 6-33 所示。

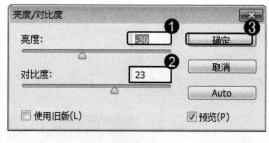

图 6-33

智慧锦囊

在【亮度/对比度】对话框中，选中【预览】复选框，用户可以在文档窗口中查看图像编辑的效果。

图 6-32

step 3　通过以上方法即可完成使用【亮度/对比度】命令调整图像亮度和对比度的操作，如图 6-34 所示。

图 6-34

考考您

　　请您根据上述方法，使用【亮度/对比度】命令编辑图像，测试一下您的学习效果。

6.3.3　变化

　　在 Photoshop CS6 中，用户可以使用【变化】命令，快速调整图像的不同着色效果。下面介绍使用【变化】命令快速调整图像不同着色的操作方法。

step 1　① 打开图像文件后，单击【图像】主菜单，② 在弹出的下拉菜单中，选择【调整】菜单项，③ 在弹出的子菜单中，选择【变化】菜单项，如图 6-35 所示。

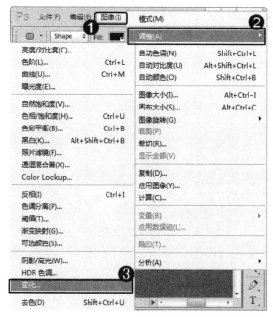

图 6-35

step 2　① 弹出【变化】对话框，单击【加深黄色】选项，② 向右拖动【精细/粗糙】滑块，设置色调的粗糙程度，③ 单击【确定】按钮，如图 6-36 所示。

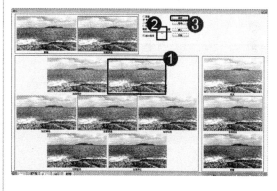

图 6-36

智慧锦囊

　　在 Photoshop CS6 中，打开【变化】对话框后，单击【存储】按钮，用户可以将当前设置的变化样式存储到指定位置上。如果需要再次使用该变化样式，用户可以在【变化】对话框中，单击【载入】按钮，载入该变化样式。

step 3 通过以上操作方法即可完成使用
【变化】命令快速调整图像不同着
色的操作，如图 6-37 所示。

图 6-37

考考您

　　请您根据上述方法，使用【变化】命令
编辑图像，测试一下您的学习效果。

6.3.4 曲线

　　在 Photoshop CS6 中，用户可以使用【曲线】命令来调整图像整体深度明暗，曲线调节
点最多为 14 个点。下面介绍使用【曲线】命令调整图像深度明暗的操作方法。

step 1 ① 打开图像文件后，单击【图像】
主菜单，② 在弹出的下拉菜单中，
选择【调整】菜单项，③ 在弹出的子菜单中，
选择【曲线】菜单项，如图 6-38 所示。

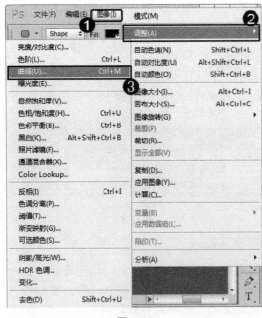

图 6-38

step 2 ① 弹出【曲线】对话框，在【曲线
调整】区域，在高光范围内，向上
拉伸曲线，设置第一个调整点，这样可以增
加图像高光亮度，② 在阴影范围内，向下拉
伸曲线，设置第二个调整点，这样可以增强
图像阴影亮度，③ 单击【确定】按钮，如
图 6-39 所示。

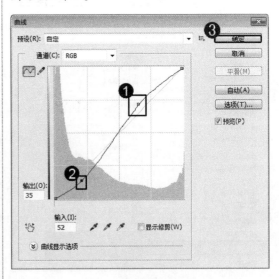

图 6-39

step 3 通过以上操作方法即可完成使用【曲线】命令调整图像深度明暗的操作，如图 6-40 所示。

图 6-40

智慧锦囊

在 Photoshop CS6 中，按 Ctrl+M 快捷键，用户同样可以打开【曲线】对话框，进行调整图像深度明暗的操作。

考考您

请您根据上述方法，使用【曲线】命令编辑图像，测试一下您的学习效果。

6.3.5 色阶

在 Photoshop CS6 中，用户可以使用【色阶】命令来调整图像亮度，校正图像的色彩平衡。下面介绍使用【色阶】命令调整图像亮度的操作方法。

step 1 ① 打开图像文件后，单击【图像】主菜单，② 在弹出的下拉菜单中，选择【调整】菜单项，③ 在弹出的子菜单中，选择【色阶】菜单项，如图 6-41 所示。

图 6-41

step 2 ① 弹出【色阶】对话框，在【通道】下拉列表框中，选择 RGB 选项，② 在【输入色阶】区域，向左拖动【中间调】滑块，这样可以将图像调亮，③ 单击【确定】按钮，如图 6-42 所示。

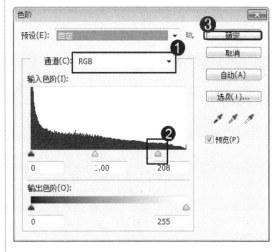

图 6-42

step 3 通过以上操作方法即可完成使用
【色阶】命令调整图像亮度的操作，
如图 6-43 所示。

图 6-43

智慧锦囊

在 Photoshop CS6 中，按 Ctrl+L 快捷键，用户同样可以打开【色阶】对话框，进行调整图像亮度的操作。

考考您

请您根据上述方法，运用"色阶"命令编辑图像，测试一下您的学习效果。

6.3.6 曝光度

在 Photoshop CS6 中，使用【曝光度】命令，用户可以快速调整图像的曝光度。下面介绍使用【曝光度】命令调整图像曝光度的操作方法。

step 1 ① 打开图像文件后，单击【图像】主菜单，② 在弹出的下拉菜单中，选择【调整】菜单项，③ 在弹出的子菜单中，选择【曝光度】菜单项，如图 6-44 所示。

step 2 ① 弹出【曝光度】对话框，在【曝光度】文本框中，输入曝光度数值，② 在【位移】文本框中，输入位移数值，③ 单击【确定】按钮，如图 6-45 所示。

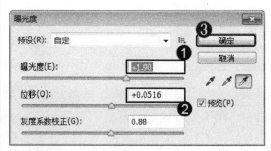

图 6-45

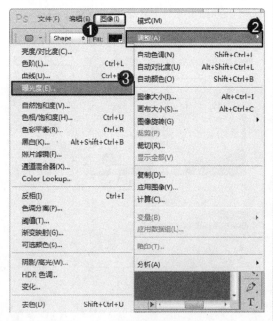

图 6-44

智慧锦囊

【曝光度】对话框中有三个选项可以调节：【曝光度】、【位移】、【灰度系数校正】。【曝光度】选项用来调节图片的光感强弱。【位移】选项用来调节图片中的灰度数值。【灰度系数校正】选项用来减淡或加深图片的灰色部分，可以消除图片的灰暗区域，增强画面的清晰度。

step 3 通过以上操作方法即可完成使用【曝光度】命令调整图像曝光度的操作，如图 6-46 所示。

图 6-46

 考考您

请您根据上述方法，使用【曝光度】命令编辑图像，测试一下您的学习效果。

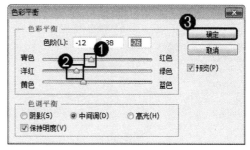

6.4　自定义调整图像色彩

在 Photoshop CS6 中，用户可以使用【色彩平衡】命令、【自然饱和度】命令、【匹配颜色】命令、【替换颜色】命令和【通道混合器】命令等来自定义调整图像颜色，这样用户即可对图像文件制作出不同的颜色效果和艺术效果。本节将介绍自定义调整图像色彩方面的知识。

6.4.1　色彩平衡

用户可以使用【色彩平衡】命令调整图像偏色方面的问题，使用【色彩平衡】命令可以整体更改图像的颜色混合。下面介绍使用【色彩平衡】命令调整图像偏色的操作方法。

step 1 ① 打开图像文件后，单击【图像】主菜单，② 在弹出的下拉菜单中，选择【调整】菜单项，③ 在弹出的子菜单中，选择【色彩平衡】菜单项，如图 6-47 所示。

step 2 ① 弹出【色彩平衡】对话框，向左滑动【青色】滑块，② 向左滑动【洋红】滑块，③ 单击【确定】按钮，如图 6-48 所示。

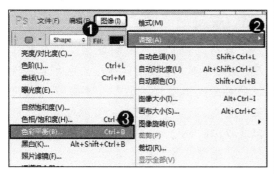

图 6-47

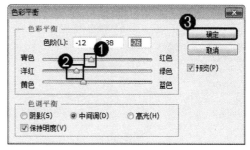

图 6-48

123

第 6 章　图像色彩调整与应用

step 3 通过以上操作方法即可完成使用【色彩平衡】命令调整图像偏色的操作，如图6-49所示。

图 6-49

考考您

请您根据上述方法，使用【色彩平衡】命令编辑图像，测试一下您的学习效果。

6.4.2 自然饱和度

在 Photoshop CS6 中，【自然饱和度】命令是用来调整图像色彩浓淡的工具。下面介绍使用【自然饱和度】命令调整图像色彩浓淡的操作。

step 1 ① 打开图像文件后，单击【图像】主菜单，② 在弹出的下拉菜单中，选择【调整】菜单项，③ 在弹出的子菜单中，选择【自然饱和度】菜单项，如图6-50所示。

step 2 ① 弹出【自然饱和度】对话框，在【自然饱和度】文本框中，输入数值，② 在【饱和度】文本框中，输入数值，③ 单击【确定】按钮，如图6-51所示。

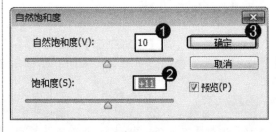

图 6-51

图 6-50

智慧锦囊

自然饱和度用来控制饱和度的自然程度。若增加数值，会智能地增大色彩浓度较淡的部分，浓度较深的部分不会有太大变化。反之，若减少数值，会智能地减少色彩浓度较深的部分。这样整个画面的浓度就很接近，感觉非常自然。

step 3 通过以上操作方法即可完成使用【自然饱和度】命令调整图像色彩浓淡的操作，如图 6-52 所示。

图 6-52

请您根据上述方法，使用【自然饱和度】命令编辑图像，测试一下您的学习效果。

6.4.3 匹配颜色

在 Photoshop CS6 中，用户可以使用【匹配颜色】命令将一个图像中的颜色与另一个图像中的颜色进行匹配。下面介绍使用【匹配颜色】命令匹配图像颜色的操作方法。

step 1 ① 打开图像文件后，单击【图像】主菜单，② 在弹出的下拉菜单中，选择【调整】菜单项，③ 在弹出的子菜单中，选择【匹配颜色】菜单项，如图 6-53 所示。

step 2 ① 弹出【匹配颜色】对话框，在【图像选项】选项组中，向右滑动【明亮度】滑块，② 向左滑动【颜色强度】滑块，③ 向右滑动【渐隐】滑块，④ 单击【确定】按钮，如图 6-54 所示。

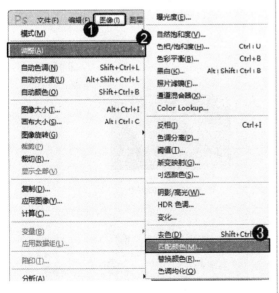

图 6-53

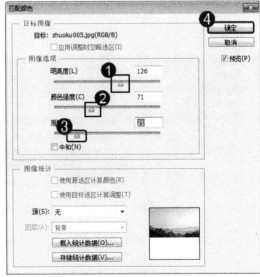

图 6-54

step 3　通过以上操作方法即可完成使用
【匹配颜色】命令匹配图像颜色的
操作，如图 6-55 所示。

图 6-55

考考您

　　请您根据上述方法，使用【匹配颜色】
命令编辑图像，测试一下您的学习效果。

6.4.4　替换颜色

　　在 Photoshop CS6 中，用户可以使用【替换颜色】命令将图像中的某一种颜色替换成其他颜色。下面介绍使用【替换颜色】命令替换图像颜色的操作方法。

step 1　① 打开图像文件后，单击【图像】
主菜单，② 在弹出的下拉菜单中，
选择【调整】菜单项，③ 在弹出的子菜单中，
选择【替换颜色】菜单项，如图 6-56 所示。

step 2　① 弹出【替换颜色】对话框，在预
览图像中，选取需要替换的颜色，
② 在【替换】选项组中，向右滑动【色相】
滑块，调整替换的颜色色相，③ 向右滑动【饱
和度】滑块，调整图像的颜色饱和度，④ 单
击【确定】按钮，如图 6-57 所示。

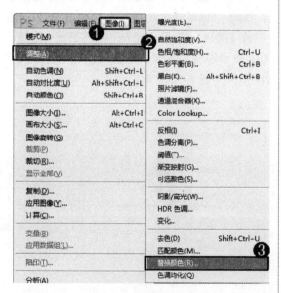

图 6-56

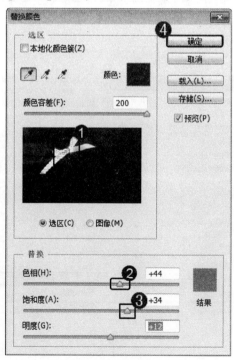

图 6-57

step 3　通过以上操作方法即可完成使用
【替换颜色】命令替换图像颜色的
操作，如图 6-58 所示。

图 6-58

　　请您根据上述方法，使用【替换颜色】
命令编辑图像，测试一下您的学习效果。

6.4.5　通道混合器

在 Photoshop CS6 中，使用【通道混合器】命令可以修改图像的颜色通道，可以创建灰度图像、棕褐色调图像和其他色调图像等。下面介绍使用【通道混合器】命令修改图像颜色通道的方法。

step 1　① 打开图像文件后，单击【图像】主菜单，② 在弹出的下拉菜单中，选择【调整】菜单项，③ 在弹出的子菜单中，选择【通道混合器】菜单项，如图 6-59 所示。

step 2　① 弹出【通道混和器】对话框，在【输出通道】下拉列表框中，选择【红】选项，② 在【源通道】选项组中，向左滑动【绿色】滑块，③ 向右滑动【蓝色】滑块，④ 单击【确定】按钮，如图 6-60 所示。

图 6-59

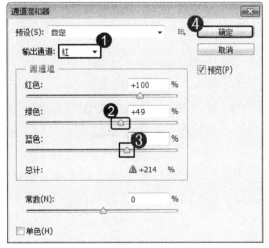

图 6-60

第 6 章　图像色彩调整与应用

step 3　①在【通道混和器】对话框中，在【输出通道】下拉列表框中，选择【蓝】选项，②在【源通道】选项组中，向右滑动【红色】滑块，③向右滑动【蓝色】滑块，④单击【确定】按钮，如图6-61所示。

step 4　通过以上操作方法即可完成使用【通道混合器】命令修改图像颜色通道的操作，如图6-62所示。

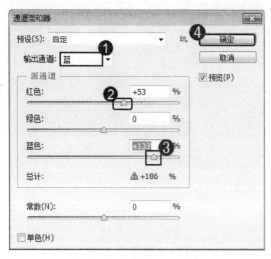

图6-61

图6-62

6.5　范例应用与上机操作

通过本章的学习，读者可以掌握图像色彩调整与应用方面的知识。下面介绍几个范例应用与上机操作，以达到巩固学习的目的。

6.5.1　制作冲印底片效果照片

在Photoshop CS6中，用户运用本章与前几章所学的知识，可以制作冲印底片效果的照片并调整其色调。下面将详细介绍制作冲印底片效果照片并调整其色调的操作方法。

素材文件❀ 配套素材\第6章\素材文件\底片照片.jpg
效果文件❀ 配套素材\第6章\效果文件\6.5.1　冲印底片照片.jpg

step 1　①打开素材文件后，单击【图像】主菜单，②在弹出的下拉菜单中，选择【调整】菜单项，③在弹出的子菜单中，选择【反相】菜单项，如图6-63所示。

step 2　返回到文档窗口中，图像已经被反相，这样即可得到具有冲印底片效果的照片，如图6-64所示。

图 6-63

图 6-64

step 3 ① 单击【图像】主菜单，② 在弹出的下拉菜单中，选择【调整】菜单项，③ 在弹出的子菜单中，选择【色相/饱和度】菜单项，如图 6-65 所示。

step 4 ① 弹出【色相/饱和度】对话框，在【色相】文本框中，输入数值，调整图像色相颜色，② 在【饱和度】文本框中，输入图像饱和度的数值，③ 在【明度】文本框中，输入图像明度的数值，④ 单击【确定】按钮，如图 6-66 所示。

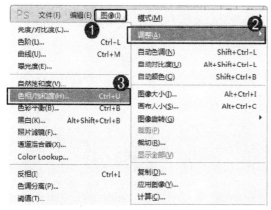

图 6-65

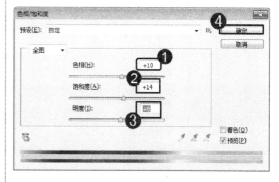

图 6-66

step 5 ① 单击【图像】主菜单，② 在弹出的下拉菜单中，选择【调整】菜单项，③ 在弹出的子菜单中，选择【曲线】菜单项，如图 6-67 所示。

step 6 ① 弹出【曲线】对话框，在【曲线调整】区域，在高光范围内，向上拉伸曲线，设置第一个调整点，这样可以增加图像高光亮度，② 在阴影范围内，向下拉伸曲线，设置第二个调整点，这样可以增强图像阴影亮度，③ 单击【确定】按钮，如图 6-68 所示。

图 6-67

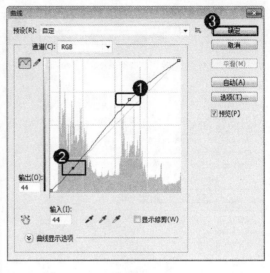

图 6-68

 step 7　① 单击【图像】主菜单，② 在弹出的下拉菜单中，选择【自动色调】菜单项，如图 6-69 所示。

step 8　通过以上操作方法即可完成制作冲印底片效果照片并调整其色调的操作，如图 6-70 所示。

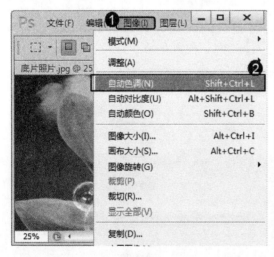

图 6-69

图 6-70

6.5.2　制作黑白效果照片

在 Photoshop CS6 中，用户运用本章与前几章所学的知识，可以将照片制作成黑白效果并调整其色调。下面将详细介绍制作黑白效果照片并调整其色调的操作方法。

素材文件※ 配套素材\第 6 章\素材文件\海边小屋.jpg
效果文件※ 配套素材\第 6 章\效果文件\6.5.2　将照片制作成黑白效果.jpg

①打开素材文件后，单击【图像】主菜单，②在弹出的下拉菜单中，选择【调整】菜单项，③在弹出的子菜单中，选择【阈值】菜单项，如图 6-71 所示。

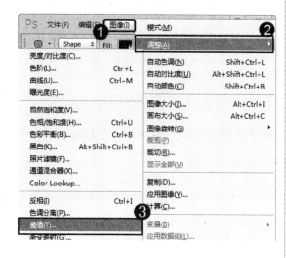

图 6-71

①按 Ctrl+L 快捷键，弹出【色阶】对话框，在【通道】下拉列表框中，选择 RGB 选项，②在【输入色阶】区域，向左拖动【中间调】滑块，这样可以将图像调亮，③单击【确定】按钮，如图 6-73 所示。

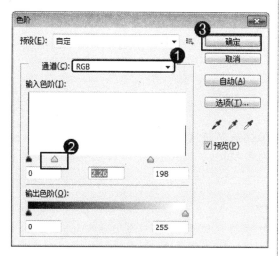

图 6-73

①弹出【阈值】对话框，在【阈值色阶】文本框中，输入图像阈值数值，②单击【确定】按钮，如图 6-72 所示。

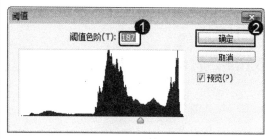

图 6-72

通过以上操作方法即可完成制作黑白效果照片并调整其色调的操作，如图 6-74 所示。

图 6-74

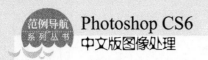

 6.6   课后练习

6.6.1   思考与练习

一、填空题

1. 在 Photoshop CS6 中，用户可以对图像对象进行_____的操作，包括自动调整色调、自动校正图像偏色和_____等操作。

2. 在 Photoshop CS6 中，用户可以使用_____、【反相】命令、_____、【色调分离】命令、【去色】命令、_____、【照片滤镜】命令和【色相/饱和度】命令等来对图像进行特殊颜色的设置，以便制作出精美的艺术效果。

3. 在 Photoshop CS6 中，用户可以使用【色彩平衡】命令、【匹配颜色】命令、_____、和_____等来自定义调整图像颜色，这样用户即可对图像文件制作出不同的颜色效果和艺术效果。

二、判断题

1. 在 Photoshop CS6 中，使用【阈值】命令，用户可以快速将图像去除颜色，制作出灰色图片效果。

2. 在 Photoshop CS6 中，使用【自动对比度】命令，用户可以自动调整图像的对比度，这样可以使图像中的高光更亮，阴影更暗。

3. 在 Photoshop CS6 中，用户可以使用【匹配颜色】命令将一个图像中的颜色与另一个图像中的颜色进行匹配。

三、思考题

1. 如何使用【自动颜色】命令自动校正图像偏色问题？
2. 如何使用【色彩平衡】命令调整图像的偏色问题？

6.6.2   上机操作

1. 启动 Photoshop CS6 软件，打开"配套素材\第 6 章\素材文件\海上城市.jpg"文件，进行制作图像渐变效果的练习。效果文件可参考"配套素材\第 6 章\效果文件\海上城市.jpg"。

2. 启动 Photoshop CS6 软件，打开"配套素材\第 6 章\素材文件\花海.jpg"文件，进行制作图像颜色滤镜效果的练习。效果文件可参考"配套素材\第 6 章\效果文件\花海.jpg"。

第**7**章

使用颜色与画笔工具

本章主要介绍选取颜色和填充颜色方面的知识,同时还讲解转换图像色彩模式、使用画笔工具和绘画工具方面的操作技巧。通过本章的学习,读者可以掌握使用颜色与画笔工具方面的知识,为深入学习Photoshop CS6 知识奠定基础。

范 例 导 航

1. 选取颜色
2. 填充颜色
3. 转换图像色彩模式
4. 使用画笔工具
5. 绘画工具

7.1 选取颜色

在 Photoshop CS6 中，选取颜色是一项非常重要的功能。选取颜色后，用户可以对图像进行填充、描边、设置图层颜色等操作。本节将重点介绍选取颜色方面的知识。

7.1.1 前景色和背景色

在 Photoshop CS6 的工具箱中，用户可以根据需要，快速设置准备使用的前景色或背景色。使用前景色，用户可以绘画、填充和描边选区；使用背景色，用户可以生成渐变填充和在图像已抹除的区域中填充。下面介绍前景色和背景色方面的知识，如图 7-1 所示。

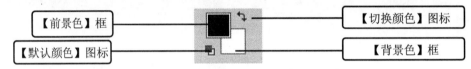

图 7-1

- 【前景色】框：如果准备更改前景色，可以单击工具箱中靠上的颜色选择框，然后在拾色器中选取一种颜色。
- 【默认颜色】图标：单击此图标，可以切换回默认的前景色和背景色。默认的前景色是黑色，默认的背景色是白色。
- 【背景色】框：如果准备更改背景色，可以单击工具箱中靠下的颜色选择框，然后在拾色器中选取一种颜色。
- 【切换颜色】图标：单击此图标，可以反转前景色和背景色。

在 Photoshop CS6 中，如果准备选取背景色，用户可以在按住 Ctrl 键的同时单击【色板】面板中的颜色选项。

7.1.2 使用【拾色器】对话框设置颜色

在 Photoshop CS6 中，使用【拾色器】对话框，用户可以设置前景色、背景色和文本颜色，同时也可以为不同的工具、命令和选项设置目标颜色。下面介绍使用【拾色器】对话框设置颜色的操作方法。

 在 Photoshop CS6 中，在工具箱中单击【前景色】框，如图 7-2 所示。

 ① 弹出【拾色器（前景色）】对话框，在颜色域中，拾取准备应用的颜色，② 单击【确定】按钮，如图 7-3 所示。

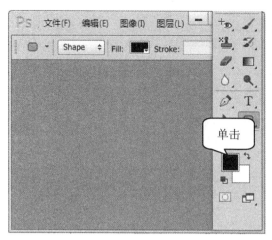

图 7-2

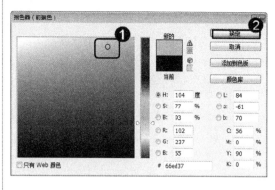

图 7-3

3 返回到 Photoshop CS6 主程序中，【前景色】框按照设定的颜色显示，如图 7-4 所示，这样即可完成使用【拾色器】对话框设置颜色的操作。

图 7-4

智慧锦囊

在【拾色器】对话框的【#】文本框中输入颜色编号，用户可以直接选取对应的颜色。同时，单击【添加到色板】按钮，用户可以将设定的颜色添加到色板中。

考考您

请您根据上述方法，使用【拾色器】对话框设置颜色，测试一下您的学习效果。

7.1.3 使用吸管工具快速吸取颜色

在 Photoshop CS6 中，使用吸管工具，用户可以快速拾取当前图像中的任意颜色。下面介绍使用吸管工具快速吸取颜色的操作方法。

在 Photoshop CS6 中，❶ 在工具箱中单击【吸管工具】按钮，❷ 在图像文件上单击以拾取准备应用的颜色，❸ 【颜色】面板中显示出吸管工具吸取的颜色，如图 7-5 所示，这样即可完成使用吸管工具快速吸取颜色的操作。

第 7 章　使用颜色与画笔工具

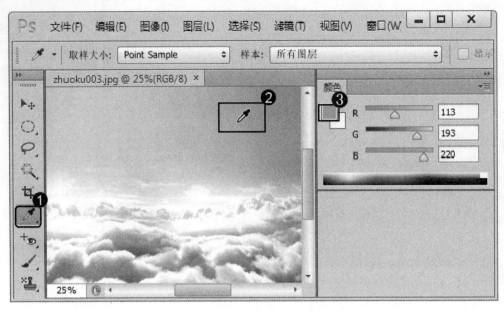

图 7-5

7.1.4　使用【色板】面板选取颜色

在 Photoshop CS6 中，使用【色板】面板，用户也可以设置前景色和背景色，同时还可以追加颜色。下面介绍使用【色板】面板选取颜色的方法。

step 1　在 Photoshop CS6 主程序中，调出【色板】面板后，单击其中的一个颜色样本，如"纯黄"，如图 7-6 所示。

step 2　此时在工具箱中，【前景色】框已按照在【色板】面板中选取的颜色显示，如图 7-7 所示，这样即可完成使用【色板】面板选取颜色的操作。

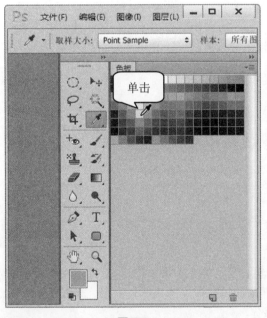

图 7-6

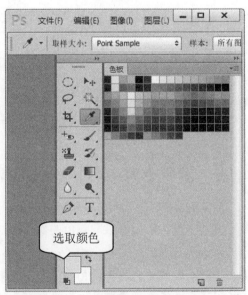

图 7-7

在 Photoshop CS6 中，如果准备在【色板】面板中追加颜色，用户可以单击【色板面板】按钮，在弹出的下拉菜单中选择 ANPA 等菜单项，此时将弹出提示对话框，单击【追加】按钮即可以追加显示 ANPA 中的颜色块。

7.1.5 使用【颜色】面板选取颜色

在 Photoshop CS6 工具箱中，用户可以使用【颜色】面板选取绘图所需要的颜色。下面介绍使用【颜色】面板选取颜色的操作方法。

Step 1 ① 调出【颜色】面板，向右拖动 R 滑块，② 向左拖动 G 滑块，③ 向右拖动 B 滑块，如图 7-8 所示。

Step 2 在【颜色】面板的【前景色】框中，用户可以查看到设置后的颜色，如图 7-9 所示，这样即可完成使用【颜色】面板选取颜色的操作。

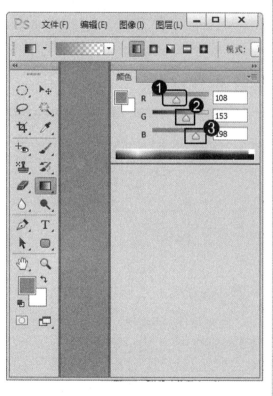

图 7-8

图 7-9

7.2 填充颜色

在 Photoshop CS6 中，用户可以在打开的图像中，填充自定义的颜色，这样不仅可以美化图像，还可以区分图像的不同区域。本节将重点介绍填充颜色方面的知识。

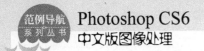

7.2.1　使用【填充】菜单命令

在 Photoshop CS6 中，使用【编辑】主菜单中的【填充】菜单命令，用户同样可以对图像进行填充颜色的操作。下面介绍使用【填充】菜单命令填充颜色的操作方法。

step 1 ① 打开图像文件，在图片中创建准备填充颜色的选区，② 单击【编辑】主菜单，③ 在弹出的下拉菜单中，选择【填充】菜单项，图 7-10 所示。

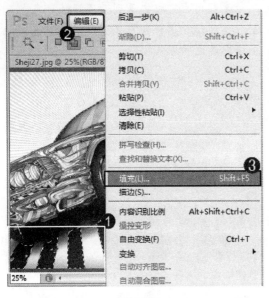

图 7-10

step 3 返回到文档窗口中，图片中已显示出填充颜色的效果，如图 7-12 所示，这样即可完成使用【填充】菜单命令填充颜色的操作。

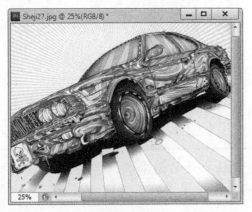

图 7-12

step 2 ① 弹出【填充】对话框。在【内容】选项组中，在【使用】下拉列表框中，选择【前景色】选项，② 单击【确定】按钮，如图 7-11 所示。

图 7-11

智慧锦囊

按 Shift+F5 快捷键，即可快速调出【填充】对话框。

考考您

请您根据上述方法，使用【填充】菜单命令填充颜色，测试一下您的学习效果。

7.2.2　使用油漆桶工具

在 Photoshop CS6 中，使用油漆桶工具，用户可以利用设置的前景色或自带的图案进行填充，同时用户可以对封闭区域中颜色相近的区域进行填充。下面介绍使用油漆桶工具填充图案的操作方法。

在 Photoshop CS6 中创建选区后，① 在工具箱中，单击【油漆桶工具】按钮，② 在【前景色】框中，选择准备应用的颜色，③ 在文档窗口中，在准备填充的图像区域处，单击鼠标，这样即可完成使用油漆桶工具填充颜色的操作，如图 7-13 所示。

图 7-13

7.2.3　使用渐变工具

在 Photoshop CS6 中，使用工具箱中的渐变工具和【渐变映射】菜单命令，用户可以对图像填充色彩更为丰富美观的渐变色彩。下面介绍使用渐变工具填充颜色的操作方法。

step 1　① 打开图像文件，在工具箱中单击【渐变工具】按钮，② 在【前景色】框中，选择准备应用的颜色，③ 在渐变工具选项栏中，单击【渐变样式的管理器】下拉按钮，④ 在弹出的下拉面板中，选择准备应用的渐变样式，如图 7-14 所示。

step 2　在文档窗口中，当鼠标指针变为 -¦- 形状时，指定渐变的第一个点，并拖动鼠标到目标位置处，然后释放鼠标，如图 7-15 所示。

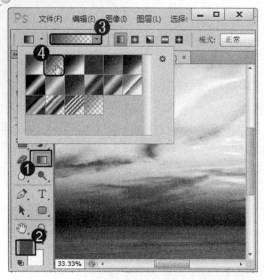

图 7-14

填充渐变样式

图 7-15

step 3 此时图像中显示出渐变效果，如
图 7-16 所示，这样即可完成使用渐
变工具填充颜色的操作。

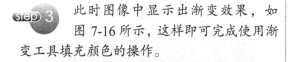

图 7-16

智慧锦囊

渐变是有方向的，向不同的方向拖拉渐
变线会产生不同的颜色分布。

考考您

请您根据上述方法，使用渐变工具渐变
图像，测试一下您的学习效果。

7.3 转换图像色彩模式

在 Photoshop CS6 中，图像的常用色彩模式可分为 RGB 颜色模式、
CMYK 颜色模式、位图模式、灰度模式、双色调模式、索引颜色模式和
Lab 颜色模式等。下面介绍转换图像色彩模式方面的知识。

7.3.1　RGB 颜色模式

RGB 颜色模式采用三基色模型，又称为加色模式，是目前图像软件最常用的基本色彩模式，三基色可复合生成 1670 多万种颜色。下面介绍进入 RGB 颜色模式的操作方法。

step 1 ① 打开图像文件后，单击【图像】主菜单，② 在弹出的下拉菜单中，选择【模式】菜单项，③ 在弹出的子菜单中，选择【RGB 颜色】菜单项，如图 7-17 所示。

step 2 通过以上操作即可完成进入 RGB 颜色模式的操作，如图 7-18 所示。

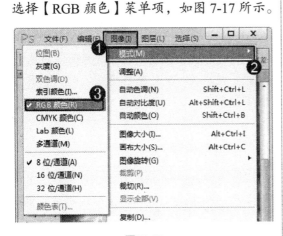

图 7-17

进入 RGB 颜色模式

图 7-18

7.3.2　CMYK 颜色模式

CMYK 颜色模式采用印刷三原色模型，又称减色模式，是打印、印刷等油墨成像设备即印刷领域使用的专用模式。下面介绍进入 CMYK 颜色模式的操作方法。

step 1 ① 打开图像文件后，单击【图像】主菜单，② 在弹出的下拉菜单中，选择【模式】菜单项，③ 在弹出的子菜单中，选择【CMYK 颜色】菜单项，如图 7-19 所示。

step 2 弹出 Adobe Photoshop CS6 对话框，单击【确定】按钮，确认图像颜色转换，如图 7-20 所示。

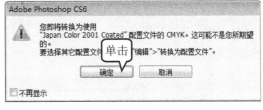

单击

图 7-20

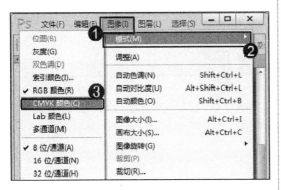

图 7-19

step 3　通过以上操作即可完成进入 CMYK
颜色模式的操作，如图 7-21 所示。

进入 CMYK 颜色模式

图 7-21

　　在 Adobe Photoshop CS6 对话框中，选
中【不再显示】复选框后，用户再转换 CMYK
颜色模式时，系统不再显示 Adobe Photoshop
CS6 对话框。

考考您

　　请您根据上述操作方法，将图像的色彩
模式转换成 CMYK 颜色模式，测试一下您
的学习效果。

7.3.3　位图模式

　　位图模式又称黑白模式，是一种最简单的色彩模式，属于无彩色模式。位图模式的图
像只有黑白两色，由 1 位像素组成，每个像素用 1 位二进制数来表示，文件占据的存储空
间非常小。下面介绍进入位图模式的操作方法。

step 1　① 打开图像文件后，单击【图像】
主菜单，② 在弹出的下拉菜单中，
选择【模式】菜单项，③ 在弹出的子菜单中，
选择【位图】菜单项，如图 7-22 所示。

step 2　① 弹出【位图】对话框，在【使用】
下拉列表框中，选择【50%阈值】
选项，② 单击【确定】按钮，如图 7-23
所示。

图 7-23

考考您

　　请您根据上述操作方法，将图像的色彩
模式转换成位图模式，测试一下您的学习
效果。

图 7-22

step 3 通过以上操作即可完成进入位图模式的操作，如图 7-24 所示。

图 7-24

智慧锦囊

打开【位图】对话框，在【使用】下拉列表框中，选择【50%阈值】选项后，系统会自动以 50% 的色调作为分界点，灰度值高于中间色 128 的像素将转换为白色，灰度值低于中间色 128 的像素将转换为黑色。

7.3.4 灰度模式

灰度模式的图像中没有颜色信息，色彩饱和度为 0，属于无彩色模式，图像由介于黑白之间的 256 级灰色所组成。下面介绍进入灰度模式的操作方法。

step 1 ① 打开图像文件后，单击【图像】主菜单，② 在弹出的下拉菜单中，选择【模式】菜单项，③ 在弹出的子菜单中，选择【灰度】菜单项，如图 7-25 所示。

step 2 弹出【信息】对话框，单击【扔掉】按钮，确认图像颜色转换，如图 7-26 所示。

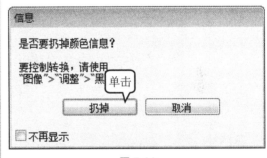

图 7-26

图 7-25

智慧锦囊

在 RGB 颜色模式中，三原色光各有 256 个级别。灰度的形成条件是 RGB 数值相等，而 RGB 数值相等的排列组合是 256 个，那么灰度的数量就是 256 级。其中除了纯白和纯黑以外，还有 254 种中间过渡色。纯黑和纯白也属于反转色。

第 7 章　使用颜色与画笔工具

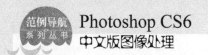
 3 通过以上操作即可完成进入灰度模式的操作，如图 7-27 所示。

图 7-27

请您根据上述操作方法，将图像的色彩模式转换成灰度模式，测试一下您的学习效果。

7.3.5　双色调模式

双色调模式是通过 1～4 种自定义灰色油墨或彩色油墨创建一幅双色调、三色调或者四色调的含有色彩的灰度图像。下面介绍进入双色调模式的操作方法。

step 1 ① 打开图像文件后，单击【图像】主菜单，② 在弹出的下拉菜单中，选择【模式】菜单项，③ 在弹出的子菜单中，选择【双色调】菜单项，如图 7-28 所示。

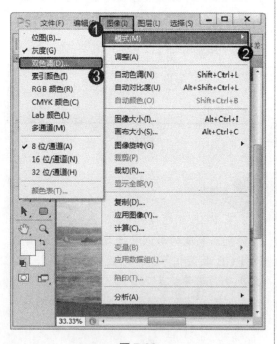

图 7-28

step 2 ① 弹出【双色调选项】对话框，在【类型】下拉列表框中，选择【双色调】选项，② 在【油墨 1】颜色选取框中，选取红颜色，③ 在【油墨 2】颜色选取框中，选取黄颜色，④ 单击【确定】按钮，如图 7-29 所示。

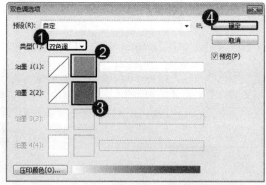

图 7-29

step 3 通过以上操作即可完成进入双色调模式的操作，如图 7-30 所示。

图 7-30

7.3.6 索引颜色模式

索引颜色模式只支持 8 位颜色，它是使用系统预先定义好的最多含有 256 种典型颜色的颜色表中的颜色来表现彩色图像的。下面介绍进入索引颜色模式的操作方法。

step 1 ① 打开图像文件后，单击【图像】主菜单，② 在弹出的下拉菜单中，选择【模式】菜单项，③ 在弹出的子菜单中，选择【索引颜色】菜单项，如图 7-31 所示。

step 2 ① 弹出【索引颜色】对话框，在【强制】下拉列表框中，选择【三原色】选项，② 在【仿色】下拉列表框中，选择【杂色】选项，③ 单击【确定】按钮，如图 7-32 所示。

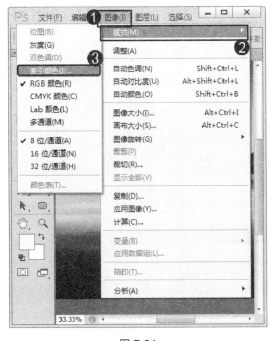

图 7-31

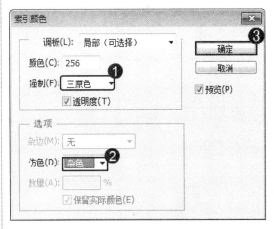

图 7-32

第 7 章 使用颜色与画笔工具

step 3　通过以上操作即可完成进入索引颜色模式的操作，如图 7-33 所示。

图 7-33

智慧锦囊

在 Photoshop CS6 中，转换为索引颜色模式将减少图像中的颜色，最多保留 256 种。该转换通过删除图像中的颜色信息来减少文件大小。

考考您

请您根据上述操作方法，将图像的色彩模式转换成索引颜色模式，测试一下您的学习效果。

7.3.7　Lab 颜色模式

Lab 颜色模式是一种色彩范围最广的色彩模式，它是各种色彩模式相互转换的中间模式。下面介绍进入 Lab 颜色模式的操作方法。

step 1　① 打开图像文件后，单击【图像】主菜单，② 在弹出的下拉菜单中，选择【模式】菜单项，③ 在弹出的子菜单中，选择【Lab 颜色】菜单项，图 7-34 所示。

step 2　通过以上操作方法即可完成进入 Lab 颜色模式的操作，如图 7-35 所示。

图 7-34

图 7-35

7.4 使用画笔工具

在 Photoshop CS6 中，画笔工具是一种经常使用的绘图工具，用户可以使用【画笔】面板来设置画笔的大小、硬度和形状、设置绘图模式，设置画笔的不透明度、形状动态和散布效果等。下面详细介绍使用画笔工具方面的知识。

7.4.1 设置画笔的大小、硬度和形状

在 Photoshop CS6 中，① 在工具箱中单击【画笔工具】按钮，单击【窗口】主菜单，在弹出的下拉菜单中，选择【画笔】菜单项，② 在调出的【画笔】面板中，选择【画笔笔尖形状】选项，③ 在【画笔样式】区域中，选择准备应用的画笔形状样式，④ 在【大小】文本框中，设置画笔的大小值，⑤ 在【硬度】文本框中，输入画笔硬度值，如图 7-36 所示，这样即可完成设置画笔的大小、硬度和形状的操作。

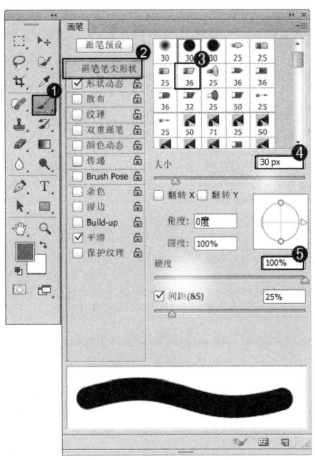

图 7-36

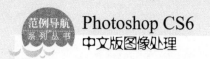

7.4.2 设置绘图模式

在 Photoshop CS6 中，用户可以设置画笔的绘图模式。使用不同的绘图模式，画笔也会具有不同的绘制效果。下面介绍设置绘图模式的操作方法。

在 Photoshop CS6 中，① 在工具箱中单击【画笔工具】按钮，② 在画笔工具选项栏中，在【模式】下拉列表框中，选择准备应用的绘图模式选项，③ 如"叠加"等，如图 7-37 所示，这样即可完成设置绘图模式的操作。

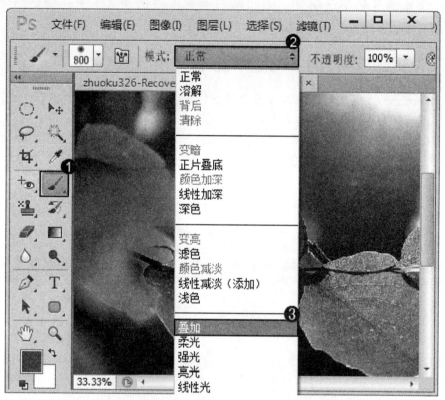

图 7-37

7.4.3 设置画笔的不透明度

在 Photoshop CS6 中，用户可以设置画笔的不透明度，这样画笔绘制的效果也会有所不同。下面介绍设置画笔不透明度的操作方法。

在 Photoshop CS6 中，在工具箱中单击【画笔工具】按钮，在画笔工具选项栏中，在【不透明度】文本框中，输入画笔的不透明度数值，如图 7-38 所示，这样即可完成设置画笔不透明度的操作。

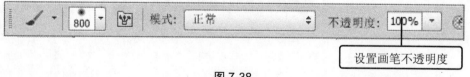

图 7-38

7.4.4　设置画笔的形状动态

在 Photoshop CS6 中，形状动态决定描边中画笔笔迹的变化。下面介绍设置画笔形状动态的操作方法。

在 Photoshop CS6 中，调出【画笔】面板后，在【画笔笔尖形状】选项中，在【画笔样式】区域中，选择准备应用的画笔形状样式，如"散布枫叶"，① 选中【形状动态】选项，② 在【大小抖动】文本框中，输入画笔形状抖动的数值，③ 在【最小直径】文本框中，输入画笔直径的数值，④ 在【角度抖动】文本框中，输入画笔角度抖动的数值，⑤ 在【圆度抖动】文本框中，输入画笔圆度抖动的数值，如图 7-39 所示，这样即可完成设置画笔形状动态的操作。

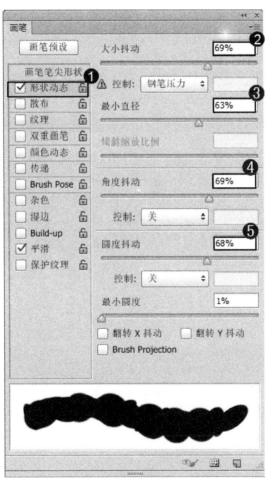

图 7-39

- 大小抖动：指定描边中画笔笔迹大小的改变方式。如果准备指定抖动的最大百分比，可以通过输入数字或使用滑块来输入值。
- 最小直径：指定当启用"大小抖动"或"大小控制"时画笔笔迹可以缩放的最小百分比，可以通过输入数字或使用滑块来输入画笔笔尖直径的百分比值。该值越高，笔尖直径越小。

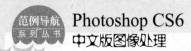
■ 角度抖动：指定描边中画笔笔迹角度的改变方式。如果准备指定抖动的最大百分
比，可以在文本框中输入一个百分比的值。

■ 圆度抖动：指定画笔笔迹的圆度在描边中的改变方式。如果准备指定抖动的最大
百分比，可以输入一个指明画笔长短轴之间比率的百分比值。

7.4.5 设置画笔散布效果

在 Photoshop CS6 中，画笔散布可确定描边中笔迹的数目和位置。下面介绍设置画笔散
布效果的操作方法。

在 Photoshop CS6 中，调出【画笔】面板后，在【画笔笔尖形状】选项中，在【画笔样
式】区域中，选择准备应用的画笔形状样式，如"散布枫叶"，① 选中【散布】选项，
② 在【散布】文本框中，输入画笔散布的数值，③ 在【数量】文本框中，输入画笔散布
的数量，④ 在【数量抖动】文本框中，输入画笔散布抖动的数值，如图 7-40 所示，这样即
可完成设置画笔散布效果的操作。

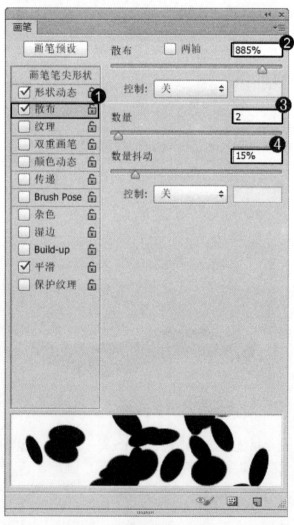

图 7-40

- 散布：指定画笔笔迹在描边中的分布方式。当选中【两轴】复选框时，画笔笔迹按径向分布。当取消选中【两轴】复选框时，画笔笔迹垂直于描边路径分布。如果准备指定散布的最大百分比，用户可以输入一个值。
- 数量：指定在每个间距间隔应用的画笔笔迹数量。
- 数量抖动：指定画笔笔迹的数量如何针对各种间距间隔而变化。如果准备指定在每个间距间隔处涂抹的画笔笔迹的最大百分比，用户可以输入一个值。

7.5 绘画工具

在 Photoshop CS6 中，在【画笔】面板中设置画笔形状样式、大小及绘图模式后，用户即可使用工具箱中的画笔工具和铅笔工具进行图像绘制的操作。使用画笔工具和铅笔工具时，用户可以模拟传统介质进行绘画。本节将重点介绍绘画工具方面的知识。

7.5.1 画笔工具的应用

在 Photoshop CS6 中，使用画笔工具，用户可以在图像文件中绘制具有个性的图案。下面介绍使用画笔工具绘制图形的操作方法。

step 1　① 打开图像文件，在工具箱中单击【画笔工具】按钮 🖌，② 在【前景色】框中，选择准备应用的颜色，③ 在画笔工具选项栏中，单击【画笔工具预设管理器】下拉按钮 ·，④ 在弹出的下拉面板中，选择应用的画笔样式，如图 7-41 所示。

step 2　返回到文档窗口中，在准备应用画笔图形的位置处单击，这样即可完成使用画笔工具绘制图形的操作，如图 7-42 所示。

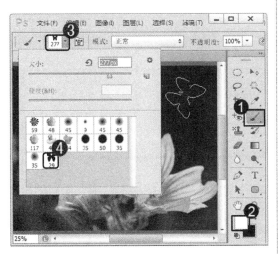

图 7-41

图 7-42

7.5.2 铅笔工具的应用

使用铅笔工具可以创建硬边直线，与画笔工具一样也可以在当前图像上绘制前景色。下面介绍使用铅笔工具绘制图形的操作方法。

step 1 ① 打开图像文件，在工具箱中单击【铅笔工具】按钮✎，② 在【前景色】框中，选择准备应用的颜色，③ 在铅笔工具选项栏中，单击【铅笔工具预设管理器】下拉按钮，④ 在弹出的下拉面板中，选择应用的铅笔样式，如图 7-43 所示。

step 2 返回到文档窗口中，在准备应用铅笔图形的位置处单击，这样即可完成使用铅笔工具绘制图形的操作，如图 7-44 所示。

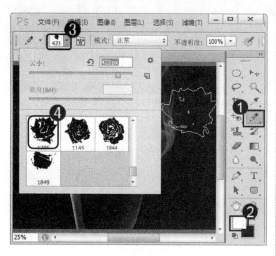

图 7-43

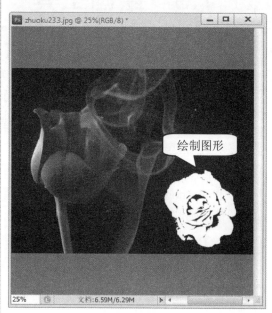

图 7-44

7.6 范例应用与上机操作

通过本章的学习，读者可以掌握使用颜色与画笔工具方面的知识。下面介绍几个范例应用与上机操作，以达到巩固学习的目的。

7.6.1 Lab 转灰度效果

在 Photoshop CS6 中，用户运用本章与前几章所学的知识，可以将 Lab 颜色模式的照片转为灰度效果，制作出具有黑白效果的照片。下面将详细介绍 Lab 转灰度效果的操作方法。

 素材文件 ❀ 配套素材\第 7 章\素材文件\可爱的猫咪.jpg
 效果文件 ❀ 配套素材\第 7 章\效果文件\7.6.1　Lab 转灰度效果.jpg

step 1 ① 打开素材文件后，单击【图像】主菜单，② 在弹出的下拉菜单中，选择【模式】菜单项，③ 在弹出的子菜单中，选择【Lab 颜色】菜单项，如图 7-45 所示。

图 7-45

step 3 ① 图像文件转换 Lab 模式后，单击【图像】主菜单，② 在弹出的下拉菜单中，选择【模式】菜单项，③ 在弹出的子菜单中，选择【灰度】菜单项，如图 7-47 所示。

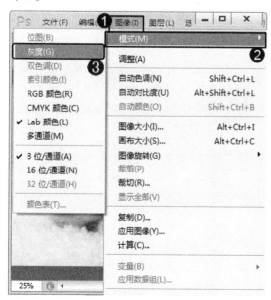

图 7-47

step 2 这样即可将图像的色彩模式转换成 Lab 颜色模式，如图 7-46 所示。

图 7-46

step 4 弹出【信息】对话框，单击【扔掉】按钮，如图 7-48 所示。

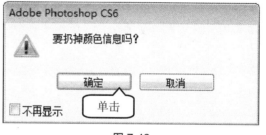

图 7-48

智慧锦囊

灰度色中不包括任何色相，即不存在红色、黄色这样的色彩。灰度附属于 RGB 色域(色域指的是色彩规模)。

step 5　这样即可进入灰度模式，如图 7-49 所示。

图 7-49

step 6　①单击【图像】主菜单，② 在弹出的下拉菜单中，选择【调整】菜单项，③ 在弹出的子菜单中，选择【曲线】菜单项，如图 7-50 所示。

图 7-50

step 7　① 弹出【曲线】对话框，在【曲线调整】区域，在高光范围内，向下拉伸曲线，设置第一个调整点，这样可以增加图像高光亮度，② 在阴影范围内，向上拉伸曲线，设置第二个调整点，这样可以增强图像阴影亮度，③ 单击【确定】按钮，如图 7-51 所示。

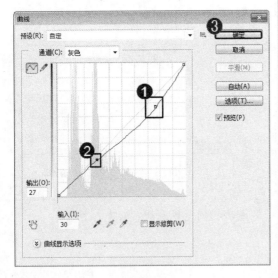

图 7-51

step 8　调整图像亮度后，保存文档，这样即可完成 Lab 转灰度效果的操作，如图 7-52 所示。

图 7-52

7.6.2 填充色块

在 Photoshop CS6 中，用户运用本章与前几章所学的知识，可以将素材照片中的色块填充指定的颜色，下面将详细介绍填充色块的操作方法。

素材文件※ 配套素材\第 7 章\素材文件\填充色块.jpg

效果文件※ 配套素材\第 7 章\效果文件\7.6.2　填充色块.jpg

① 打开素材文件后，单击【图像】主菜单，② 在弹出的下拉菜单中，选择【模式】菜单项，③ 在弹出的子菜单中，选择【RGB 颜色】菜单项，如图 7-53 所示。

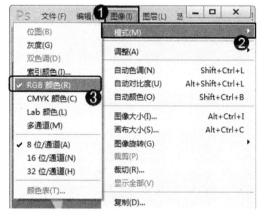

图 7-53

① 转换图像色彩模式后，在图片中创建准备填充颜色的选区，② 单击【编辑】主菜单，③ 在弹出的下拉菜单中，选择【填充】菜单项，如图 7-55 所示。

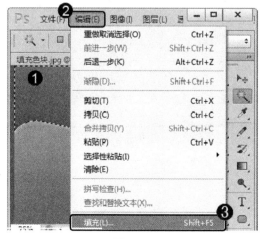

图 7-55

这样即可将图像的色彩模式从灰度模式转换成 RGB 颜色模式，如图 7-54 所示。

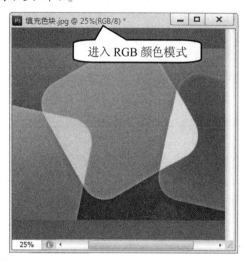

进入 RGB 颜色模式

图 7-54

① 弹出【填充】对话框。在【内容】选项组中，在【使用】下拉列表框中，选择【前景色】选项，② 单击【确定】按钮，如图 7-56 所示。

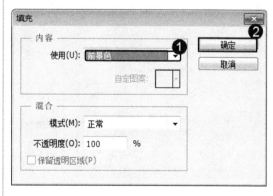

图 7-56

第 7 章　使用颜色与画笔工具

step 5　这样选区内的图像将自动填充成前景颜色，如图 7-57 所示。

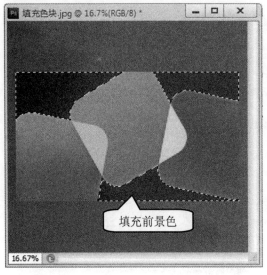

填充前景色

图 7-57

step 6　① 在图片中创建准备填充颜色的选区，② 在工具箱中，单击【油漆桶工具】按钮，如图 7-58 所示。

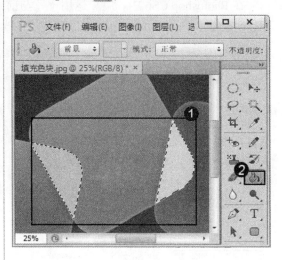

图 7-58

step 7　① 在【前景色】框中，选择准备应用的颜色，② 在文档窗口中，在准备填充的图像区域处，单击鼠标，如图 7-59 所示。

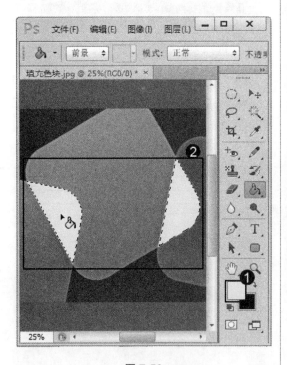

图 7-59

step 8　这样即可完成使用油漆桶工具填充图像的操作，如图 7-60 所示。

填充前景色

图 7-60

step 9 ① 在图片中创建准备渐变填充颜色的选区，在工具箱中单击【渐变工具】按钮 ，② 在【前景色】框和【背景色】框中，选择准备应用的颜色，③ 在渐变工具选项栏中，单击【渐变样式的管理器】下拉按钮 ，④ 在弹出的下拉面板中，选择准备应用的画笔样式，如图 7-61 所示。

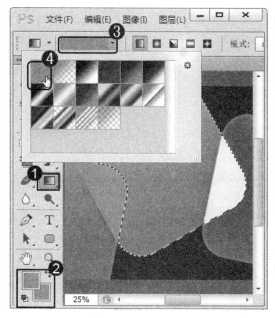

图 7-61

step 11 在文档窗口中，显示出渐变填充的效果，如图 7-63 所示。

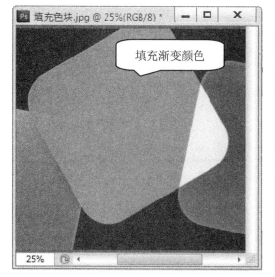

填充渐变颜色

图 7-63

step 10 在文档窗口中，当鼠标指针变为 形状时，指定渐变的第一个点，并拖动鼠标到目标位置处，然后释放鼠标，如图 7-62 所示。

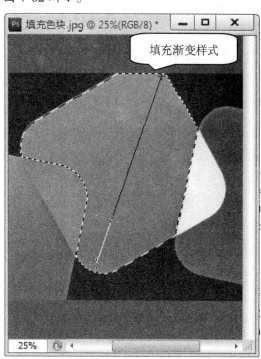

填充渐变样式

图 7-62

step 12 继续渐变填充其他图块，保存文档，这样即可完成填充色块的操作，如图 7-64 所示。

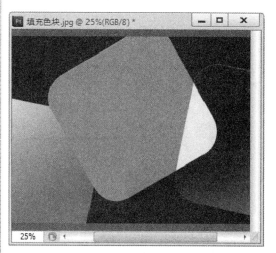

图 7-64

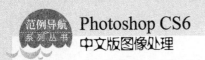
 7.7 课后练习

7.7.1 思考与练习

一、填空题

1. 在 Photoshop CS6 的工具箱中，用户可以根据需要，快速设置准备使用的前景色或背景色。使用_____，用户可以绘画、填充和描边选区，使用_____，用户可以生成渐变填充和在图像已抹除的区域中填充。

2. 在 Photoshop CS6 中，图像的常用色彩模式可分为_____、CMYK 颜色模式、位图模式、_____、双色调模式、索引颜色模式和_____等。

3. 在 Photoshop CS6 中，画笔工具是一种经常使用的绘图工具，用户可以使用【画笔】面板来设置_____，_____，设置画笔的不透明度、_____和散布效果等。

二、判断题

1. 在 Photoshop CS6 中，使用油漆桶工具，用户可以利用设置的前景色或自带的图案进行填充，同时用户可以对封闭区域中颜色相近的区域进行填充。

2. RGB 颜色模式采用四基色模型，又称为加色模式，是目前图像软件最常用的基本色彩模式，四基色可复合生成 1670 多万种颜色。

3. 在 Photoshop CS6 中，画笔散布可确定描边中笔迹的数目和位置。

三、思考题

1. 如何使用吸管工具快速吸取颜色？
2. 如何设置绘图模式？

7.7.2 上机操作

1. 启动 Photoshop CS6 软件，进行转换图像色彩模式方面的操作练习。
2. 启动 Photoshop CS6 软件，进行填充颜色方面的操作练习。

第**8**章

Photoshop CS6 中的滤镜

本章主要介绍滤镜及其应用特点、滤镜库、智能滤镜和风格化与画笔描边滤镜方面的知识，同时还讲解模糊与锐化滤镜、扭曲与素描滤镜、纹理与像素化滤镜、渲染与艺术效果滤镜和杂色与其他滤镜方面的操作技巧。通过本章的学习，读者可以掌握 Photoshop CS6 中滤镜方面的知识，为深入学习 Photoshop CS6 知识奠定基础。

范 例 导 航

1. 滤镜及其应用特点
2. 滤镜库
3. 智能滤镜
4. 风格化与画笔描边滤镜
5. 模糊与锐化滤镜
6. 扭曲与素描滤镜
7. 纹理与像素化滤镜
8. 渲染与艺术效果滤镜
9. 杂色与其他滤镜

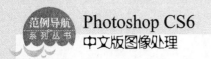

 # 8.1 滤镜及其应用特点

在 Photoshop CS6 中，滤镜主要是用来实现图像的各种特殊效果的，它在 Photoshop 中具有非常神奇的作用。滤镜的操作非常简单，但真正用起来却很难恰到好处。滤镜通常需要同通道、图层等联合使用，才能取得最佳艺术效果。本节将介绍滤镜及其应用特点方面的知识。

8.1.1 什么是滤镜

在 Photoshop 中，滤镜基本可以分为内嵌滤镜、内置滤镜、外挂滤镜三种。内嵌滤镜指内阙于 Photoshop 程序内部的滤镜；内置滤镜指 Photoshop 缺省安装时，Photoshop 安装程序自动安装到 pluging 目录下的滤镜；外挂滤镜就是除上面两种滤镜以外，由第三方厂商为 Photoshop 所生产的滤镜，它们不仅种类齐全、品种繁多而且功能强大。

在 Photoshop CS6 的【滤镜】主菜单中，【滤镜库】、【镜头校正】、【液化】和【消失点】是特殊滤镜，单独放置在菜单中，其他滤镜依据其主要功能被放置在不同类别的滤镜组中。

8.1.2 滤镜的种类和主要用途

在 Photoshop 中，如果按照滤镜的种类和主要用途来划分，可将滤镜分为杂色滤镜、扭曲滤镜、抽出滤镜、渲染滤镜、CSS 滤镜、风格化滤镜、液化滤镜和模糊滤镜 8 种，下面详细介绍这 8 种滤镜的特点。

- 杂色滤镜：有 5 种，分别为减少杂色、蒙尘与划痕、去斑、添加杂色、中间值滤镜，主要用于校正图像处理过程(如扫描)的瑕疵。
- 扭曲滤镜：共 12 种，该系列滤镜都是用几何学的原理来把一幅影像变形，以创造出三维效果或其他的整体变化。每一个滤镜都能产生一种或数种特殊效果，但都离不开一个特点：对影像中所选择的区域进行变形、扭曲。
- 抽出滤镜：通常用于抠图。其功能强大，使用灵活，是 Photoshop 的御用抠图工具，简单易用，容易掌握。
- 渲染滤镜：可以在图像中创建云彩图案、折射图案和模拟的光反射，也可以在三维空间中操纵对象，并由灰度文件创建纹理填充，以产生类似三维的光照效果。
- CSS 滤镜：其标识符是 "filter"，总体的应用和其他的 CSS 语句相同。CSS 滤镜可分为基本滤镜和高级滤镜两种。
- 风格化滤镜：通过置换像素和查找并增加图像的对比度，在选区中生成绘画或印象派的效果。它是完全模拟真实艺术手法进行创作的。
- 液化滤镜：可用于推、拉、旋转、反射、折叠和膨胀图像的任意区域。用户创建的扭曲可以是细微的或剧烈的，这就使液化滤镜成为修饰图像和创建艺术效果的强大工具。

- 模糊滤镜: 在 Photoshop 中模糊滤镜效果共包括 14 种滤镜, 它可以使图像中过于清晰或对比度过于强烈的区域产生模糊效果。它通过平衡图像中已定义的线条和遮蔽区域的清晰边缘旁边的像素, 使变化显得柔和。

8.1.3 滤镜的使用规则

在 Photoshop CS6 中使用滤镜时, 用户应遵循一定的规则, 否则就不能获得满意的制作效果, 下面介绍使用滤镜的基本原则。

- 图层可见性: 使用滤镜处理图层中的图像时, 该图层必须是可见的。
- 选区内操作: 如果创建了选区, 滤镜只处理选区内的图像; 如果没有创建选区, 滤镜则处理当前图层中的全部图像。
- 滤镜的使用对象: 滤镜不仅可以在图像中使用, 也可以在蒙版和通道中使用。
- 滤镜的计算单位: 滤镜是以像素为计算单位进行处理的, 如果图像的分辨率不同, 对其进行同样的滤镜处理, 得到的效果也不同。
- 滤镜的应用区域: 在 Photoshop CS6 中, 除云彩滤镜之外, 其他滤镜都必须应用在包含像素的区域, 否则不能使用这些滤镜。
- 使用滤镜的图像模式: 如果图像为 RGB 颜色模式, 用户可以应用 Photoshop CS6 中的全部滤镜; 如果图像为 CMYK 颜色模式, 用户仅可以应用 Photoshop CS6 中的部分滤镜; 如果图像为索引颜色模式或位图模式, 用户则不可以应用 Photoshop CS6 中的滤镜。

8.2 滤镜库

在 Photoshop CS6 中, 滤镜库是整合多个滤镜的对话框, 用户可以同时将多个滤镜应用在一个图像中, 或对一个图像多次应用同一个滤镜。下面介绍滤镜库方面的知识。

8.2.1 滤镜库概览

滤镜库使滤镜的浏览、选择和应用变得直观和简单。滤镜库对话框中包含了大部分比较常用的滤镜, 可以在同一个对话框中完成添加多个滤镜的操作。滤镜库对话框如图 8-1 所示。

- 预览区: 在该区域中, 用户可以预览当前图像加载的滤镜效果。
- 滤镜组/参数设置区: 滤镜库中包含 6 组滤镜, 单击任意一个滤镜组前的【展开】按钮 ▷, 即可展开该滤镜组, 选择滤镜组中的一个滤镜即可使用该滤镜, 与此同时, 右侧的参数设置区将显示与之相关的参数项, 可以根据需要设置相应的参数。
- 【新建效果图层】按钮 ◳: 单击该按钮, 可以创建效果图层。
- 下拉列表框: 单击该下拉列表框右侧的下拉按钮, 在弹出的下拉列表中可以选择相应的滤镜, 这些滤镜是按照滤镜名称的拼音顺序排列的。

图 8-1

- 缩放区：单击【减号】按钮━将缩小显示预览区的图像，单击【加号】按钮＋将放大显示预览区的图像；也可以在缩放区的下拉列表框中输入数值，精确设置缩放比例。
- 滤镜效果列表：显示了准备应用或排列的所有滤镜效果。
- 当前选择的滤镜：设置滤镜后，则显示相应的滤镜。单击效果前的【眼睛】图标 ，可以隐藏滤镜效果。
- 【删除效果图层】按钮 ：选择准备删除的滤镜效果图层，单击该按钮，即可删除滤镜效果图层。

8.2.2 效果图层

滤镜库对话框中的效果图层，是指在滤镜库对话框中可以对当前操作的图层应用多个滤镜命令，每一个滤镜命令可以被认为是一个滤镜效果图层。

在滤镜库对话框中，用户可以复制、删除和隐藏这些滤镜效果图层，也可以根据需要调整这些滤镜应用到图像中的顺序与参数，从而将这些滤镜的效果叠加起来，得到更加丰富的图像。

8.3 智能滤镜

在 Photoshop CS6 中，智能滤镜是一种非破坏性的滤镜，用户可以像使用图层样式一样随时调整滤镜的参数。下面介绍运用智能滤镜方面的知识。

8.3.1　智能滤镜与普通滤镜的区别

在 Photoshop CS6 中，智能滤镜与普通滤镜之间具有一定的区别。

■　智能滤镜：是 Photoshop CS3 版本中开始出现的功能，智能滤镜是一种非破坏性滤镜，可以达到与普通滤镜完全相同的效果，但它是作为图层效果出现在【图层】面板上的，因此不会改变图像中的任何像素，并且可以随时修改参数，或者删除。

■　普通滤镜：是通过改变图像像素来创建特效的，这种实现方法会修改像素，导致最后的图像无法恢复。

8.3.2　创建智能滤镜

在 Photoshop CS6 中，创建智能滤镜时，所选的图层也将自动转换成智能对象。下面介绍创建智能滤镜的操作方法。

step 1　① 打开图像文件后，单击【滤镜】主菜单，② 在弹出的下拉菜单中，选择【转换为智能滤镜】菜单项，如图 8-2 所示。

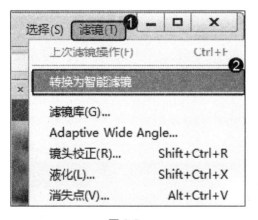

图 8-2

step 2　弹出 Adobe Photoshop CS6 对话框，单击【确定】按钮，如图 8-3 所示。

图 8-3

step 3　① 将图层转换为智能对象后，单击【滤镜】主菜单，② 在弹出的下拉菜单中，选择【风格化】菜单项，③ 在弹出的子菜单中，选择【查找边缘】菜单项，如图 8-4 所示。

step 4　通过以上操作即可完成创建智能滤镜的操作，如图 8-5 所示。

图 8-4

图 8-5

8.3.3 停用智能滤镜

在 Photoshop CS6 中，如果有暂时不准备使用的智能滤镜，用户可以对其进行停用操作。下面介绍停用智能滤镜的操作方法。

step 1 ① 创建智能滤镜后，右击创建的智能滤镜，② 在弹出的快捷菜单中，选择【停用智能滤镜】菜单项，如图 8-6 所示。

step 2 通过以上操作即可完成停用智能滤镜的操作，如图 8-7 所示。

图 8-6

图 8-7

8.3.4 重新排列智能滤镜

在 Photoshop CS6 中，在图像上应用多个智能滤镜效果后，用户可以重新排列智能滤镜。智能滤镜的顺序不同，其显示效果也不同。下面介绍重新排列智能滤镜的操作方法。

step 1 创建多个智能滤镜后，在【图层】面板中，选中准备下移的智能滤镜选项，按住鼠标左键并向下拖动选项，如图 8-8 所示。

step 2 拖动到目标位置后，释放鼠标左键，这样即可完成重新排列智能滤镜的操作，如图 8-9 所示。

图 8-8

图 8-9

8.3.5 显示与隐藏智能滤镜

在 Photoshop CS6 中，用户可以快速显示与隐藏智能滤镜，方便查看滤镜效果与普通效果的区别。下面介绍显示与隐藏智能滤镜的操作方法。

step 1 创建智能滤镜后，在【图层】面板中，在准备隐藏的智能滤镜选项前，单击【切换所有智能滤镜的可见性】图标 ◉，如图 8-10 所示。

step 2 通过以上操作即可完成隐藏智能滤镜的操作，如图 8-11 所示。

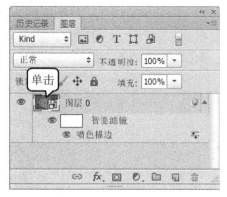

图 8-10

图 8-11

step 3　隐藏智能滤镜后，在【图层】面板中，在准备显示的智能滤镜选项前，单击【切换所有智能滤镜的可见性】图标 ，如图 8-12 所示。

图 8-12

step 4　通过以上操作即可完成显示智能滤镜的操作，如图 8-13 所示。

图 8-13

8.3.6　删除智能滤镜

在 Photoshop CS6 中，如果对创建的智能滤镜效果不满意，用户可以对其进行删除操作。下面介绍删除智能滤镜的操作方法。

step 1　① 创建智能滤镜后，右击创建的智能滤镜，② 在弹出的快捷菜单中，选择【删除智能滤镜】菜单项，如图 8-14 所示。

图 8-14

step 2　通过以上操作即可完成删除智能滤镜的操作，如图 8-15 所示。

图 8-15

8.4　风格化与画笔描边滤镜

在 Photoshop CS6 中，使用风格化滤镜，用户可以对图像进行风格化效果处理，制作出风格迥异的艺术效果；使用画笔描边滤镜，用户可以对图像进行描边等特殊化处理。下面介绍使用风格化与画笔描边滤镜方面的知识。

8.4.1　等高线

等高线滤镜通过查找图像的主要亮度区，为每个颜色通道勾勒主要亮度区域的轮廓，以便得到与等高线颜色类似的效果。下面介绍使用等高线滤镜的方法。

 ① 启动 Photoshop CS6 并打开图像文件后，单击【滤镜】主菜单，② 在弹出的下拉菜单中，选择【风格化】菜单项，③ 在弹出的子菜单中，选择【等高线】菜单项，如图 8-16 所示。

 ① 弹出【等高线】对话框，在【色阶】文本框中，设置等高线色阶数，② 单击【确定】按钮，如图 8-17 所示。

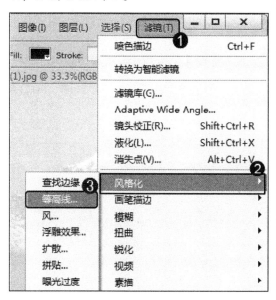

图 8-16

 通过以上方法即可使成使用等高线滤镜的操作，如图 8-18 所示。

图 8-17

等高线滤镜是在图像中围绕每个通道的亮区和暗区边缘勾画轮廓线，从而产生三原色的细窄线条，使图像产生类似等高线图中线条的效果。

第 8 章　Photoshop CS6 中的滤镜

167

图 8-18

请您根据上述操作方法，使用等高线滤镜设置图像滤镜效果，测试一下您的学习效果。

8.4.2　风

在 Photoshop CS6 中，风滤镜可通过在图像中增加细小的水平线来模拟风吹的效果，而且该滤镜仅在水平方向发挥作用。下面介绍使用风滤镜的方法。

step 1　① 启动 Photoshop CS6 并打开图像文件后，单击【滤镜】主菜单，② 在弹出的下拉菜单中，选择【风格化】菜单项，③ 在弹出的子菜单中，选择【风】菜单项，如图 8-19 所示。

step 2　① 弹出【风】对话框，在【方法】选项组中，选中【大风】单选按钮，② 在【方向】选项组中，选中【从左】单选按钮，③ 单击【确定】按钮，如图 8-20 所示。

图 8-19

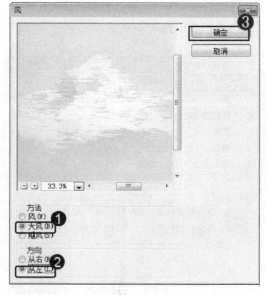

图 8-20

step 3 通过以上方法即可完成使用风滤镜的操作，如图 8-21 所示。

图 8-21

 智慧锦囊

在 Photoshop CS6 中，风滤镜不具有模糊图像的效果，它只影响图像的边缘。

考考您

请您根据上述方法，使用风滤镜设置图像滤镜效果，测试一下您的学习效果。

8.4.3 浮雕效果

浮雕效果滤镜通过勾画图像或选区轮廓，降低勾画图像或选区周围色值，产生凸起或凹陷的效果。下面介绍使用浮雕效果滤镜的方法。

step 1 ① 启动 Photoshop CS6 并打开图像文件后，单击【滤镜】主菜单，② 在弹出的下拉菜单中，选择【风格化】菜单项，③ 在弹出的子菜单中，选择【浮雕效果】菜单项，如图 8-22 所示。

step 2 ① 弹出【浮雕效果】对话框，在【角度】文本框中，设置浮雕效果的角度，② 在【高度】文本框中，设置浮雕效果的高度，③ 在【数量】文本框中，设置浮雕效果的数量，④ 单击【确定】按钮，如图 8-23 所示。

图 8-22

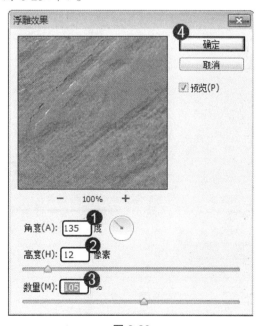

图 8-23

step 3　通过以上方法即可完成使用浮雕效果滤镜的操作，如图 8-24 所示。

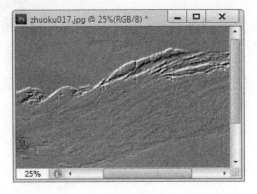

图 8-24

智慧锦囊

在 Photoshop CS6 中，【浮雕效果】对话框中的【角度】文本框用于设置光照的角度；【高度】文本框用于设置图像凸起的程度；【数量】文本框决定原图像细节和颜色的保留程度，该值越大，图像的边缘越明显。

考考您

请您根据上述方法，使用浮雕效果滤镜设置图像滤镜效果，测试一下您的学习效果。

8.4.4　扩散

扩散滤镜通过将图像中相邻像素按规定的方式有机移动，如正常、变暗优先、变亮优先和各向异性等，使得图像进行扩散，从而形成类似透过磨砂玻璃查看图像的效果。下面介绍使用扩散滤镜的方法。

step 1　① 打开图像文件后，单击【滤镜】主菜单，② 在弹出的下拉菜单中，选择【风格化】菜单项，③ 在弹出的子菜单中，选择【扩散】菜单项，如图 8-25 所示。

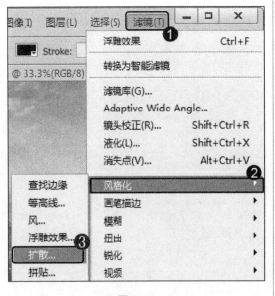

图 8-25

step 2　① 弹出【扩散】对话框，在【模式】选项组中，选中【变亮优先】单选按钮，② 单击【确定】按钮，如图 8-26 所示。

图 8-26

step 3 通过以上方法即可完成使用扩散滤镜的操作，如图 8-27 所示。

图 8-27

在 Photoshop CS6 中，在【扩散】对话框中选中【正常】单选按钮，会使扩散效果对整幅图像起作用；选中【变暗优先】单选按钮，扩散效果在图像中较暗区域中起的作用较明显；选中【变亮优先】单选按钮，扩散效果在图像中较亮区域中起的作用较明显；选中【各向异性】单选按钮，将柔和地表现图像。

8.4.5 拼贴

拼贴滤镜可以根据设定的值将图像分成若干块，并使图像从原来的位置偏离，看起来有类似由砖块拼贴成的效果。下面介绍使用拼贴滤镜的方法。

step 1 ① 打开图像文件后，单击【滤镜】主菜单，② 在弹出的下拉菜单中，选择【风格化】菜单项，③ 在弹出的子菜单中，选择【拼贴】菜单项，如图 8-28 所示。

图 8-28

step 3 通过以上方法即可完成使用拼贴滤镜的操作，如图 8-30 所示。

step 2 ① 弹出【拼贴】对话框，在【拼贴数】文本框中，输入图像拼贴数值，② 单击【确定】按钮，如图 8-29 所示。

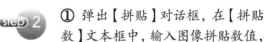
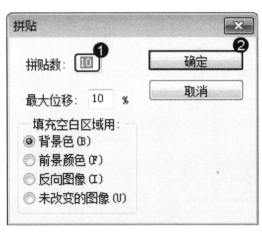

图 8-29

图 8-30

在【拼贴】对话框中,【拼贴数】文本框用于设置图像在高度上分割的数量,【最大位移】文本框用于设置方块移动的最大距离是宽度的百分之几,【填充空白区域用】选项组用于设置方块移动后空白区域图像填充的方法。

8.4.6 凸出

凸出滤镜通过设置的数值将图像分成大小相同并重叠放置的立方体或锥体,从而产生 3D 效果。下面介绍使用凸出滤镜的方法。

step 1 ① 打开图像文件后,单击【滤镜】主菜单,② 在弹出的下拉菜单中,选择【风格化】菜单项,③ 在弹出的子菜单中,选择【凸出】菜单项,如图 8-31 所示。

step 2 ① 弹出【凸出】对话框,在【大小】文本框中,输入图像凸出的大小数值,② 在【深度】文本框中,输入图像凸出的深度数值,③ 单击【确定】按钮,如图 8-32 所示。

图 8-32

考考您

请您根据上述方法,使用凸出滤镜设置图像滤镜效果,测试一下您的学习效果。

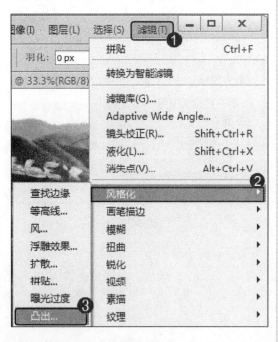

图 8-31

step 3

通过以上方法即可完成使用凸出滤镜的操作，如图 8-33 所示。

图 8-33

智慧锦囊

在【凸出】对话框中，在【类型】选项组中，用户可以设置生成立体图像的造型。如选中【块】单选按钮，将生成立方体造型；选中【金字塔】单选按钮，将生成锥体造型。【大小】文本框用于设置立体图像的大小。【深度】文本框则用于设置立体图像的高度。

8.4.7 成角的线条

成角的线条滤镜通过对角描边的方式重新绘制图像，利用一个方向的线条绘制图像的亮部，再利用相反方向的线条绘制图像的暗部，通过设置方向平衡、描边长度和锐化程度等数值获得满意的效果。下面介绍使用成角的线条滤镜的方法。

step 1 ① 打开图像文件后，单击【滤镜】主菜单，② 在弹出的下拉菜单中，选择【画笔描边】菜单项，③ 在弹出的子菜单中，选择【成角的线条】菜单项，如图 8-34 所示。

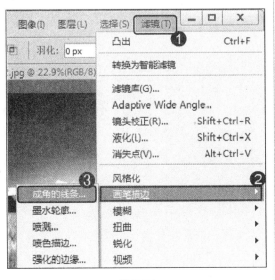

图 8-34

step 2 ① 弹出【成角的线条】对话框，在【方向平衡】文本框中，输入图像平衡的大小数值，② 在【描边长度】文本框中，输入图像描边长度的数值，③ 在【锐化程度】文本框中，输入图像锐化的数值，④ 单击【确定】按钮，如图 8-35 所示。

图 8-35

第 8 章 Photoshop CS6 中的滤镜

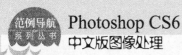

step 3 通过以上方法即可完成使用成角的
线条滤镜的操作，如图 8-36 所示。

图 8-36

在【成角的线条】对话框中，【方向平衡】文本框用于设置笔画方向的差异。该选项值的范围为 0～100，当值为 0 或 100 的时候，笔画方向统一向一侧倾斜；为中间值时，笔画方向呈混乱状。在【描边长度】文本框中输入的值越大，笔画越长。在【锐化程度】文本框中输入的值越大，笔画越明显。

8.4.8 墨水轮廓

墨水轮廓滤镜通过纤细的线条在图像中重新绘画，以便形成钢笔画的风格。执行墨水轮廓滤镜后，用户可以设置描边长度、深色强度和光照强度等数值。下面介绍使用墨水轮廓滤镜的方法。

step 1 ① 打开图像文件后，单击【滤镜】主菜单，② 在弹出的下拉菜单中，选择【画笔描边】菜单项，③ 在弹出的子菜单中，选择【墨水轮廓】菜单项，如图 8-37 所示。

图 8-37

step 2 ① 弹出【墨水轮廓】对话框，在【描边长度】文本框中，输入图像描边的大小数值，② 在【深色强度】文本框中，输入图像描边深度的数值，③ 在【光照强度】文本框中，输入图像光照强度的数值，④ 单击【确定】按钮，如图 8-38 所示。

图 8-38

step 3　通过以上方法即可完成使用墨水轮廓滤镜的操作，如图8-39所示。

图 8-39

智慧锦囊

在【墨水轮廓】对话框中，【描边长度】文本框用于设置笔画的长度；在【深色强度】文本框中输入的值越大，暗部的面积越大，笔画越深；在【光照强度】文本框中输入的值越大，亮部的面积越大，图像越明亮。

8.4.9　喷溅

在 Photoshop CS6 中，喷溅滤镜通过模拟喷枪在图像中喷溅，使图像产生笔墨喷溅的效果。下面介绍使用喷溅滤镜的方法。

step 1　① 打开图像文件后，单击【滤镜】主菜单，② 在弹出的下拉菜单中，选择【画笔描边】菜单项，③ 在弹出的子菜单中，选择【喷溅】菜单项，如图8-40所示。

step 2　① 弹出【喷溅】对话框，在【喷色半径】文本框中，输入喷色半径的数值，② 在【平滑度】文本框中，输入喷溅的平滑度数值，③ 单击【确定】按钮，如图8-41所示。

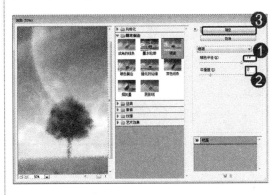

图 8-41

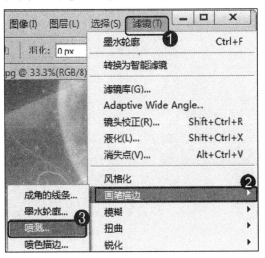

图 8-40

第 8 章　Photoshop CS6 中的滤镜

175

step 3　通过以上方法即可完成使用喷溅滤镜的操作，如图 8-42 所示。

图 8-42

8.4.10　喷色描边

　　喷色描边滤镜通过图像的主导颜色，利用成角的线条和喷溅颜色线条绘画图像，达到斜纹飞溅的效果。下面介绍使用喷色描边滤镜的方法。

step 1　① 打开图像文件后，单击【滤镜】主菜单，② 在弹出的下拉菜单中，选择【画笔描边】菜单项，③ 在弹出的子菜单中，选择【喷色描边】菜单项，如图 8-43 所示。

step 2　① 弹出【喷色描边】对话框，在【描边长度】文本框中，输入描边长度的数值，② 在【喷色半径】文本框中，输入喷色半径的数值，③ 单击【确定】按钮，如图 8-44 所示。

图 8-43

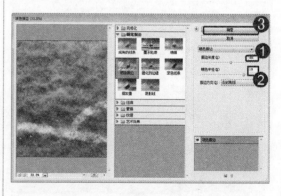

图 8-44

step 3 通过以上方法即可完成使用喷色描边滤镜的操作，如图 8-45 所示。

图 8-45

智慧锦囊

在【喷色描边】对话框中，【描边长度】文本框用于设置飞溅笔触的长度，【喷色半径】文本框用于设置图像溅开的程度，【描边方向】下拉列表框用于设置飞溅笔触的方向。

考考您

请您根据上述方法，使用喷色描边滤镜设置图像滤镜效果，测试一下您的学习效果。

8.4.11 强化的边缘

强化的边缘滤镜通过设置图像的亮度值对图像的边缘进行强化，如果设置高的边缘亮度值，图像会产生白色粉笔描边的效果。下面介绍使用强化的边缘滤镜的方法。

step 1 ① 打开图像文件后，单击【滤镜】主菜单，② 在弹出的下拉菜单中，选择【画笔描边】菜单项，③ 在弹出的子菜单中，选择【强化的边缘】菜单项，如图 8-46 所示。

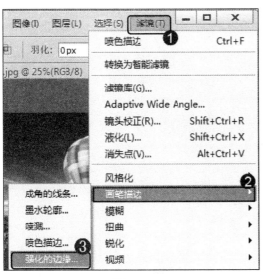

图 8-46

step 2 ① 弹出【强化的边缘】对话框，在【边缘宽度】文本框中，输入边缘宽度的数值，② 在【边缘亮度】文本框中，输入边缘亮度的数值，③ 在【平滑度】文本框中，输入平滑度数值，④ 单击【确定】按钮，如图 8-47 所示。

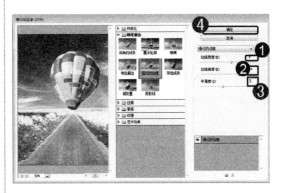

图 8-47

step 3　通过以上方法即可完成使用强化的边缘滤镜的操作，如图 8-48 所示。

图 8-48

8.4.12　阴影线

阴影线滤镜在保留图像细节与特征的同时使用铅笔阴影线添加纹理，使得图像边缘变得粗糙。下面介绍使用阴影线滤镜的方法。

step 1　① 打开图像文件后，单击【滤镜】主菜单，② 在弹出的下拉菜单中，选择【画笔描边】菜单项，③ 在弹出的子菜单中，选择【阴影线】菜单项，如图 8-49 所示。

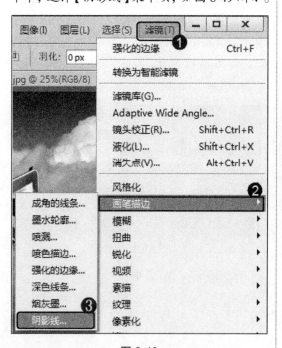

图 8-49

step 2　① 弹出【阴影线】对话框，在【描边长度】文本框中，输入描边长度的数值，② 在【锐化程度】文本框中，输入图像锐化的数值，③ 在【强度】文本框中，输入强度数值，④ 单击【确定】按钮，如图 8-50 所示。

图 8-50

step 3 通过以上方法即可完成使用阴影线滤镜的操作，如图 8-51 所示。

图 8-51

智慧锦囊

在 Photoshop CS6 中，阴影线滤镜产生的效果与成角的线条滤镜产生的效果相似，只是阴影线滤镜产生的笔触间互为平行线或垂直线，且方向不可任意调整。

8.5 模糊与锐化滤镜

在 Photoshop CS6 中，使用模糊滤镜，用户可以对图像进行模糊化处理；使用锐化滤镜，用户可以对图像进行锐化等特殊化处理。本节将重点介绍模糊滤镜与锐化滤镜方面的知识。

8.5.1 表面模糊

表面模糊滤镜是通过保留图像边缘而达到模糊效果的一种滤镜，使用该滤镜可以创建特殊的效果，消除图像中的杂色或颗粒。下面介绍使用表面模糊滤镜的方法。

step 1 ① 打开图像文件后，单击【滤镜】主菜单，② 在弹出的下拉菜单中，选择【模糊】菜单项，③ 在弹出的子菜单中，选择 More Blurs 菜单项，④ 在弹出的子菜单中，选择【表面模糊】菜单项，如图 8-52 所示。

图 8-52

step 2 ① 弹出【表面模糊】对话框，在【半径】文本框中，输入图像模糊的数值，② 在【阈值】文本框中，输入模糊的阈值，③ 单击【确定】按钮，如图 8-53 所示。

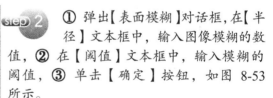

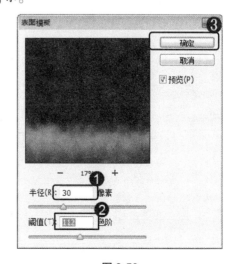

图 8-53

第 8 章 Photoshop CS6 中的滤镜

179

step 3 返回文档窗口，打开的图像文件已经进行了表面模糊化处理，如图 8-54 所示，这样即可完成使用表面模糊滤镜的操作。

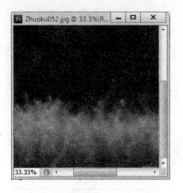

图 8-54

考考您

请您根据上述方法，使用表面模糊滤镜设置图像滤镜效果，测试一下您的学习效果。

智慧锦囊

在【表面模糊】对话框中，【半径】文本框用于设置模糊程度的大小，而【阈值】文本框用于设置模糊范围的大小。

8.5.2 方框模糊

方框模糊滤镜使用图像中相邻像素的平均颜色模糊图像，在【方框模糊】对话框中可以设置模糊的区域范围。下面介绍使用方框模糊滤镜的方法。

step 1 ① 打开图像文件后，单击【滤镜】主菜单，② 在弹出的下拉菜单中，选择【模糊】菜单项，③ 在弹出的子菜单中，选择 More Blurs 菜单项，④ 在弹出的子菜单中，选择【方框模糊】菜单项，如图 8-55 所示。

图 8-55

step 2 ① 弹出【方框模糊】对话框，在【半径】文本框中，输入图像模糊半径的数值，② 单击【确定】按钮，如图 8-56 所示。

图 8-56

step 3 通过以上方法即可完成使用方框模糊滤镜的操作，如图 8-57 所示。

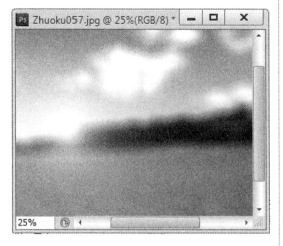

图 8-57

考考您

请您根据上述方法，使用方框模糊滤镜设置图像滤镜效果，测试一下您的学习效果。

8.5.3　径向模糊

径向模糊滤镜通过模拟相机的缩放和旋转，从而产生模糊的效果。下面介绍使用径向模糊滤镜的方法。

step 1 ① 打开图像文件后，单击【滤镜】主菜单，② 在弹出的下拉菜单中，选择【模糊】菜单项，③ 在弹出的子菜单中，选择 More Blurs 菜单项，④ 在弹出的子菜单中，选择【径向模糊】菜单项，如图 8-58 所示。

step 2 ① 弹出【径向模糊】对话框，在【数量】文本框中，输入图像径向模糊的数量值，② 在【模糊方法】选项组中，选中【旋转】单选按钮，③ 在【品质】选项组中，选中【好】单选按钮，④ 单击【确定】按钮，如图 8-59 所示。

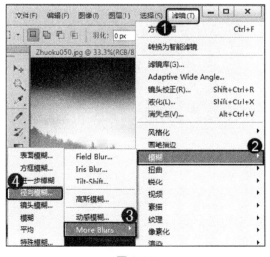

图 8-58

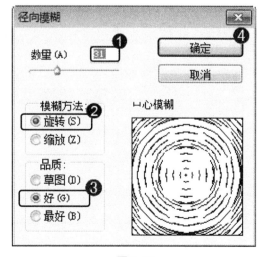

图 8-59

step 3 通过以上方法即可完成使用径向模糊滤镜的操作，如图 8-60 所示。

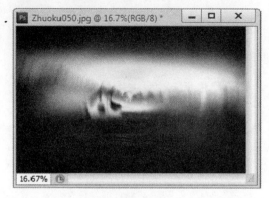

图 8-60

智慧锦囊

在【径向模糊】对话框中，【模糊方法】选项组中包括【旋转】与【缩放】两种模糊方法，【旋转】是指图像沿着同心圆环线产生旋转的模糊效果，【缩放】是指图像产生放射状的模糊效果。

8.5.4　特殊模糊

特殊模糊滤镜通过对半径、阈值、品质和模式等选项的设置，精确地模糊图像。下面介绍使用特殊模糊滤镜的方法。

step 1 ① 打开图像文件后，单击【滤镜】主菜单，② 在弹出的下拉菜单中，选择【模糊】菜单项，③ 在弹出的子菜单中，选择 More Blurs 菜单项，④ 在弹出的子菜单中，选择【特殊模糊】菜单项，如图 8-61 所示。

step 2 ① 弹出【特殊模糊】对话框，在【半径】文本框中，输入图像特殊模糊的半径值，② 在【阈值】文本框中，输入图像模糊的阈值，③ 在【品质】下拉列表框中，选择【低】选项，④ 在【模式】下拉列表框中，选择【仅限边缘】选项，⑤ 单击【确定】按钮，如图 8-62 所示。

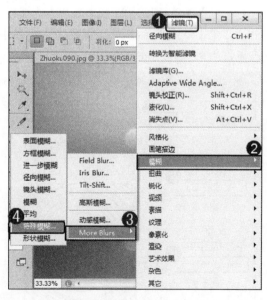

图 8-61

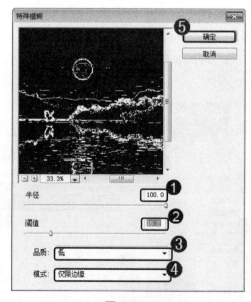

图 8-62

step 3 通过以上方法即可完成使用特殊模糊滤镜的操作，如图8-63所示。

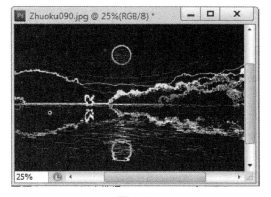

图 8-63

8.5.5 动感模糊

动感模糊滤镜可以通过设置模糊角度与强度，产生移动拍摄图像的效果。下面介绍使用动感模糊滤镜的方法。

step 1 ① 打开图像文件后，单击【滤镜】主菜单，② 在弹出的下拉菜单中，选择【模糊】菜单项，③ 在弹出的子菜单中，选择【动感模糊】菜单项，如图8-64所示。

step 2 ① 弹出【动感模糊】对话框，在【角度】文本框中，输入角度的数值，② 在【距离】文本框中，输入距离的数值，③ 单击【确定】按钮，如图8-65所示。

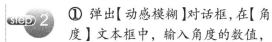

图 8-64

图 8-65

step 3 通过以上方法即可完成使用动感模糊滤镜的操作，如图 8-66 所示。

图 8-66

8.5.6 高斯模糊

在 Photoshop CS6 中，高斯模糊滤镜通过在图像中添加一些细节，使图像产生朦胧的感觉。下面介绍使用高斯模糊滤镜的方法。

step 1 ① 打开图像文件后，单击【滤镜】主菜单，② 在弹出的下拉菜单中，选择【模糊】菜单项，③ 在弹出的子菜单中，选择【高斯模糊】菜单项，如图 8-67 所示。

step 2 ① 弹出【高斯模糊】对话框，在【半径】文本框中，输入图像模糊半径的数值，② 单击【确定】按钮，如图 8-68 所示。

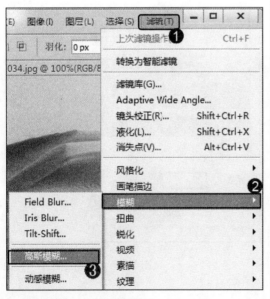

图 8-67

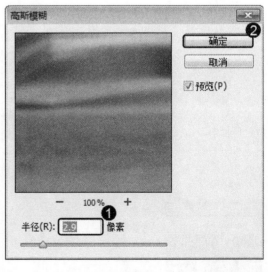

图 8-68

step 3 通过以上方法即可完成使用高斯模糊滤镜的操作，如图 8-69 所示。

图 8-69

智慧锦囊

在【高斯模糊】对话框中，在【半径】文本框中输入的值越大，图像越模糊。

考考您

请您根据上述方法，使用高斯模糊滤镜设置图像滤镜效果，测试一下您的学习效果。

8.5.7 USM 锐化

在 Photoshop CS6 中，USM 锐化滤镜可用于调整边缘细节的对比度。下面介绍使用 USM 锐化滤镜的方法。

step 1 ① 打开图像文件后，单击【滤镜】主菜单，② 在弹出的下拉菜单中，选择【锐化】菜单项，③ 在弹出的子菜单中，选择【USM 锐化】菜单项，如图 8-70 所示。

step 2 ① 弹出【USM 锐化】对话框，在【数量】文本框中，输入图像锐化的数量值，② 在【半径】文本框中，输入图像锐化的半径数值，③ 在【阈值】文本框中，输入图像锐化的阈值，④ 单击【确定】按钮，如图 8-71 所示。

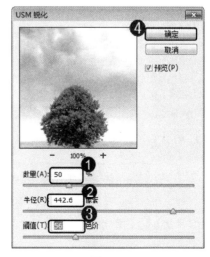

图 8-70

图 8-71

step 3
通过以上方法即可完成使用 USM
锐化滤镜的操作，如图 8-72 所示。

图 8-72

智慧锦囊

在【USM 锐化】对话框中，【数量】文本框用于调整锐化的程度，值越大，锐化越明显；【半径】文本框用于设置像素的平均范围；【阈值】文本框用于设置应用在平均颜色上的范围。

考考您

请您根据上述方法，使用 USM 锐化滤镜设置图像滤镜效果，测试一下您的学习效果。

8.5.8 智能锐化

在 Photoshop CS6 中，智能锐化滤镜可用于设置锐化的计算方法，或控制锐化的区域，如阴影和高光区等。下面介绍使用智能锐化滤镜的方法。

step 1
① 打开图像文件后，单击【滤镜】主菜单，② 在弹出的下拉菜单中，选择【锐化】菜单项，③ 在弹出的子菜单中，选择【智能锐化】菜单项，如图 8-73 所示。

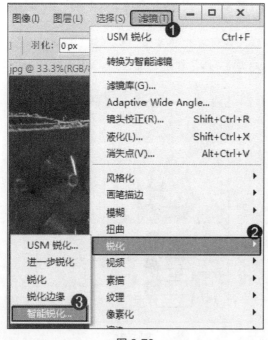

图 8-73

step 2
① 弹出【智能锐化】对话框，在【数量】文本框中，输入图像锐化的数量值，② 在【半径】文本框中，输入图像锐化的半径数值，③ 在【移去】下拉列表框中，选择【动感模糊】选项，④ 单击【确定】按钮，如图 8-74 所示。

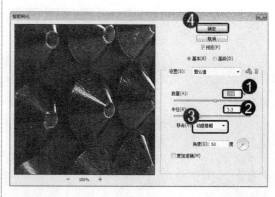

图 8-74

考考您

请您根据上述方法，使用智能锐化滤镜设置图像滤镜效果，测试一下您的学习效果。

step 3 通过以上方法即可完成使用智能锐化滤镜的操作，如图 8-75 所示。

图 8-75

 从锐化角度来说，图像有高频图像与低频图像之分，同一幅图像也有高频区域和低频区域之分。一般来说，低频图像不需要过多的锐化，而高频图像则需要适当的锐化才能清晰和凸显细节。

智慧锦囊

在【智能锐化】对话框中，【数量】文本框用于设置锐化的程度；【半径】文本框用于设置锐化的范围；【移去】下拉列表框用于设置对图像进行锐化的算法；选中【更加准确】复选框可以更精确地锐化图像，但这要花费更长的时间来处理文件。

8.6 扭曲与素描滤镜

在 Photoshop CS6 中，使用扭曲滤镜，用户可以对图像进行扭曲化处理；使用素描滤镜，用户可以对图像进行素描等特殊化处理。本节将重点介绍扭曲滤镜与素描滤镜方面的知识。

8.6.1 波浪

波浪滤镜通过设置生成器数、波长、波幅和比例等参数，可在图像中创建波状起伏的图案。下面介绍使用波浪滤镜的方法。

step 1 ① 打开图像文件后，单击【滤镜】主菜单，② 在弹出的下拉菜单中，选择【扭曲】菜单项，③ 在弹出的子菜单中，选择【波浪】菜单项，如图 8-76 所示。

step 2 ① 弹出【波浪】对话框，在【生成器数】文本框中，输入数值，② 在【波长】选项组中，输入图像波长的最大值与最小值，③ 在【波幅】选项组中，输入图像波幅的最大值与最小值，④ 单击【确定】按钮，如图 8-77 所示。

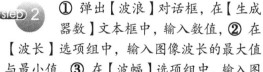

图 8-76

图 8-77

 考考您

请您根据上述方法，使用波浪滤镜设置图像滤镜效果，测试一下您的学习效果。

step 3 通过以上方法即可完成使用波浪滤镜的操作，如图 8-78 所示。

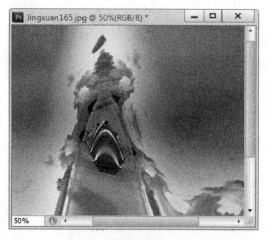

图 8-78

智慧锦囊

在【智能锐化】对话框中，【生成器数】文本框用于设置图像中波纹的数量，【波长】选项组用于设置波纹的宽度范围，【波幅】选项组用于设置波纹的长度范围，【比例】选项组用于设置波纹在水平和垂直方向上的缩放比例。

8.6.2 波纹

波纹滤镜同波浪滤镜功能相同，但其仅可以控制波纹的数量和大小。下面介绍使用波纹滤镜的方法。

step 1 ① 打开图像文件后，单击【滤镜】主菜单，② 在弹出的下拉菜单中，选择【扭曲】菜单项，③ 在弹出的子菜单中，选择【波纹】菜单项，如图 8-79 所示。

step 2 ① 弹出【波纹】对话框，在【数量】文本框中，输入波纹的数量值，② 在【大小】下拉列表框中，选择【大】选项，③ 单击【确定】按钮，如图 8-80 所示。

图 8-79

 通过以上方法即可完成使用波纹滤镜的操作，如图 8-81 所示。

图 8-81

图 8-80

智慧锦囊

在【波纹】对话框中，【数量】文本框用于设置图像中波纹密度和扭曲范围的大小。

8.6.3 玻璃

玻璃滤镜通过制作细小的纹理，模拟透过不同类型玻璃观看图像的效果。下面介绍使用玻璃滤镜的方法。

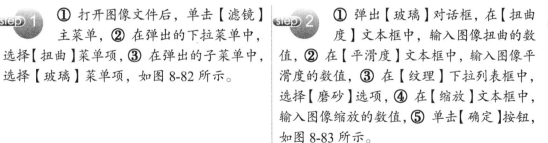

step 1 ① 打开图像文件后，单击【滤镜】主菜单，② 在弹出的下拉菜单中，选择【扭曲】菜单项，③ 在弹出的子菜单中，选择【玻璃】菜单项，如图 8-82 所示。

step 2 ① 弹出【玻璃】对话框，在【扭曲度】文本框中，输入图像扭曲的数值，② 在【平滑度】文本框中，输入图像平滑度的数值，③ 在【纹理】下拉列表框中，选择【磨砂】选项，④ 在【缩放】文本框中，输入图像缩放的数值，⑤ 单击【确定】按钮，如图 8-83 所示。

图 8-82

图 8-83

请您根据上述方法，使用玻璃滤镜设置图像滤镜效果，测试一下您的学习效果。

 3 通过以上方法即可完成使用玻璃滤镜的操作，如图 8-84 所示。

在【玻璃】对话框中，【扭曲度】文本框和【平滑度】文本框用于设置纹理的扭曲程度。

图 8-84

8.6.4 极坐标

在 Photoshop CS6 中，极坐标滤镜包括"平面坐标到极坐标"与"极坐标到平面坐标"两种特殊效果。使用极坐标滤镜，用户可以创建曲面扭曲的效果。下面介绍使用极坐标滤镜的方法。

 1 ① 打开图像文件后，单击【滤镜】主菜单，② 在弹出的下拉菜单中，选择【扭曲】菜单项，③ 在弹出的子菜单中，选择【极坐标】菜单项，如图 8-85 所示。

step 2 ① 弹出【极坐标】对话框，选中【平面坐标到极坐标】单选按钮，② 单击【确定】按钮，如图 8-86 所示。

图 8-85

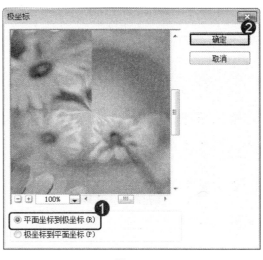

图 8-86

 通过以上方法即可完成使用极坐标滤镜的操作，如图 8-87 所示。

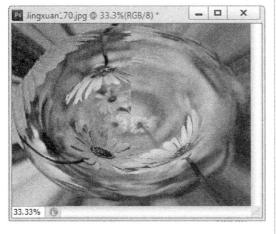

图 8-87

智慧锦囊

在 Photoshop CS6 中，平面坐标到极坐标的变化，可以认为是顶边下凹、底边和两侧边上翻的过程；极坐标到平面坐标的变化，可以认为是底边上凹、顶边和两侧边下翻的过程。

考考您

请您根据上述操作方法，使用极坐标滤镜设置图像滤镜效果，测试一下您的学习效果。

8.6.5 挤压

挤压滤镜可将图像或选区中的内容向外或向内挤压，使图像产生向外凸出或向内凹陷的效果。下面介绍使用挤压滤镜的方法。

 ① 打开图像文件后，单击【滤镜】主菜单，② 在弹出的下拉菜单中，选择【扭曲】菜单项，③ 在弹出的子菜单中，选择【挤压】菜单项，如图 8-88 所示。

 ① 弹出【挤压】对话框，在【数量】文本框中，输入图像挤压的数值，② 单击【确定】按钮，如图 8-89 所示。

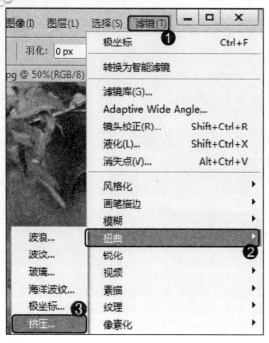

图 8-88

图 8-89

 3

通过以上方法即可完成使用挤压滤镜的操作，如图 8-90 所示。

图 8-90

智慧锦囊

在【挤压】对话框中，当【数量】文本框中的值为正时，图像向下凹；当值为负时，图像向上凸；当值为 0 时，图像不产生变化。

考考您

请您根据上述操作方法，使用挤压滤镜设置图像滤镜效果，测试一下您的学习效果。

8.6.6 切变

在 Photoshop CS6 中，切变滤镜可以使用户按照自己的想法设定图像的扭曲程度。下面介绍使用切变滤镜的方法。

step 1 ① 打开图像文件后，单击【滤镜】主菜单，② 在弹出的下拉菜单中，选择【扭曲】菜单项，③ 在弹出的子菜单中，选择【切变】菜单项，如图 8-91 所示。

step 2 ① 弹出【切变】对话框，选中【重复边缘像素】单选按钮，② 在【切变】区域，设置图像切变的折点，③ 单击【确定】按钮，如图 8-92 所示。

图 8-91

 通过以上方法即可完成使用切变滤镜的操作，如图 8-93 所示。

图 8-93

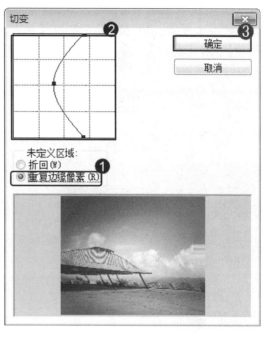

图 8-92

智慧锦囊

在【切变】对话框中，在【未定义区域】选项组中，选中【折回】单选按钮，可以将一侧的像素移动至图像的另一侧；选中【重复边缘像素】单选按钮，则可以使用附近的颜色填充图像移置后的空白部分。

考考您

请您根据上述操作方法，使用切变滤镜设置图像滤镜效果，测试一下您的学习效果。

8.6.7 半调图案

在 Photoshop CS6 中，半调图案滤镜可在保持连续色调范围的情况下，形成半调网屏的效果。下面介绍使用半调图案滤镜的方法。

step 1 ① 打开图像文件后，单击【滤镜】主菜单，② 在弹出的下拉菜单中，选择【素描】菜单项，③ 在弹出的子菜单中，选择【半调图案】菜单项，如图 8-94 所示。

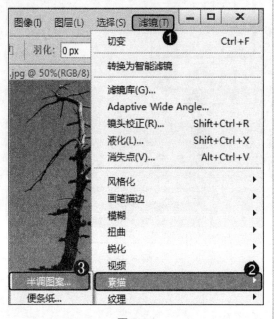

图 8-94

step 3 通过以上方法即可完成使用半调图案滤镜的操作，如图 8-96 所示。

图 8-96

step 2 ① 弹出【半调图案】对话框，在【大小】文本框中，输入半调图案的大小数值，② 在【对比度】文本框中，输入半调图案的对比度数值，③ 在【图案类型】下拉列表框中，选择【网点】选项，④ 单击【确定】按钮，如图 8-95 所示。

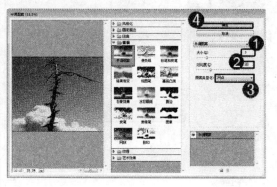

图 8-95

智慧锦囊

在【半调图案】对话框中，在【图案类型】下拉列表框中，用户可以设置圆形、网点和直线三种图案填充类型。

考考您

请您根据上述操作方法，使用半调图案滤镜设置图像滤镜效果，测试一下您的学习效果。

8.6.8 便条纸

在 Photoshop CS6 中，便条纸滤镜可以简化图像，形成类似手工制作的纸张图像。下面介绍使用便条纸滤镜的方法。

step 1 ① 打开图像文件后，单击【滤镜】主菜单，② 在弹出的下拉菜单中，选择【素描】菜单项，③ 在弹出的子菜单中，选择【便条纸】菜单项，如图 8-97 所示。

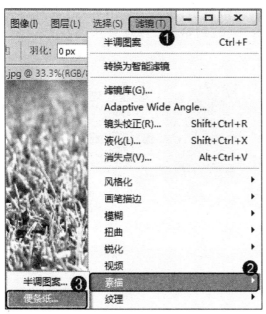

图 8-97

 通过以上方法即可完成使用便条纸滤镜的操作，如图 8-99 所示。

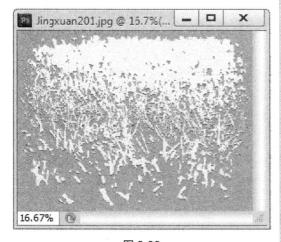

图 8-99

step 2 ① 弹出【便条纸】对话框，在【图像平衡】文本框中，输入图像平衡的数值，② 在【粒度】文本框中，输入粒度的数值，③ 在【凸现】文本框中，输入便条纸凸现的数值，④ 单击【确定】按钮，如图 8-98 所示。

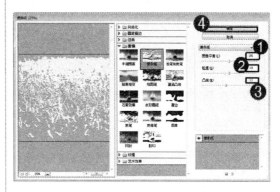

图 8-98

 智慧锦囊

在【便条纸】对话框中，在【图像平衡】文本框中输入的值越大，图像的阴影部分越多；在【粒度】文本框中输入的值越大，应用在图像上的杂色越多；【凸现】文本框则用于设置图案凹陷的程度。

考考您

请您根据上述操作方法，使用便条纸滤镜设置图像滤镜效果，测试一下您的学习效果。

8.6.9　水彩画纸

水彩画纸滤镜可模仿在潮湿的纤维纸上作画的效果，使颜色溢出和混合，从而制作出颜色活动的特殊艺术效果。下面介绍使用水彩画纸滤镜的方法。

step 1 ① 打开图像文件后，单击【滤镜】主菜单，② 在弹出的下拉菜单中，选择【素描】菜单项，③ 在弹出的子菜单中，选择【水彩画纸】菜单项，如图 8-100 所示。

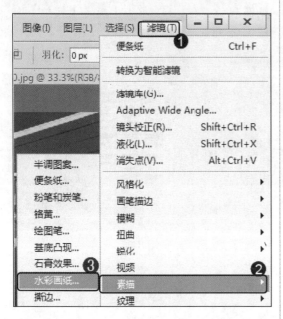

图 8-100

step 3 通过以上方法即可完成使用水彩画纸滤镜的操作，如图 8-102 所示。

图 8-102

step 2 ① 弹出【水彩画纸】对话框，在【纤维长度】文本框中，输入纤维长度的数值，② 在【亮度】文本框中，输入亮度的数值，③ 在【对比度】文本框中，输入对比度的数值，④ 单击【确定】按钮，如图 8-101 所示。

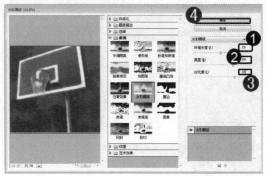

图 8-101

智慧锦囊

在【水彩画纸】对话框中，在【纤维长度】文本框中输入的值越大，浸湿的效果越明显；在【亮度】文本框中输入的值越大，图像整体颜色就会越亮；在【对比度】文本框中输入的值越大，颜色的对比值也越大，图案图像会显得更加清晰。

8.6.10 网状

网状滤镜可以模拟胶片乳胶的可控收缩和扭曲来创建图像，使图像在阴影部分呈现结块状，在高光部分呈现轻微颗粒化的效果。下面介绍使用网状滤镜的方法。

① 打开图像文件后，单击【滤镜】主菜单，② 在弹出的下拉菜单中，选择【素描】菜单项，③ 在弹出的子菜单中，选择【网状】菜单项，如图 8-103 所示。

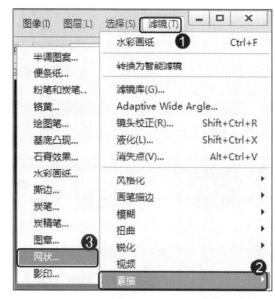

图 8-103

 通过以上方法即可完成使用网状滤镜的操作，如图 8-105 所示。

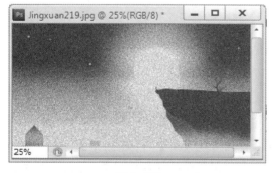

图 8-105

 ① 弹出【网状】对话框，在【浓度】文本框中，输入图像浓度的数值，② 在【前景色阶】文本框中，输入图像前景色阶的数值，③ 在【背景色阶】文本框中，输入图像背景色阶的数值，④ 单击【确定】按钮，如图 8-104 所示。

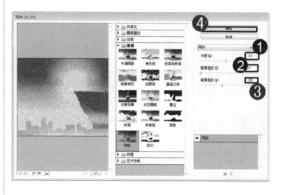

图 8-104

智慧锦囊

在【网状】对话框中，在【浓度】文本框中输入的值越大，生成的网点越紧密；在【前景色阶】文本框中输入的值越大，前景色的范围越大；在【背景色阶】文本框中输入的值越大，背景色的范围越大。

8.7 纹理与像素化滤镜

在 Photoshop CS6 中，使用纹理滤镜，用户可以对图像进行纹路化处理；使用像素化滤镜，用户可以对图像的像素进行特殊化处理。本节将重点介绍纹理滤镜与像素化滤镜方面的知识。

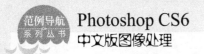

8.7.1 龟裂缝

龟裂缝滤镜通过将图像绘制在一个高凸现的石膏上，以便形成精细的网状裂缝，可以使用该滤镜创建浮雕效果。下面介绍使用龟裂缝滤镜的方法。

step 1 ① 打开图像文件后，单击【滤镜】主菜单，② 在弹出的下拉菜单中，选择【纹理】菜单项，③ 在弹出的子菜单中，选择【龟裂缝】菜单项，如图 8-106 所示。

图 8-106

step 3 通过以上方法即可完成使用龟裂缝滤镜的操作，如图 8-108 所示。

图 8-108

step 2 ① 弹出【龟裂缝】对话框，在【裂缝间距】文本框中，输入裂缝间距的数值，② 在【裂缝深度】文本框中，输入裂缝深度的数值，③ 在【裂缝亮度】文本框中，输入裂缝亮度的数值，④ 单击【确定】按钮，如图 8-107 所示。

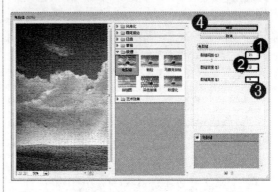

图 8-107

智慧锦囊

在【龟裂缝】对话框中，【裂缝间距】文本框用于设置纹理的间隔，【裂缝深度】文本框用于设置纹理的深度，【裂缝亮度】文本框用于设置纹理的亮度。

请您根据上述操作方法，使用龟裂缝滤镜设置图像滤镜效果，测试一下您的学习效果。

8.7.2 马赛克拼贴

马赛克拼贴滤镜可通过渲染图像，形成类似由小的碎片拼贴图像的效果，并加深拼贴的缝隙。下面介绍使用马赛克拼贴滤镜的方法。

step 1 ① 打开图像文件后，单击【滤镜】主菜单，② 在弹出的下拉菜单中，选择【纹理】菜单项，③ 在弹出的子菜单中，选择【马赛克拼贴】菜单项，如图 8-109 所示。

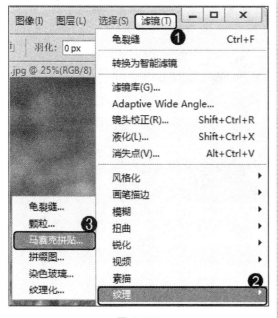

图 8-109

step 3 通过以上方法即可完成使用马赛克拼贴滤镜的操作，如图 8-111 所示。

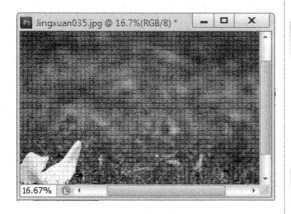

图 8-111

step 2 ① 弹出【马赛克拼贴】对话框，在【拼贴大小】文本框中，输入拼贴的大小数值，② 在【缝隙宽度】文本框中，输入缝隙宽度的数值，③ 在【加亮缝隙】文本框中，输入加宽缝隙的数值，④ 单击【确定】按钮，如图 8-110 所示。

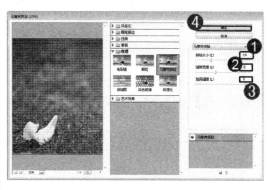

图 8-110

智慧锦囊

在【马赛克拼贴】对话框中，【拼贴大小】文本框用于设置"马赛克瓷砖"图像的大小，【缝隙宽度】文本框用于设置每两块"马赛克瓷砖"间凹陷部分的宽度，【加亮缝隙】文本框用于设置凹陷部分的亮度。

考考您

请您根据上述操作方法，使用马赛克拼贴滤镜设置图像滤镜效果，测试一下您的学习效果。

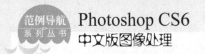
8.7.3 染色玻璃

染色玻璃滤镜可以单色相邻的单元格绘制图像，并使用前景色填充单元格的缝隙。下面介绍使用染色玻璃滤镜的方法。

step 1 ① 打开图像文件后，单击【滤镜】主菜单，② 在弹出的下拉菜单中，选择【纹理】菜单项，③ 在弹出的子菜单中，选择【染色玻璃】菜单项，如图 8-112 所示。

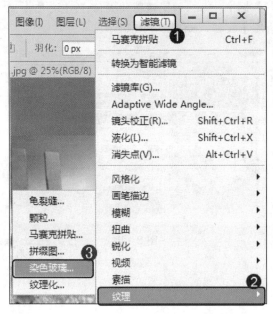

图 8-112

step 3 通过以上方法即可完成使用染色玻璃滤镜的操作，如图 8-114 所示。

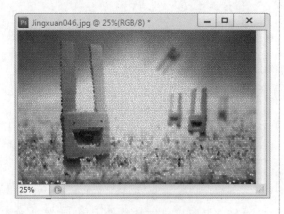

图 8-114

step 2 ① 弹出【染色玻璃】对话框，在【单元格大小】文本框中，输入染色玻璃的单元格大小数值，② 在【边框粗细】文本框中，输入染色玻璃边框粗细的数值，③ 在【光照强度】文本框中，输入图像光照强度的数值，④ 单击【确定】按钮，如图 8-113 所示。

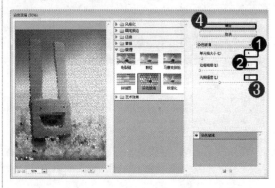

图 8-113

 智慧锦囊

在【染色玻璃】对话框中，【单元格大小】文本框用于设置图像中色块的大小；【边框粗细】文本框用于设置色块边界的宽度，并使用前景色填充边界。

考考您

请您根据上述操作方法，使用染色玻璃滤镜设置图像滤镜效果，测试一下您的学习效果。

8.7.4　彩块化

彩块化滤镜通过将纯色或颜色相近的像素结成块，使图像看上去有类似手绘的效果。下面介绍使用彩块化滤镜的方法。

step 1 ① 打开图像文件后，单击【滤镜】主菜单，② 在弹出的下拉菜单中，选择【像素化】菜单项，③ 在弹出的子菜单中，选择【彩块化】菜单项，如图 8-115 所示。

图 8-115

step 2 通过以上方法即可完成使用彩块化滤镜的操作，如图 8-116 所示。

图 8-116

请您根据上述方法，使用彩块化滤镜设置图像效果，测试一下您的学习效果。

8.7.5　彩色半调

彩色半调滤镜通过设置通道划分矩形区域，使图像形成网点状效果，高光部分的网点较小，阴影部分的网点较大。下面介绍使用彩色半调滤镜的方法。

step 1 ① 打开图像文件后，单击【滤镜】主菜单，② 在弹出的下拉菜单中，选择【像素化】菜单项，③ 在弹出的子菜单中，选择【彩色半调】菜单项，如图 8-117 所示。

step 2 ① 弹出【彩色半调】对话框，在【最大半径】文本框中，输入最大半径的数值，② 在【通道 1】文本框中，输入通道 1 的数值，③ 在【通道 2】文本框中，输入通道 2 的数值，④ 单击【确定】按钮，如图 8-118 所示。

图 8-117

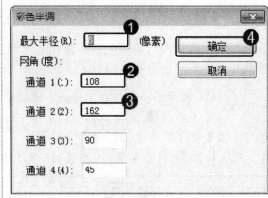

图 8-118

考考您

请您根据上述操作方法，使用彩色半调滤镜设置图像滤镜效果，测试一下您的学习效果。

 3
通过以上方法即可完成使用彩色半调滤镜的操作，如图 8-119 所示。

图 8-119

智慧锦囊

在【彩色半调】对话框中，【最大半径】文本框用于设置图像中最大网点的半径。【网角(度)】选项组用于设置图像中原色通道的网点角度，如果图像为灰度模式，仅能使用通道 1；如果图像为 RGB 模式，可以使用 3 个通道。

8.7.6　晶格化

晶格化滤镜通过将图像中相近像素集中到多边形色块中，产生结晶颗粒的效果。下面介绍使用晶格化滤镜的方法。

step 1 ① 打开图像文件后，单击【滤镜】主菜单，② 在弹出的下拉菜单中，选择【像素化】菜单项，③ 在弹出的子菜单中，选择【晶格化】菜单项，如图 8-120 所示。

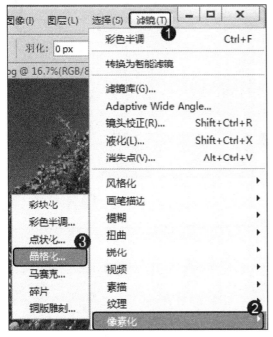

图 8-120

step 3 通过以上方法即可完成使用晶格化滤镜的操作，如图 8-122 所示。

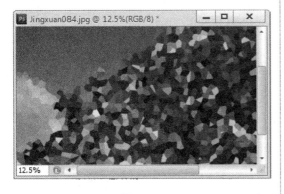

图 8-122

step 2 ① 弹出【晶格化】对话框，在【单元格大小】文本框中，输入图像晶格化的大小数值，② 单击【确定】按钮，如图 8-121 所示。

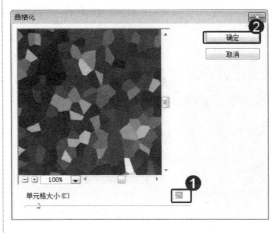

图 8-121

　考考您

　　请您根据上述操作方法，使用晶格化滤镜设置图像滤镜效果，测试一下您的学习效果。

　智慧锦囊

　　在【晶格化】对话框中，【单元格大小】文本框用于调整多边形的大小。

8.7.7　马赛克

　　马赛克滤镜通过将像素结成方块，并使用块中的平均颜色进行填充，创建马赛克的效果。下面介绍使用马赛克滤镜的方法。

step 1 　① 打开图像文件后，单击【滤镜】主菜单，② 在弹出的下拉菜单中，选择【像素化】菜单项，③ 在弹出的子菜单中，选择【马赛克】菜单项，如图 8-123 所示。

图 8-123

step 3 　通过以上方法即可完成使用马赛克滤镜的操作，如图 8-125 所示。

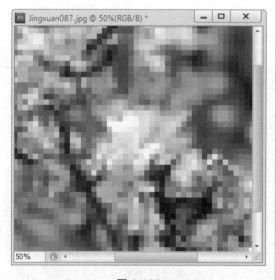

图 8-125

step 2 　① 弹出【马赛克】对话框，在【单元格大小】文本框中，输入图像马赛克的大小数值，② 单击【确定】按钮，如图 8-124 所示。

图 8-124

🖊️ 智慧锦囊

在【马赛克】对话框中，【单元格大小】文本框用于调整马赛克方框的大小。

👩 考考您

请您根据上述操作方法，使用马赛克滤镜设置图像滤镜效果，测试一下您的学习效果。

8.8 渲染与艺术效果滤镜

使用渲染滤镜，用户可以创建3D图形、云彩图案、折射图案和模拟反光效果等；使用艺术效果滤镜，用户可以对图像进行艺术化处理。本节将介绍渲染滤镜与艺术效果滤镜方面的知识。

8.8.1 分层云彩

分层云彩滤镜可将云彩数据与像素混合，创建类似大理石纹理的图案。下面介绍使用分层云彩滤镜的方法。

step 1 ① 打开图像文件后，单击【滤镜】主菜单，② 在弹出的下拉菜单中，选择【渲染】菜单项，③ 在弹出的子菜单中，选择【分层云彩】菜单项，如图 8-126 所示。

step 2 通过以上方法即可完成使用分层云彩滤镜的操作，如图 8-127 所示。

图 8-126

图 8-127

8.8.2 镜头光晕

镜头光晕滤镜可模拟亮光照射到相机镜头后产生的折射效果，从而创建玻璃或金属等反射的光芒。下面介绍使用镜头光晕滤镜的方法。

① 打开图像文件后，单击【滤镜】主菜单，② 在弹出的下拉菜单中，选择【渲染】菜单项，③ 在弹出的子菜单中，选择【镜头光晕】菜单项，如图 8-128 所示。

图 8-128

 通过以上方法即可完成使用镜头光晕滤镜的操作，如图 8-130 所示。

图 8-130

 ① 弹出【镜头光晕】对话框，在【镜头类型】选项组中，选中【50-300毫米变焦】单选按钮，② 在【亮度】文本框中，输入光晕的扩散亮度值，③ 在【预览】区域，指定镜头光晕的位置，④ 单击【确定】按钮，如图 8-129 所示。

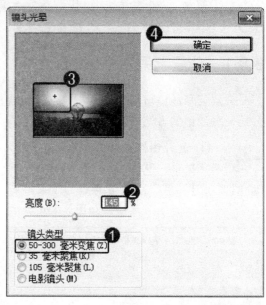

图 8-129

智慧锦囊

在【镜头光晕】对话框中，【亮度】文本框用于设置折射效果的程度，【镜头类型】选项组用于设置镜头的种类。

考考您

请您根据上述操作方法，使用镜头光晕滤镜设置图像滤镜效果，测试一下您的学习效果。

8.8.3 粗糙蜡笔

粗糙蜡笔滤镜可在带有纹理的图像上使用粉笔进行描边，在亮色区域描边后粉笔会很厚。下面介绍使用粗糙蜡笔滤镜的方法。

step 1 ① 打开图像文件后，单击【滤镜】主菜单，② 在弹出的下拉菜单中，选择【艺术效果】菜单项，③ 在弹出的子菜单中，选择【粗糙蜡笔】菜单项，如图 8-131 所示。

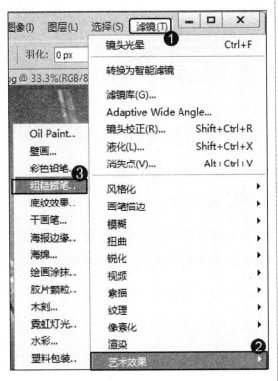

图 8-131

step 3 通过以上方法即可完成使用粗糙蜡笔滤镜的操作，如图 8-133 所示。

图 8-133

step 2 ① 弹出【粗糙蜡笔】对话框，在【描边长度】文本框中，输入描边的长度值，② 在【描边细节】文本框中，输入描边的细节值，③ 在【纹理】下拉列表框中，选择【画布】选项，④ 在【缩放】文本框中，输入图像缩放的数值，⑤ 在【凸现】文本框中，输入图像凸现的数值，⑥ 单击【确定】按钮，如图 8-132 所示。

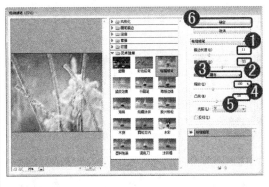

图 8-132

智慧锦囊

在【粗糙蜡笔】对话框中，【描边长度】文本框用于设置笔触的长度；在【描边细节】文本框中输入的值越小，绘画效果越精细。

考考您

请您根据上述方法，使用粗糙蜡笔滤镜设置图像滤镜效果，测试一下您的学习效果。

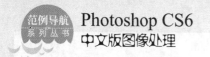

8.8.4 海报边缘

海报边缘滤镜通过设置的选项自动跟踪图像中颜色变化剧烈的区域，并在边界上填入黑色阴影，从而产生海报的效果。下面介绍使用海报边缘滤镜的方法。

step 1 ① 打开图像文件后，单击【滤镜】主菜单，② 在弹出的下拉菜单中，选择【艺术效果】菜单项，③ 在弹出的子菜单中，选择【海报边缘】菜单项，如图 8-134所示。

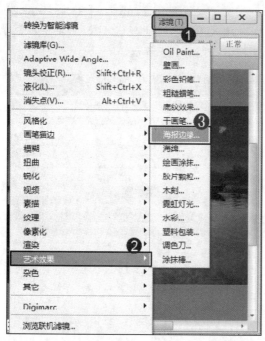

图 8-134

step 3 通过以上方法即可完成使用海报边缘滤镜的操作，如图 8-136 所示。

图 8-136

step 2 ① 弹出【海报边缘】对话框，在【边缘厚度】文本框中，输入厚度值，② 在【海报化】文本框中，输入数值，③ 单击【确定】按钮，如图 8-135 所示。

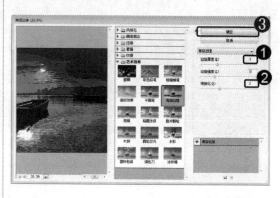

图 8-135

考考您

请您根据上述方法，使用海报边缘滤镜设置图像滤镜效果，测试一下您的学习效果。

智慧锦囊

在【海报边缘】对话框中，【边缘厚度】文本框中的值越大，边缘越宽，镶边效果越明显；【边缘强度】文本框中的值代表边缘与邻近像素的对比强度，值越大，对比越强烈；【海报化】文本框中的值代表色调分离与减化后原色值信息的保留程度，值越大，原图像色值信息保留得越多，图像的原色细节就保留得越好。

8.8.5　木刻

　　木刻滤镜可模拟将图像从彩纸上剪下时，图像边缘比较粗糙的剪纸片组成的艺术效果。如果图像的对比度比较高，则图像看起来为剪影状。下面介绍使用木刻滤镜的方法。

step 1　① 打开图像文件后，单击【滤镜】主菜单，② 在弹出的下拉菜单中，选择【艺术效果】菜单项，③ 在弹出的子菜单中，选择【木刻】菜单项，如图 8-137所示。

图 8-137

step 3　通过以上方法即可完成使用木刻滤镜的操作，如图 8-139 所示。

图 8-139

step 2　① 弹出【木刻】对话框，在【色阶数】文本框中，输入图像色阶的数值，② 在【边缘简化度】文本框中，输入图像边缘简化的数值，③ 在【边缘逼真度】文本框中，输入图像边缘逼真的数值，④ 单击【确定】按钮，如图 8-138 所示。

图 8-138

智慧锦囊

　　在【木刻】对话框中，在【色阶数】文本框中输入的值越大，表现的图像颜色越多，显示效果越细腻；【边缘简化度】文本框用于设置线条的范围；【边缘逼真度】文本框用于设置线条的准确度。

　考考您

　　请您根据上述方法，使用木刻滤镜设置图像滤镜效果，测试一下您的学习效果。

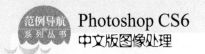
8.8.6 调色刀

调色刀滤镜通过减少图像的细节，从而生成描绘很淡的画面效果。下面介绍使用调色刀滤镜的方法。

step 1 ① 打开图像文件后，单击【滤镜】主菜单，② 在弹出的下拉菜单中，选择【艺术效果】菜单项，③ 在弹出的子菜单中，选择【调色刀】菜单项，如图 8-140 所示。

图 8-140

step 3 通过以上方法即可完成使用调色刀滤镜的操作，如图 8-142 所示。

图 8-142

step 2 ① 弹出【调色刀】对话框，在【描边大小】文本框中，输入图像描边的数值，② 在【描边细节】文本框中，输入图像描边细节的数值，③ 在【软化度】文本框中，输入图像软化度的数值，④ 单击【确定】按钮，如图 8-141 所示。

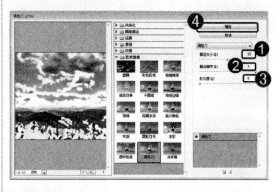

图 8-141

智慧锦囊

在【调色刀】对话框中，在【描边大小】文本框中输入的值越小，图像的轮廓显示越清晰；在【描边细节】文本框中输入的值越大，图像越细致；在【软化度】文本框中输入的值越大，图像的边线越模糊。

请您根据上述方法，使用调色刀滤镜设置图像效果，测试一下您的学习效果。

8.9 杂色与其他滤镜

在 Photoshop CS6 中，使用杂色滤镜，用户可以创建与众不同的纹理，去除有问题的区域；使用其他滤镜，用户可以进行修改蒙版和快速调整颜色等操作。本节将重点介绍杂色滤镜与其他滤镜方面的知识。

8.9.1 蒙尘与划痕

蒙尘与划痕滤镜通过更改不同像素来减少杂色，该滤镜对去除图像中的杂点与折痕最为有效。下面介绍使用蒙尘与划痕滤镜的方法。

step 1 ① 打开图像文件后，单击【滤镜】主菜单，② 在弹出的下拉菜单中，选择【杂色】菜单项，③ 在弹出的子菜单中，选择【蒙尘与划痕】菜单项，如图 8-143 所示。

step 2 ① 弹出【蒙尘与划痕】对话框，在【半径】文本框中，输入半径的数值，② 在【阈值】文本框中，输入阈值的数值，③ 单击【确定】按钮，如图 8-144 所示。

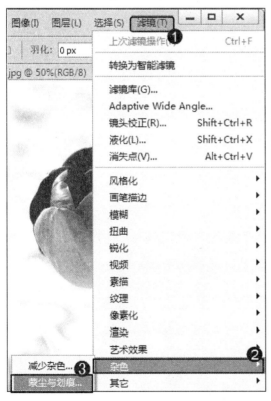

图 8-143

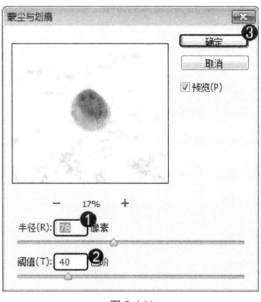

图 8-144

 考考您

请您根据上述方法，使用蒙尘与划痕滤镜设置图像效果，测试一下您的学习效果。

 通过以上方法即可完成使用蒙尘与划痕滤镜的操作，如图 8-145 所示。

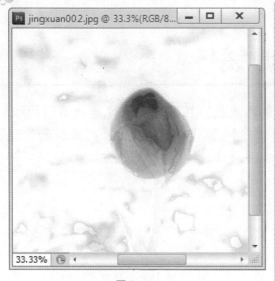

图 8-145

在 Photoshop CS6 中，蒙尘与划痕滤镜用于更改图像中相异的像素，从而减少杂色。它可以根据亮度的过渡差值，找出突出周围像素的像素，用周围的颜色填充这些区域。需要注意的是，使用该滤镜有可能将图像中应有的亮点也清除，所以要慎重使用。

8.9.2 添加杂色

添加杂色滤镜通过将随机的像素应用到图像中，模拟出在调整胶片上拍照的效果。下面介绍使用添加杂色滤镜的方法。

step 1 ① 打开图像文件后，单击【滤镜】主菜单，② 在弹出的下拉菜单中，选择【杂色】菜单项，③ 在弹出的子菜单中，选择【添加杂色】菜单项，如图 8-146 所示。

step 2 ① 弹出【添加杂色】对话框，在【数量】文本框中，输入杂色的数值，② 选中【平均分布】单选按钮，③ 单击【确定】按钮，如图 8-147 所示。

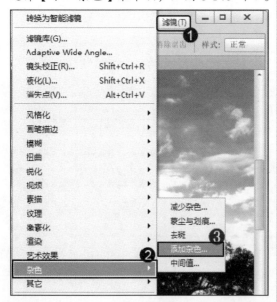

图 8-146

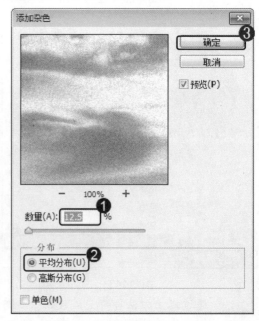

图 8-147

step 3 通过以上方法即可完成使用添加杂色滤镜的操作，如图 8-148 所示。

图 8-148

智慧锦囊

　　在【添加杂色】对话框中，【数量】文本框用于设置添加杂点的数量；选中【平均分布】单选按钮，可以使用随机数值分布杂色的颜色值，以获得细微效果；选中【高斯分布】单选按钮，产生的杂点比选中【平均分布】时的效果更为明显；选中【单色】复选框，则添加的杂色将表现为一种颜色。

8.9.3　中间值

　　中间值滤镜通过混合选区中像素的亮度值来减少图像的杂色，可以自动查找亮度接近的像素。下面介绍使用中间值滤镜的方法。

step 1 ① 打开图像文件，单击【滤镜】主菜单，② 在弹出的下拉菜单中，选择【杂色】菜单项，③ 在弹出的子菜单中，选择【中间值】菜单项，如图 8-149 所示。

step 2 ① 弹出【中间值】对话框，在【半径】文本框中，输入中间值的半径值，② 单击【确定】按钮，如图 8-150 所示。

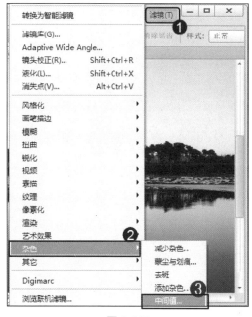

图 8-149

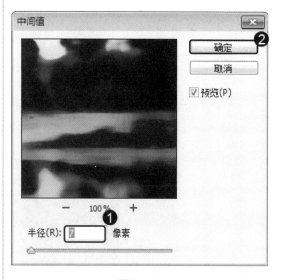

图 8-150

step 3　通过以上方法即可完成使用中间值滤镜的操作，如图 8-151 所示。

图 8-151

　　在 Photoshop CS6 中，中间值滤镜通过混合图像中像素的亮度来减少图像的杂色。它搜索某个距离内像素颜色的平均值来平滑图像中的区域。此滤镜在消除或减少图像的动感效果时非常有用。

8.9.4　高反差保留

　　高反差保留滤镜可在颜色强烈变化的位置按照指定的半径保留边缘细节，设置的半径越高，保留的像素越多。下面介绍使用高反差保留滤镜的方法。

step 1　① 打开图像文件后，单击【滤镜】主菜单，② 在弹出的下拉菜单中，选择【其它】菜单项，③ 在弹出的子菜单中，选择【高反差保留】菜单项，如图 8-152 所示。

step 2　① 弹出【高反差保留】对话框，在【半径】文本框中，输入高反差保留的半径值，② 单击【确定】按钮，如图 8-153 所示。

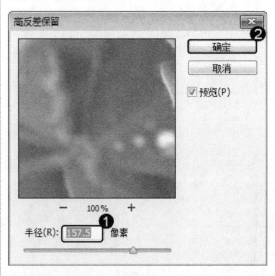

图 8-153

图 8-152

step 3 通过以上方法即可完成使用高反差保留滤镜的操作，如图 8-154 所示。

图 8-154

> **智慧锦囊**
>
> 在【高反差保留】对话框中，选中【预览】复选框，用户可以查看高反差保留滤镜的设置效果。

8.9.5　最小值

最小值滤镜可使用周围像素最低的亮度值替换当前像素。下面介绍使用最小值滤镜的方法。

step 1　① 打开图像文件，单击【滤镜】主菜单，② 在弹出的下拉菜单中，选择【其它】菜单项，③ 在弹出的子菜单中，选择【最小值】菜单项，如图 8-155 所示。

step 2　① 弹出【最小值】对话框，在【半径】文本框中，输入图像最小值的半径值，② 单击【确定】按钮，如图 8-156 所示。

图 8-155

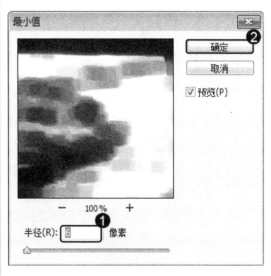

图 8-156

step 3　通过以上方法即可完成使用最小值滤镜的操作，如图 8-157 所示。

图 8-157

智慧锦囊

在 Photoshop CS6 中，最小值滤镜的效果与最大值滤镜的效果相反，其主要作用是加深亮区的边缘像素，将图像中的暗区放大，消减亮区。

考考您

请您根据上述操作方法，使用【最小值】滤镜设置图像滤镜效果，测试一下您的学习效果。

8.10　范例应用与上机操作

通过本章的学习，读者可以掌握 Photoshop CS6 中滤镜方面的知识。下面介绍几个范例应用与上机操作，以达到巩固学习的目的。

8.10.1　制作水彩画效果

在 Photoshop CS6 中，用户运用本章所学的知识，可以将照片制作成水彩画效果。下面将详细介绍制作水彩画效果的操作方法。

素材文件❀ 配套素材\第 8 章\素材文件\花海.jpg

效果文件❀ 配套素材\第 8 章\效果文件\8.10.1　制作水彩画效果.jpg

step 1　① 打开素材文件后，单击【滤镜】主菜单，② 在弹出的下拉菜单中，选择【艺术效果】菜单项，③ 在弹出的子菜单中，选择【干画笔】菜单项，如图 8-158 所示。

step 2　① 弹出【干画笔】对话框，在【画笔大小】文本框中，输入图像画笔大小的数值，② 在【画笔细节】文本框中，输入图像画笔细节的数值，③ 在【纹理】文本框中，输入图像纹理的数值，④ 单击【确定】按钮，如图 8-159 所示。

图 8-158

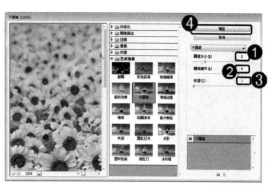

图 8-159

图 8-160

step 3 通过以上方法即可设置图像干画笔的艺术效果，如图 8-160 所示。

step 5 ① 弹出【水彩】对话框，在【画笔细节】文本框中，输入图像画笔细节的数值，② 在【阴影强度】文本框中，输入图像阴影强度的数值，③ 在【纹理】文本框中，输入图像纹理的数值，④ 单击【确定】按钮，如图 8-162 所示。

step 4 ① 单击【滤镜】主菜单，② 在弹出的下拉菜单中，选择【艺术效果】菜单项，③ 在弹出的子菜单中，选择【水彩】菜单项，如图 8-161 所示。

图 8-161

step 6 这样即可设置图像水彩画的艺术效果，如图 8-163 所示。

第8章 Photoshop CS6 中的滤镜

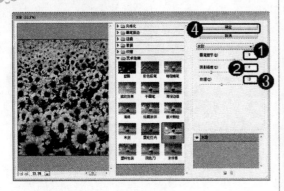

图 8-162

图 8-163

step 7 ① 单击【滤镜】主菜单，② 在弹出的下拉菜单中，选择【艺术效果】菜单项，③ 在弹出的子菜单中，选择【木刻】菜单项，如图 8-164 所示。

step 8 ① 弹出【木刻】对话框，在【色阶数】文本框中，输入图像色阶的数值，② 在【边缘简化度】文本框中，输入图像边缘简化的数值，③ 在【边缘逼真度】文本框中，输入图像边缘逼真的数值，④ 单击【确定】按钮，如图 8-165 所示。

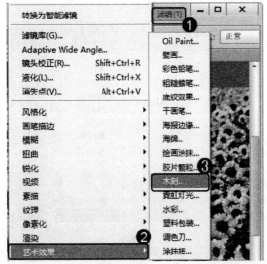

图 8-164

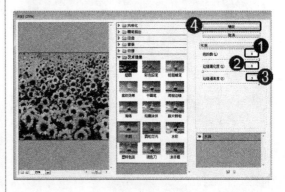

图 8-165

step 9 这样即可设置图像木刻的艺术效果，如图 8-166 所示。

step 10 ① 单击【滤镜】主菜单，② 在弹出的下拉菜单中，选择【纹理】菜单项，③ 在弹出的子菜单中，选择【纹理化】菜单项，如图 8-167 所示。

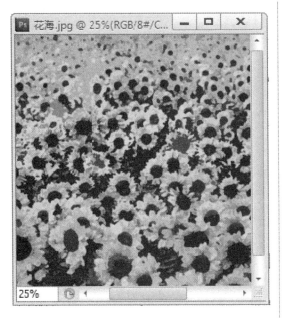

图 8-166

图 8-167

step 11 ① 弹出【纹理化】对话框，在【纹理】下拉列表框中，选择【画布】选项，② 在【缩放】文本框中，输入图像缩放的数值，③ 在【凸现】文本框中，输入图像凸现的数值，④ 单击【确定】按钮，如图 8-168所示。

step 12 通过以上方法即可完成制作水彩画效果的操作，如图 8-169 所示。

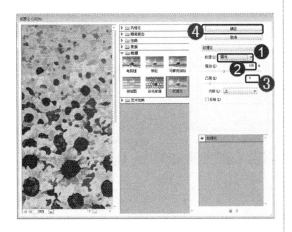

图 8-168

图 8-169

8.10.2 制作中国水墨画效果

在 Photoshop CS6 中，用户运用本章所学的知识，可以将照片制作中国水墨画效果。下面将详细介绍制作中国水墨画效果的操作方法。

素材文件 ❀ 配套素材\第8章\素材文件\园林风景.jpg
效果文件 ❀ 配套素材\第8章\效果文件\8.10.2　制作中国水墨画效果.jpg

step 1 ① 打开素材文件后，单击【图像】主菜单，② 在弹出的下拉菜单中，选择【调整】菜单项，③ 在弹出的子菜单中，选择【曲线】菜单项，如图 8-170 所示。

图 8-170

step 2 ① 弹出【曲线】对话框，在【曲线调整】区域中，在【高光】范围内，向上拉伸曲线，设置第一个调整点，这样可以增加图像高光亮度，② 在【阴影】范围内，向下拉伸曲线，设置第二个调整点，这样可以增强图像阴影亮度，③ 单击【确定】按钮，如图 8-171 所示。

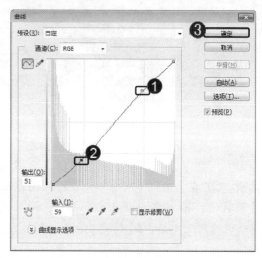

图 8-171

step 3 这样即可调整素材图像的亮度与对比度，如图 8-172 所示。

图 8-172

step 4 ① 单击【图像】主菜单，② 在弹出的下拉菜单中，选择【调整】菜单项，③ 在弹出的子菜单中，选择【去色】菜单项，如图 8-173 所示。

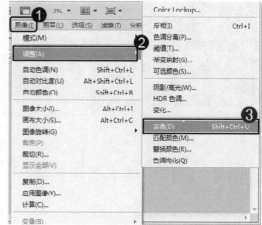

图 8-173

step 5 这样即可调整素材图像的灰度，如图 8-174 所示。

step 6 ① 单击【滤镜】主菜单，② 在弹出的下拉菜单中，选择【艺术效果】菜单项，③ 在弹出的子菜单中，选择【水彩】菜单项，如图 8-175 所示。

图 8-174

图 8-175

step 7 ① 弹出【水彩】对话框，在【画笔细节】文本框中，输入图像画笔细节的数值，② 在【阴影强度】文本框中，输入图像阴影强度的数值，③ 在【纹理】文本框中，输入图像纹理的数值，④ 单击【确定】按钮，如图 8-176 所示。

step 8 这样即可对图像制作水彩效果，如图 8-177 所示。

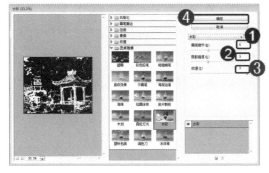

图 8-176

图 8-177

step 9 ① 单击【滤镜】主菜单，② 在弹出的下拉菜单中，选择【艺术效果】菜单项，③ 在弹出的子菜单中，选择【干画笔】菜单项，如图 8-178 所示。

step 10 ① 弹出【干画笔】对话框，在【画笔大小】文本框中，输入图像画笔大小的数值，② 在【画笔细节】文本框中，输入图像画笔细节的数值，③ 在【纹理】文本框中，输入图像纹理的数值，④ 单击【确定】按钮，如图 8-179 所示。

图 8-178

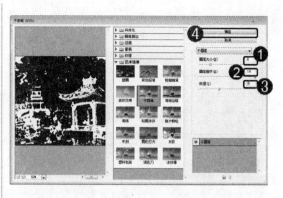

图 8-179

 step 11 ① 设置好干画笔效果后，按 Ctrl+U 快捷键，弹出【色相/饱和度】对话框，在【色相】文本框中，输入数值，调整图像色相颜色，② 在【饱和度】文本框中，输入图像饱和度的数值，③ 选中【着色】复选框，④ 单击【确定】按钮，如图 8-180 所示。

step 12 通过以上方法即可完成制作中国水墨画效果的操作，如图 8-181 所示。

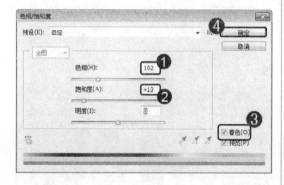

图 8-180

图 8-181

8.11 课后练习

8.11.1 思考与练习

一、填空题

1. 在 Photoshop 中，如果按照滤镜的种类和主要用途来划分，可将滤镜分为_____、扭曲滤镜、抽出滤镜、渲染滤镜、CSS 滤镜、风格化滤镜、液化滤镜和_____八种。

2. 在 Photoshop CS6 中，使用_____滤镜，用户可以对图像进行风格化效果处理，制作出风格迥异的艺术效果；使用_____滤镜，用户可以对图像进行描边等特殊化处理。

3. 在 Photoshop CS6 中，极坐标滤镜包括_____与_____两种特殊效果。使用极坐标滤镜，用户可以创建曲面扭曲的效果。

二、判断题

1. 在滤镜库对话框中，用户可以复制、删除和隐藏滤镜效果图层，也可以根据需要调整滤镜应用到图像中的顺序与参数，从而将滤镜的效果叠加起来，得到更加丰富的图像。

2. 镜头光晕滤镜可模拟亮光照射到相机镜头后产生的折射效果，从而创建玻璃或金属等反射的光芒。

3. 彩块化滤镜可通过渲染图像，形成类似由小的碎片拼贴图像的效果，并加深拼贴的缝隙。

三、思考题

1. 如何使用分层云彩滤镜？
2. 如何使用高反差保留滤镜？

8.11.2　上机操作

1. 启动 Photoshop CS6 软件，打开"配套素材\第 8 章\素材文件\蜡笔画.jpg"文件，进行制作图像蜡笔效果的练习。效果文件可参考"配套素材\第 8 章\效果文件\蜡笔画.jpg"。

2. 启动 Photoshop CS6 软件，打开"配套素材\第 8 章\素材文件\晶格化的小狗.jpg"文件，进行制作照片晶格化效果的练习。效果文件可参考"配套素材\第 8 章\效果文件\晶格化的小狗.jpg"。

范例导航
系列丛书

第 9 章

矢量工具与路径

本章主要介绍路径与锚点的基础、使用钢笔工具绘制路径和编辑路径方面的知识，同时还讲解路径的填充与描边、路径与选区的转换和使用形状工具绘制路径方面的操作技巧。通过本章的学习，读者可以掌握矢量工具与路径方面的知识，为深入学习 Photoshop CS6 知识奠定良好基础。

范 例 导 航

1. 路径与锚点基础
2. 使用钢笔工具绘制路径
3. 编辑路径
4. 路径的填充与描边
5. 路径与选区的转换
6. 使用形状工具绘制路径

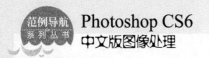

9.1　路径与锚点基础

路径是指使用贝赛尔曲线所构成的一段闭合或者开放的曲线段，线段的起始点和结束点由锚点标记，通过编辑路径的锚点，用户可以改变路径的形状，用户也可以通过拖动方向线末尾类似锚点的方向点来控制曲线。本节将重点介绍路径与锚点方面的基础知识。

9.1.1　了解绘图模式

在 Photoshop CS6 中，使用形状工具或钢笔工具时，用户可以利用三种不同的绘图模式进行绘制。在选定形状工具或钢笔工具后，可通过选择选项栏中的选项来选取一种模式，如图 9-1 所示。

图 9-1

- 形状图层(Shape)：在单独的图层中创建形状。用户可以使用形状工具或钢笔工具来创建形状图层。同时，因为可以方便地移动、对齐、分布形状图层以及调整其大小，所以形状图层非常适于为 Web 页创建图形。用户可以选择在一个图层上绘制多个形状。形状图层包含定义形状颜色的填充图层以及定义形状轮廓的链接矢量蒙版。形状轮廓是路径，它出现在【路径】面板中。
- 路径(Path)：在当前图层中绘制一个工作路径，可随后使用它来创建选区、创建矢量蒙版，或者使用颜色填充和描边以创建栅格图形(与使用绘画工具非常类似)。除非存储工作路径，否则它是一个临时路径。路径出现在【路径】面板中。
- 填充像素(Pixels)：直接在图层上绘制，与绘画工具的功能非常类似。在此模式中工作时，创建的是栅格图像，而不是矢量图形。可以像处理任何栅格图像一样来处理绘制的形状。在此模式中只能使用形状工具。

9.1.2　什么是路径

在 Photoshop CS6 中，路径是可以转换成选区并可以对其填充和描边的轮廓。路径包括开放式路径和闭合式路径两种。

开放式路径是有起点和终点的路径，闭合式路径则是没有起点和终点的路径，如图 9-2 所示。路径可以由多个相互独立的路径组成，这些路径称为子路径。同时，通过编辑路径的锚点，用户可以很方便地改变路径的形状。

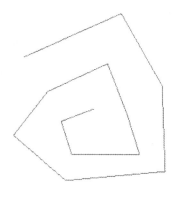

图 9-2

9.1.3　什么是锚点

　　锚点是组成路径的单位，包括平滑点和角点两种，其中平滑点可以通过连接形成平滑的曲线；角点可以通过连接形成直线或转角的曲线，如图 9-3 所示。曲线路径上的锚点有方向线，该线的端点是方向点，可用于调整曲线的形状。

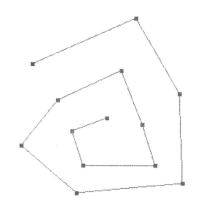

图 9-3

 ## 9.2　使用钢笔工具绘制路径

　　在 Photoshop CS6 中，用户可以使用钢笔工具来创建复杂的形状。本节将重点介绍使用钢笔工具绘制路径方面的知识。

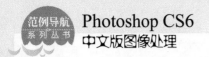
9.2.1 绘制直线路径

在 Photoshop CS6 中，使用钢笔工具，用户可以绘制直线路径。下面介绍绘制直线路径的方法。

step 1 ① 新建图像文件后，单击工具箱中的【钢笔工具】按钮 ，② 在钢笔工具选项栏中，在【路径】下拉列表框中，选择 Path 选项，如图 9-4 所示。

step 2 将鼠标指针移动至图像文件中，当鼠标指针变为 形状时，拖动鼠标绘制一个自定义路径，然后释放鼠标，这样即可完成使用钢笔工具绘制直线路径的操作，如图 9-5 所示。

图 9-4

绘制直线路径

图 9-5

知识精讲　　在 Photoshop CS6 中，路径是一种矢量对象，它不包含像素，所以用户应注意，没有进行填充或者描边处理的路径是不能被打印出来的。

9.2.2 绘制曲线路径

在 Photoshop CS6 中，用户可以使用钢笔工具绘制曲线路径。下面介绍绘制曲线路径的方法。

step 1 ① 新建图像文件后，单击工具箱中的【钢笔工具】按钮 ，② 在钢笔工具选项栏中，在【路径】下拉列表框中，选择 Path 选项，③ 将鼠标指针移动至图像文件中，当鼠标指针变为 形状时，在目标位置创建第一个锚点，如图 9-6 所示。

step 2 在文档窗口中，在下一处位置单击，创建第二个锚点，两个锚点会连接成一条由角点定义的直线路径，拖动第二个锚点的角点向上移动，即可将直线路径转换成曲线路径，这样即可完成绘制曲线路径的操作，如图 9-7 所示。

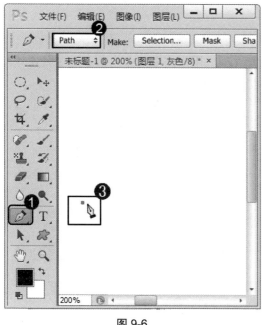

图 9-6

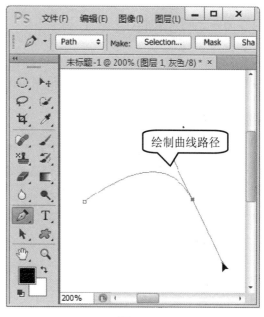

图 9-7

9.2.3　使用自由钢笔工具

在 Photoshop CS6 中，使用自由钢笔工具，用户可以绘制任意图形。下面介绍使用【自由钢笔工具绘制路径的方法。

step 1 ① 新建图像文件后，单击工具箱中的【自由钢笔工具】按钮，② 在钢笔工具选项栏中，在【路径】下拉列表框中，选择 Path 选项，如图 9-8 所示。

step 2 将鼠标指针移动至图像文件中，当鼠标指针变为 形状时，拖动鼠标，绘制一个自定义路径，然后释放鼠标，这样即可完成使用自由钢笔工具绘制路径的操作，如图 9-9 所示。

图 9-8

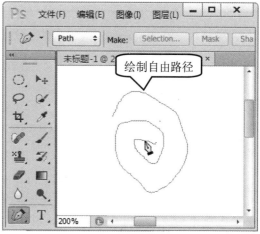

图 9-9

9.2.4 使用磁性钢笔工具

在 Photoshop CS6 中，如果准备使用磁性钢笔工具，用户需要选中自由钢笔工具选项栏中的【磁性的】复选框。下面介绍使用磁性钢笔工具绘制路径的方法。

step 1 ① 打开图像文件后，单击工具箱中的【自由钢笔工具】按钮，② 在钢笔工具选项栏中，选中【磁性的】复选框，③ 当鼠标指针变为形状时，在文档窗口中对图像进行套索操作，如图 9-10 所示。

step 2 释放鼠标，这样即可完成使用磁性钢笔工具绘制路径的操作，如图 9-11 所示。

图 9-11

图 9-10

9.3 编辑路径

在 Photoshop CS6 中，创建路径后，用户可以对创建的路径进行编辑，这样即可自定义路径的形状。本节将重点介绍编辑路径方面的知识。

9.3.1 删除路径

在 Photoshop CS6 中，用户可以将不需要的路径进行删除操作。下面将重点介绍删除路径的方法。

step 1 ① 在【路径】面板中，右击准备删除的路径，② 在弹出的快捷菜单中，选择【删除路径】菜单项，如图 9-12 所示。

step 2 通过以上方法即可完成删除路径的操作，如图 9-13 所示。

图 9-12

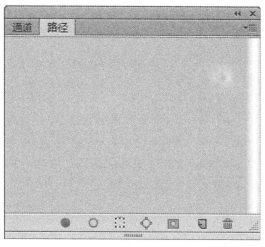

图 9-13

9.3.2 添加锚点与删除锚点

锚点是组成路径的单位,用户可以在创建的路径中,添加锚点并对其进行调整,这样可以使绘制的路径更符合绘制要求。下面介绍添加锚点与删除锚点的方法。

1. 添加锚点

在 Photoshop CS6 中,创建路径后,添加锚点可以调整路径的外观。下面介绍添加锚点的操作方法。

step 1 ① 新建路径后,单击工具箱中的【添加锚点工具】按钮 ,②当鼠标指针变为 形状时,在指定的位置单击鼠标,如图 9-14 所示。

step 2 通过以上方法即可完成添加锚点的操作,如图 9-15 所示。

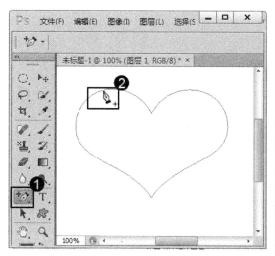

图 9-14

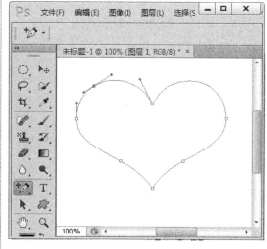

图 9-15

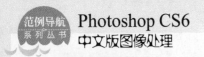
2. 删除锚点

在 Photoshop CS6 中，创建路径后，用户可以将多余的锚点删除。下面介绍删除锚点的操作方法。

step 1 ① 新建路径后，单击工具箱中的【删除锚点工具】按钮 ，② 在文档窗口中，当鼠标指针变为 形状时，在需要删除锚点的位置单击鼠标，如图 9-16 所示。

step 2 通过以上方法即可完成删除锚点的操作，如图 9-17 所示。

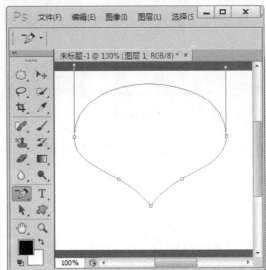

图 9-17

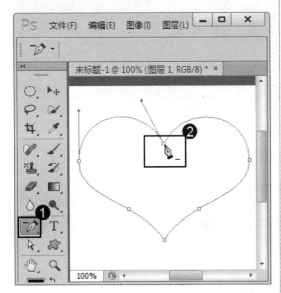

图 9-16

在 Photoshop CS6 中，创建路径后，右击准备添加锚点的路径位置，在弹出的快捷菜单中，选择【添加锚点】菜单项，便可以在指定的位置进行添加锚点的操作。

9.3.3 选择与移动路径和锚点

在 Photoshop CS6 中，用户可以选择与移动路径和锚点，以便满足绘制图形的需要。下面介绍选择与移动路径和锚点的操作方法。

1. 选择与移动路径

在 Photoshop CS6 中，使用路径选择工具，用户可以对创建的路径进行选择与移动。下面介绍选择与移动路径的操作方法。

① 在 Photoshop CS6 的工具箱中，单击【路径选择工具】按钮 ，② 在文档窗口中，拖动创建的路径，这样即可完成选择与移动路径的操作，如图 9-18 所示。

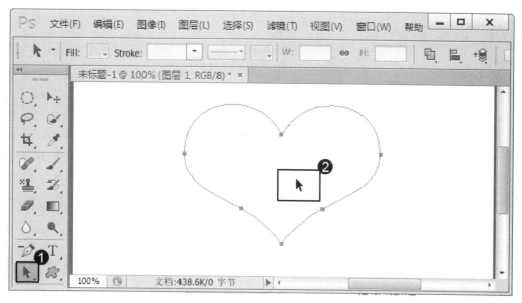

图 9-18

2. 选择与移动锚点

在 Photoshop CS6 中，使用直接选择工具，用户可以对创建的路径锚点进行选择与移动。下面介绍选择与移动锚点的操作方法。

在 Photoshop CS6 中，① 工具箱中，单击【直接选择工具】按钮 ，② 在文档窗口中，拖动创建的路径锚点，这样即可完成选择与移动路径锚点的操作，如图 9-19 所示。

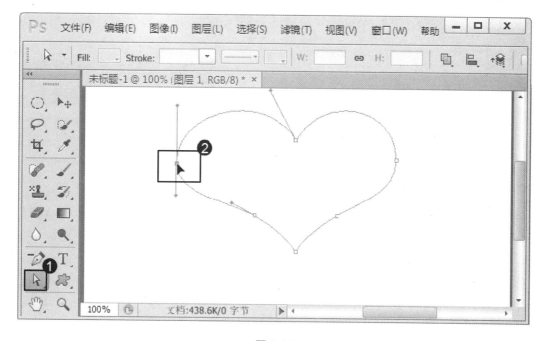

图 9-19

第 9 章 矢量工具与路径

9.3.4 调整路径形状

在 Photoshop CS6 中，使用转换点工具，用户可以根据需要，调整路径的形状。下面介绍使用转换点工具调整路径形状的操作方法。

step 1 ❶ 新建路径后，单击工具箱中的【转换点工具】按钮，❷ 在文档窗口中，当鼠标指针变为 形状时，在路径中单击鼠标，使路径中出现锚点，如图 9-20 所示。

step 2 选择准备改变形状的角点，拖动该角点，图像的路径发生形状改变，这样即可完成使用转换点工具调整路径形状的操作，如图 9-21 所示。

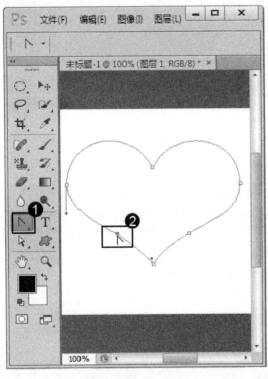

图 9-20

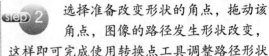

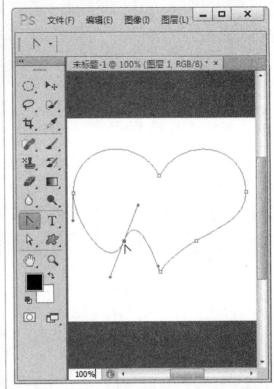

图 9-21

9.3.5 变换路径

在 Photoshop CS6 中创建路径后，用户可以对创建的路径进行自由变换，以便对创建的路径进行编辑。下面介绍变换路径的操作方法。

step 1 ❶ 在文档窗口中创建路径后，单击【编辑】主菜单，❷ 在弹出的下拉菜单中，选择【自由变换路径】菜单项，如图 9-22 所示。

step 2 在文档窗口中，进入自由变化路径的状态，拖动鼠标向下移动，使创建的路径向下旋转，然后按 Enter 键，如图 9-23 所示。

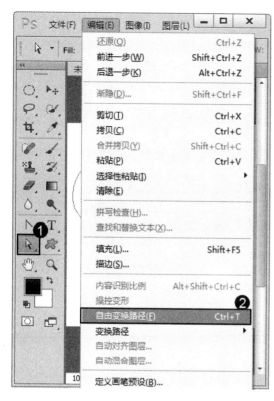

图 9-22

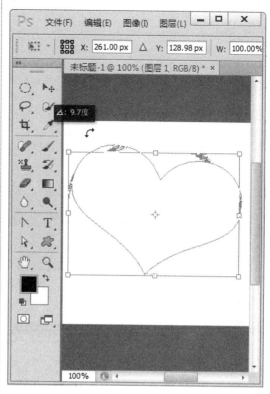

图 9-23

step 3 在文档窗口中，创建的路径已经完成自由变换，这样即可完成变换路径的操作，如图 9-24 所示。

图 9-24

智慧锦囊

在 Photoshop CS6 中，创建路径后，按 Ctrl+T 快捷键，也可以进入自由变换路径的状态。

考考您

请您根据上述方法变换一个工作路径，测试一下您的学习效果。

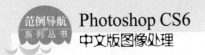

9.3.6 复制路径

在 Photoshop CS6 中，如果某一路径需要重复使用，用户可以将其复制。下面介绍复制路径的操作方法。

step 1 ① 在【路径】面板中，右击准备复制的路径，② 在弹出的快捷菜单中，选择【复制路径】菜单项，如图 9-25 所示。

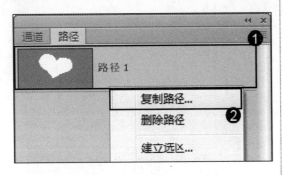

图 9-25

step 3 通过以上操作方法即可完成复制路径的操作，如图 9-27 所示。

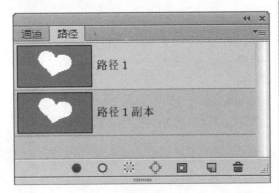

图 9-27

step 2 ① 弹出【复制路径】对话框，在【名称】文本框中，输入路径的名称，② 单击【确定】按钮，如图 9-26 所示。

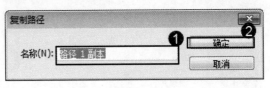

图 9-26

智慧锦囊

在 Photoshop CS6 中，在【路径】面板中，单击准备复制的路径，将其拖动至【创建新路径】按钮 上，然后释放鼠标，同样可以进行复制路径的操作。

考考您

请您根据上述方法复制一个工作路径，测试一下您的学习效果。

9.4 路径的填充与描边

在 Photoshop CS6 中创建路径后，用户可以对创建的路径进行填充颜色和描边的操作，以美化路径或使编辑中的路径与其他路径区分开来。本节将重点介绍路径的填充与描边方面的知识与操作技巧。

9.4.1 填充路径

在 Photoshop CS6 中，用户可以对创建的路径进行颜色和图案的填充。下面介绍填充路径的操作方法。

 ① 在【路径】面板中，右击准备填充图案的路径层，如"路径 1"，② 在弹出的快捷菜单中，选择【填充路径】菜单项，如图 9-28 所示。

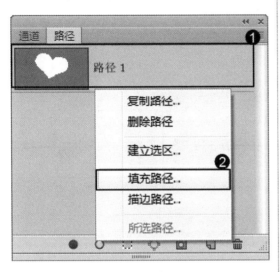

图 9-28

 ① 弹出【填充路径】对话框，在【内容】选项组中，在【使用】下拉列表框中，选择【图案】选项，② 在【自定图案】下拉列表框中，选择准备应用的图案，③ 在【混合】选项组中，在【模式】下拉列表框中，选择填充的混合模式，如【正常】，④ 单击【确定】按钮，如图 9-29 所示。

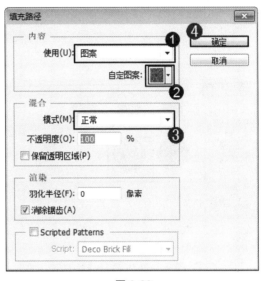

图 9-29

 通过以上操作方法即可完成填充路径的操作，如图 9-30 所示。

图 9-30

 智慧锦囊

在【填充路径】对话框中，用户不仅可以对创建的路径填充图案，还可以填充前景色、背景色、自定义颜色、历史记录、内容识别、50%灰、黑色和白色等。

考考您

请您根据上述方法填充一个工作路径，测试一下您的学习效果。

第9章 矢量工具与路径

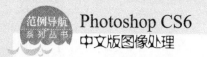
9.4.2　描边路径

在 Photoshop CS6 中，用户可以使用铅笔工具、画笔工具、仿制工具、修复画笔工具等对路径进行描边操作。下面介绍描边路径的操作方法。

step 1　① 打开图像文件后，在工具箱中单击【画笔工具】按钮，② 在画笔工具选项栏中，单击【画笔预设】下拉按钮，③ 在弹出的下拉面板中，设置准备应用的画笔样式，如图 9-31 所示。

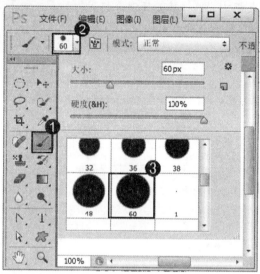

图 9-31

step 3　① 弹出【描边路径】对话框，在【工具】下拉列表框中，设置描边工具，如【画笔】，② 单击【确定】按钮，如图 9-33 所示。

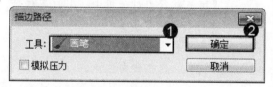

图 9-33

考考您

请您根据上述方法描边一个工作路径，测试一下您的学习效果。

step 2　① 在文档窗口中，创建一个路径，② 在【路径】面板中，右击准备描边的路径层，如"路径 1"，③ 在弹出的快捷菜单中，选择【描边路径】菜单项，如图 9-32 所示。

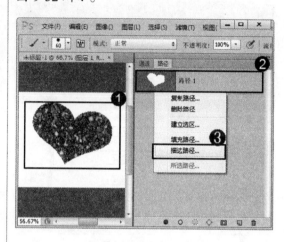

图 9-32

step 4　通过以上操作方法即可完成描边路径的操作，如图 9-34 所示。

图 9-34

9.5 路径与选区的转换

在 Photoshop CS6 中创建路径后，用户可以对创建的路径进行从路径建立选区和从选区建立路径的操作，方便用户对路径与选区进行转换，以便绘制出符合工作要求的图像。本节将重点介绍路径与选区的转换的操作技巧。

9.5.1 从路径建立选区

在 Photoshop CS6 中，用户可以将创建的图形路径建立成选区，以便用户对选区内的图形进行编辑。下面介绍从路径建立选区的操作方法。

 绘制一个自定义形状的路径后，按 Ctrl+Enter 快捷键，如图 9-35 所示。

 这样即可完成从路径建立选区的操作，如图 9-36 所示。

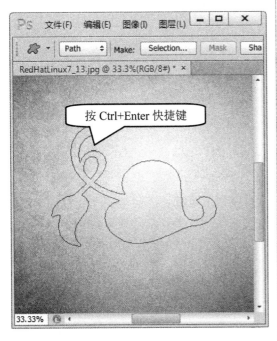

图 9-35

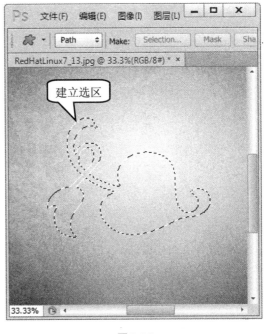

图 9-36

9.5.2 从选区建立路径

在 Photoshop CS6 中，用户不仅可以将路径转换成选区，同时还可以将选区转换成路径，方便用户对图像进行路径编辑操作。下面介绍从选区建立路径的操作方法。

step 1 ① 在文档窗口中，创建一个图形选区，② 在工具箱中，单击【套索工具】按钮 ⌐ ，③ 在创建的选区内右击，在弹出的快捷菜单中，选择【建立工作路径】菜单项，如图9-37所示。

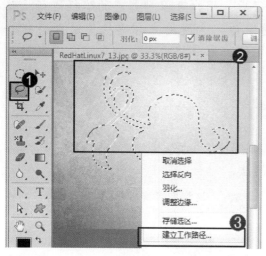

图 9-37

step 3 通过以上操作方法即可完成从选区建立路径的操作，如图9-39所示。

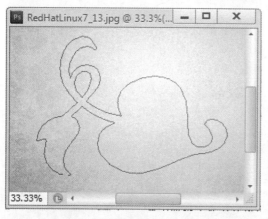

图 9-39

step 2 弹出【建立工作路径】对话框，在【容差】文本框中，输入路径容差值，单击【确定】按钮，如图9-38所示。

图 9-38

考考您

请您根据上述方法从选区建立一个路径，测试一下您的学习效果。

智慧锦囊

从选区建立路径的过程中，设置工作路径容差值时，其设置范围为 0.5～10，输入的值超过此范围时，程序将提示超出范围的信息。

9.6 使用形状工具绘制路径

使用工具箱中的形状工具，用户可以创建各种形状的路径，本节将重点介绍使用形状工具绘制路径的操作技巧。

9.6.1　矩形工具

在 Photoshop CS6 中，使用工具箱中的矩形工具，用户可以绘制出矩形路径或正方形路径。下面介绍使用矩形工具绘制路径的方法。

step 1 ❶ 新建图像文件后，单击工具箱中的【矩形工具】按钮▣，❷ 在工具选项栏中，选择 Path 选项，❸ 在文档窗口中绘制一个矩形路径，如图 9-40 所示。

step 2 通过以上方法即可完成使用矩形工具绘制路径的操作，如图 9-41 所示。

图 9-41

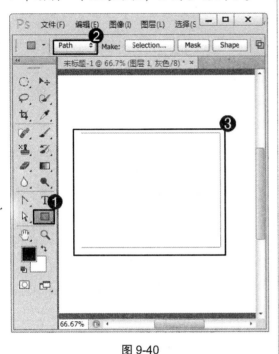

图 9-40

　在 Photoshop CS6 中，用户如果准备创建正方形路径，那么可以在按住 Shift 键的同时，拖动矩形工具，这样即可在文档窗口中绘制出一个正方形路径。

9.6.2　圆角矩形工具

在 Photoshop CS6 中，使用工具箱中的圆角矩形工具，用户可以绘制出带有不同角度的圆弧矩形路径或圆弧正方形路径。下面介绍使用圆角矩形工具绘制路径的方法。

step 1 ❶ 单击工具箱中的【圆角矩形工具】按钮▢，❷ 在圆角矩形工具选项栏中，在【半径】文本框中，输入圆角半径的数值，❸ 在文档窗口中，绘制一个圆角矩形路径，如图 9-42 所示。

step 2 通过以上方法即可完成使用圆角矩形工具绘制路径的操作，如图 9-43 所示。

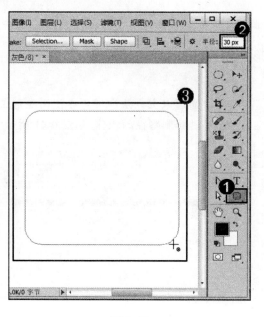

图 9-42

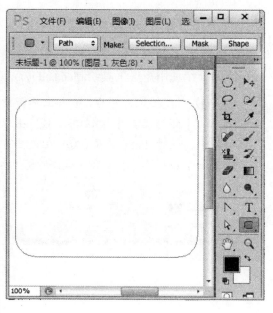

图 9-43

9.6.3 椭圆工具

在 Photoshop CS6 中，使用工具箱中的椭圆工具，用户可以绘制出椭圆路径。下面介绍使用椭圆工具绘制路径的方法。

step 1 ① 新建图像文件后，单击工具箱中的【椭圆工具】按钮 ⬭，② 在椭圆工具选项栏中，选择 Path 选项，③ 在文档窗口中绘制一个椭圆路径，如图 9-44 所示。

step 2 通过以上方法即可完成使用椭圆工具绘制路径的操作，如图 9-45 所示。

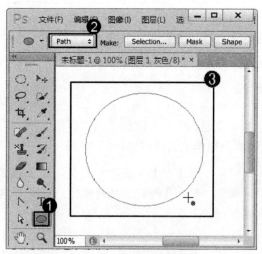

图 9-44

图 9-45

9.6.4 多边形工具

在 Photoshop CS6 中，使用多边形工具，用户可以在工具选项栏中设置绘制边的数量，然后绘制出多边形路径。下面介绍使用多边形工具绘制路径的方法。

step 1 ① 新建图像文件后，单击工具箱中的【多边形工具】按钮 ⬡，② 在多边形工具选项栏中，在【边】文本框中，输入多边形边的数值，③ 在文档窗口中，绘制一个多边形路径，如图 9-46 所示。

step 2 通过以上方法即可完成使用多边形工具绘制路径的操作，如图 9-47 所示。

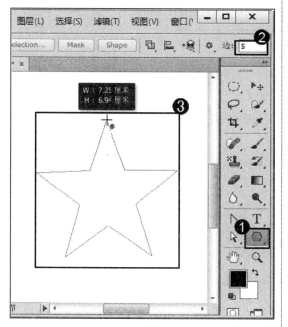

图 9-46

图 9-47

知识精讲

在多边形工具选项栏中，多边形的最大边数值可以设置到 100，最少边数值则可以设置到 1，输入超出范围的边数值，系统将自动弹出提示对话框警示用户。

9.6.5 直线工具

在 Photoshop CS6 中，使用直线工具，用户可以创建带箭头或不带箭头的直线。下面介绍使用直线工具绘制路径的方法。

新建图像文件后，① 单击【工具箱】中的【直线工具】按钮 ╱，② 在直线工具选项栏中，在【粗细】文本框中，输入绘制直线的粗细数值，③ 单击【几何选项】按钮 ⚙，④ 在弹出的下拉面板中，选中【终点】复选框，⑤ 在文档窗口中，绘制一个带箭头的直线路径，如图 9-48 所示。

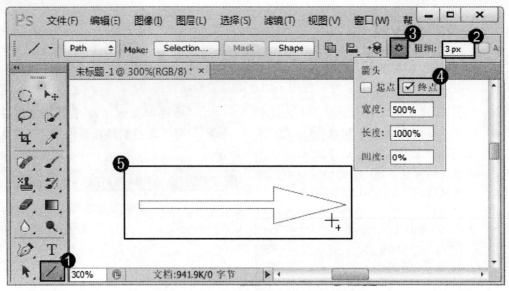

图 9-48

9.6.6 自定形状工具

在 Photoshop CS6 中使用自定形状工具，用户可以绘制各种自定义形状的图形。下面介绍使用自定形状工具绘制路径的操作方法。

step 1 ① 新建图像文件后，单击工具箱中的【自定形状工具】按钮，② 在自定形状工具选项栏中，单击【形状】下拉按钮，③ 在弹出的下拉面板中，选择准备使用的形状样式，如图 9-49 所示。

step 2 在文档窗口中，创建一个图形路径，这样即可完成使用自定形状工具绘制路径的操作，如图 9-50 所示。

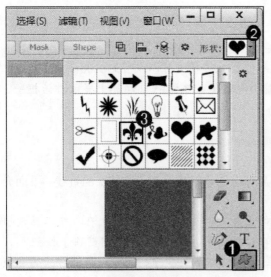

图 9-49

图 9-50

9.7 范例应用与上机操作

通过本章的学习，读者可以掌握矢量工具与路径方面的知识。下面介绍几个范例应用与上机操作，以达到巩固学习的目的。

9.7.1 使用路径绘制卡通兔子

在 Photoshop CS6 中，用户运用本章及前几章所学的知识，可以使用路径绘制一个卡通兔子。下面将详细介绍使用路径绘制卡通兔子的操作方法。

素材文件 ✱ 无
效果文件 ✱ 配套素材\第 9 章\效果文件\9.7.1　使用路径绘制卡通兔子.jpg

step 1 ① 新建图像文件后，单击工具箱中的【钢笔工具】按钮 🖊，② 在钢笔工具选项栏中，在【路径】下拉列表框中，选择 Path 选项，③ 将鼠标指针移动至图像文件中，当鼠标指针变为 🖊 形状时，拖动鼠标，绘制一个自定义路径，然后释放鼠标，这样即可绘制出兔子图形的基本轮廓，如图 9-51 所示。

step 2 ① 新建路径后，单击工具箱中的【转换点工具】按钮 ⊾，② 在文档窗口中，当鼠标指针变为 ⊾ 形状时，在路径中单击鼠标，出现锚点后，选择准备改变形状的角点，拖动该角点，图像的路径发生形状改变，这样即可编辑兔子图形的轮廓，如图 9-52 所示。

图 9-51

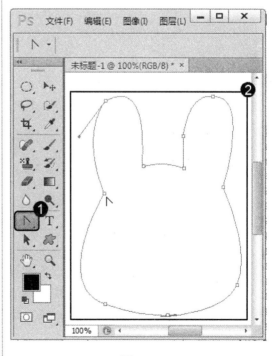

图 9-52

第 9 章　矢量工具与路径

step 3　① 编辑路径后，在【路径】面板中，右击准备复制的路径，② 在弹出的快捷菜单中，选择【复制路径】菜单项，如图 9-53 所示。

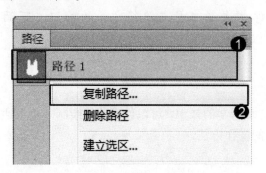

图 9-53

step 5　通过以上操作方法即可完成复制路径的操作，如图 9-55 所示。

图 9-55

step 7　① 在工具箱中，单击【直接选择工具】按钮，② 在文档窗口中，调整兔子图形外轮廓的各个锚点的距离，如图 9-57 所示。

step 4　① 弹出【复制路径】对话框，在【名称】文本框中，输入路径的名称，② 单击【确定】按钮，如图 9-54 所示。

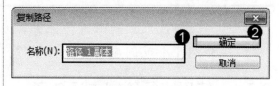

图 9-54

step 6　复制路径后，按 Ctrl+T 快捷键，拖动出现的变换框调整复制的路径大小，作为兔子图形的外轮廓，如图 9-56 所示。

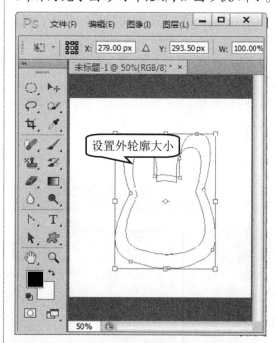

图 9-56

step 8　完成编辑路径形状的操作后，按 Ctrl+Enter 快捷键，将路径转换成选区，如图 9-58 所示。

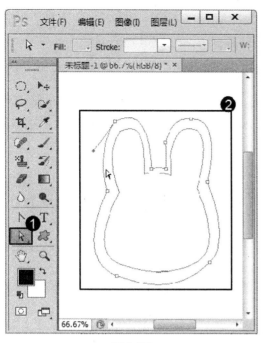

图 9-57

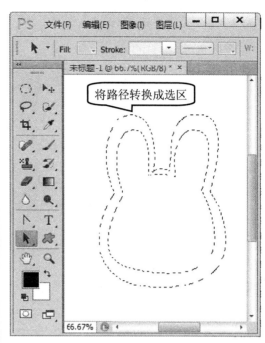

图 9-58

step09 将路径转换成选区后，使用【填充】命令填充选区图形的颜色，如图 9-59 所示。

step10 填充选区颜色后，按 Ctrl+D 快捷键，取消选区，如图 9-60 所示。

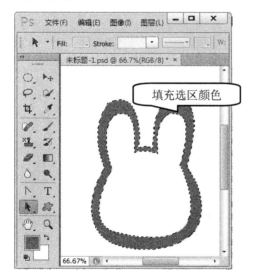

图 9-59

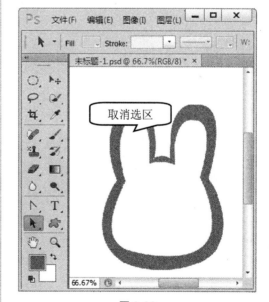

图 9-60

step11 ① 取消选区后，单击工具箱中的【钢笔工具】按钮 ，② 当鼠标指针变为 形状时，拖动鼠标左键，绘制两个自定义路径，作为兔子的内耳，如图 9-61 所示。

step12 绘制兔子内耳的路径后，按 Ctrl+Enter 快捷键，将路径转换成选区，如图 9-62 所示。

第 9 章 矢量工具与路径

247

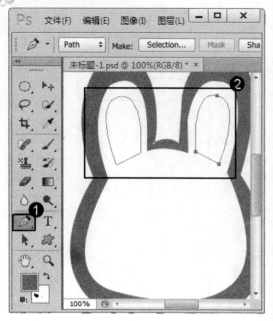

图 9-61

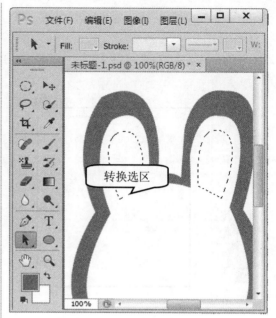

图 9-62

 step13 将路径转换成选区后，使用【填充】命令填充选区图形的颜色，如图 9-63 所示。

step14 填充选区颜色后，按 Ctrl+D 快捷键取消选区，如图 9-64 所示。

图 9-63

图 9-64

step15 ① 单击工具箱中的【椭圆工具】按钮 ，② 在文档窗口中，绘制两个椭圆路径作为兔子的眼睛，如图 9-65 所示。

step16 绘制兔子眼睛的路径后，按 Ctrl+Enter 快捷键，将路径转换成选区，如图 9-66 所示。

图 9-65

step17 将路径转换成选区后，使用【填充】命令填充选区图形的颜色，如图 9-67 所示。

step17 将路径转换成选区后，使用【填充】命令填充选区图形的颜色，如图 9-67 所示。

图 9-67

step19 ① 单击工具箱中的【直线工具】按钮 ，② 在文档窗口中，绘制一组折线作为兔子的牙齿，如图 9-69 所示。

图 9-66

step18 填充选区颜色后，按 Ctrl+D 快捷键取消选区，如图 9-68 所示。

图 9-68

step20 ① 绘制兔子牙齿的路径后，在工具箱中，单击【画笔工具】按钮 ，② 在画笔工具选项栏中，单击【画笔预设】下拉按钮 ，③ 在弹出的下拉面板中，设置准备应用的画笔样式，如图 9-70 所示。

第9章　矢量工具与路径

图 9-69

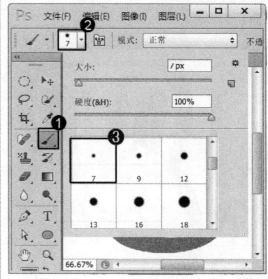

图 9-70

 step 21 ① 在【路径】面板中，右击兔子牙齿的路径层，② 在弹出的快捷菜单中，选择【描边路径】菜单项，如图 9-71 所示。

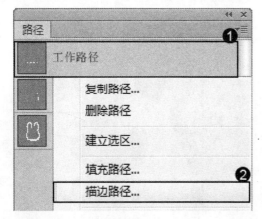

图 9-71

step 22 ① 弹出【描边路径】对话框，在【工具】下拉列表框中，设置描边工具，如【画笔】，② 单击【确定】按钮，如图 9-72 所示。

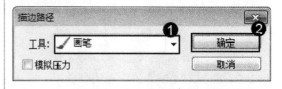

图 9-72

step 23 这样即可对兔子的牙齿路径进行描边处理，如图 9-73 所示。

step 24 ① 在【路径】面板中，右击兔子牙齿的路径层，② 在弹出的快捷菜单中，选择【删除路径】菜单项，如图 9-74 所示。

描边路径

图 9-73

图 9-74

STEP 25 这样即可将兔子的牙齿路径删除，只保留描边的部分，如图 9-75 所示。

STEP 26 ① 单击工具箱中的【钢笔工具】按钮 ，② 在钢笔工具选项栏中，在【路径】下拉列表框中，选择 Path 选项，③ 将鼠标指针移动至图像文件中，当鼠标指针变为 形状时，在目标位置创建一个曲线路径作为兔子的尾巴，如图 9-76 所示。

删除路径

图 9-75

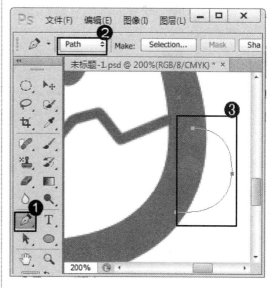

图 9-76

第 9 章　矢量工具与路径

step27 ① 绘制兔子的尾巴路径后，在工具箱中单击【画笔工具】按钮 ，② 在画笔工具选项栏中，单击【画笔预设】下拉按钮 ，③ 在弹出的下拉面板中，设置准备应用的画笔样式，如图 9-77 所示。

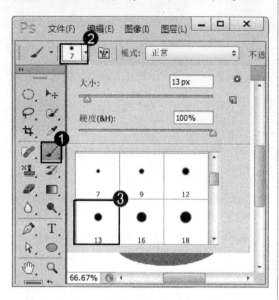

图 9-77

step29 ① 弹出【描边路径】对话框，在【工具】下拉列表框中，设置描边工具，如【画笔】，② 单击【确定】按钮，如图 9-79 所示。

图 9-79

step31 ① 描边路径后，在【路径】面板中，右击兔子尾巴的路径层，② 在弹出的快捷菜单中，选择【删除路径】菜单项，如图 9-81 所示。

step28 ① 在【路径】面板中，右击兔子尾巴的路径层，② 在弹出的快捷菜单中，选择【描边路径】菜单项，如图 9-78 所示。

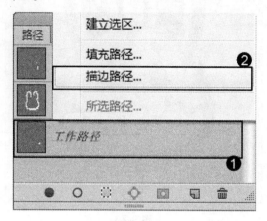

图 9-78

step30 通过以上方法即可完成描边兔子尾巴路径的操作，如图 9-80 所示。

图 9-80

step32 保存文档，这样即可完成使用路径绘制卡通兔子的操作，如图 9-82 所示。

图 9-81

图 9-82

9.7.2　使用路径绘制心形图案

在 Photoshop CS6 中，用户运用本章及前几章所学的知识，可以使用路径绘制一个心形图案。下面将详细介绍使用路径绘制心形图案的操作方法。

素材文件❀ 无
效果文件❀ 配套素材\第 9 章\效果文件\9.7.2　使用路径绘制心形图案.jpg

step 1 ① 新建图像文件后，单击工具箱中的【钢笔工具】按钮，② 在钢笔工具选项栏中，在【路径】下拉列表框中，选择 Path 选项，③ 将鼠标指针移动至图像文件中，当鼠标指针变为 形状时，拖动鼠标，绘制一个自定义三角形路径，然后释放鼠标，如图 9-83 所示。

step 2 ① 新建三角形路径后，单击工具箱中的【添加锚点工具】按钮，② 在文档窗口中，当鼠标指针变为 形状时，在三角形的一条边上的中点位置单击，添加锚点，如图 9-84 所示。

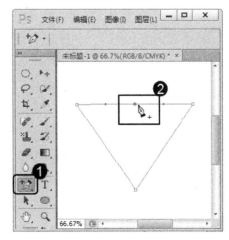

图 9-84

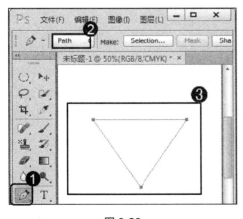

图 9-83

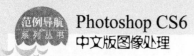

step 3 ① 添加锚点后,单击工具箱中的【直接选择工具】按钮 ,② 在文档窗口中,将新建的锚点往下弯曲移动,如图 9-85 所示。

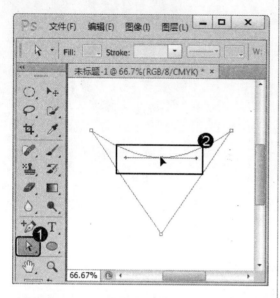

图 9-85

step 5 ① 调节路径的形状后,单击工具箱中的【转换点工具】按钮 ,② 拖动锚点右侧出现的控制柄,继续调节路径的形状,如图 9-87 所示。

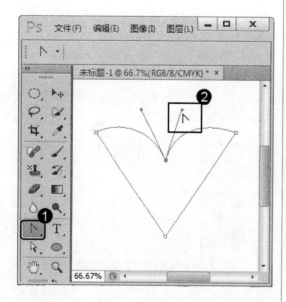

图 9-87

step 4 向下弯曲路径后,拖动锚点左侧出现的控制柄,调节路径的形状,如图 9-86 所示。

图 9-86

step 6 使用转换点工具调节三角形上的一个节点,使路径变弯曲,如图 9-88 所示。

图 9-88

step 7 使用转换点工具调节三角形上的另一个节点，使路径变弯曲，如图 9-89 所示。

step 8 保存图形文件，这样即可完成使用路径绘制心形图案的操作，如图 9-90 所示。

图 9-89

图 9-90

 # 9.8 课后练习

9.8.1 思考与练习

一、填空题

1. _____是有起点和终点的路径，_____则是没有起点和终点的路径。路径可以由多个相互独立的路径组成，这些路径称为_____。同时，通过编辑路径的锚点，用户可以很方便地改变路径的形状。

2. 在 Photoshop CS6 中，创建路径后，用户可以对创建的路径进行_____和_____的操作，以美化路径或使编辑中的路径与其他路径区分开来。

3. _____是组成路径的单位，包括_____两种，其中平滑点可以通过连接形成平滑的曲线；角点可以通过连接形成直线或转角的曲线。曲线路径上的锚点有_____，该线的端点是方向点，可用于调整曲线的形状。

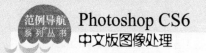
二、判断题

1. 在 Photoshop CS6 中，路径是可以转换成选区并可以对其填充和描边的轮廓。路径包括开放式路径和闭合式路径两种。

2. 在 Photoshop CS6 中，用户不可以对创建的路径进行颜色和图案的填充。

3. 在 Photoshop CS6 中，使用工具箱中的椭圆工具，用户可以创建椭圆路径。

三、思考题

1. 如何删除路径？

2. 如何从路径建立选区？

9.8.2　上机操作

1. 启动 Photoshop CS6 软件，进行使用矩形工具绘制矩形路径的操作。

2. 启动 Photoshop CS6 软件，进行使用椭圆工具绘制椭圆路径的操作。

第**10**章

图层及图层样式

　　本章主要介绍图层基本原理、创建及编辑图层的方法和设置图层方面的知识，同时还讲解了图层组、合并图层、图层样式和管理图层样式方面的操作技巧。通过本章的学习，读者可以掌握图层及图层样式方面的知识，为深入学习 Photoshop CS6 知识奠定良好基础。

范 例 导 航

1. 图层基本原理
2. 创建及编辑图层的方法
3. 设置图层
4. 图层组
5. 合并图层
6. 图层样式
7. 管理图层样式

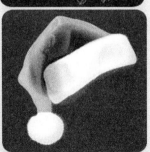

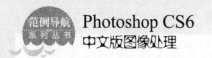
10.1　图层基本原理

在 Photoshop CS6 中，图层也是非常重要的功能，用户可以在图层中执行新建、复制和编辑图像的操作，同时可以将不同图像放置在不同的图层中，便于区分图像位置和进行移动图像的操作。本节将重点介绍图层方面的基础知识。

10.1.1　什么是图层

图层的主要功能是将当前图像的组成关系清晰地显示出来。【图层】面板中列出了图像中的所有图层，用户可以方便快捷地对各图层进行编辑修改，还可以进行隐藏和显示图层、创建新图层以及处理图层组等其他操作。

在 Photoshop CS6 中，用户可以将图层比作一叠透明的纸，每张纸上都保存着不同的图像，透过每一张纸都能看到下方的图像，将这些图像组合在一起就可以得到一幅完整的图像，如图 10-1 所示。

图 10-1

10.1.2 【图层】面板

在 Photoshop CS6 的【图层】面板中,用户可以单独对某个图层中的内容进行编辑,而不影响其他图层中的内容。【图层】面板中包含很多命令和工具按钮等,方便用户对图层进行操作,如图 10-2 所示。

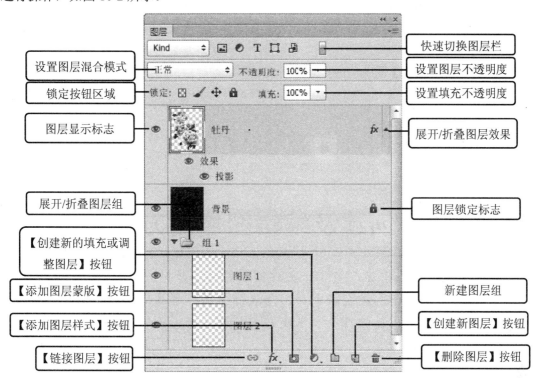

图 10-2

- 设置图层混合模式:在该下拉列表框中可以设置当前图层与下方图层的混合模式,如溶解、叠加、色相和差值等。
- 锁定按钮区域:该区域中包括【锁定透明像素】按钮、【锁定图像像素】按钮、【锁定位置】按钮和【锁定全部】按钮,可以设置当前图层的属性。
- 设置图层不透明度:可以设置当前图层的不透明度,数值从 0~100。
- 设置填充不透明度:可以设置当前图层填充的不透明度,数值从 0~100。
- 展开/折叠图层组:可以将图层编组,单击该图标可以将图层组展开或折叠。
- 图层显示标志:如果图层前显示标志,表示当前图层可见,单击该图标可以将当前图层隐藏。
- 展开/折叠图层效果:单击该图标可以将当前图层的效果显示在图层下方,再次单击可以隐藏该图层的效果。
- 图层锁定标志:表明当前图层为锁定状态。
- 【链接图层】按钮:在【图层】面板中选中准备链接的图层,单击该按钮可以将其链接起来。

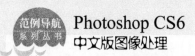
- 【添加图层样式】按钮 *fx.*：选中准备设置的图层，单击该按钮，在弹出的下拉菜单中选择准备设置的图层样式，在弹出的【图层样式】对话框中可以设置图层的样式，如投影、内阴影、外发光和光泽等。

- 【添加图层蒙版】按钮 ◻️：选中准备添加蒙版的图层，单击该按钮可为其添加蒙版。

- 【创建新的填充或调整图层】按钮 ◐.：选中准备填充的图层，单击该按钮，在弹出的下拉菜单中选择准备调整的菜单项，如纯色、渐变、色阶和曲线等。

- 【创建新组】按钮 ◻️：单击该按钮可以在【图层】面板中创建新组。

- 【创建新图层】按钮 ◰：单击该按钮可以创建一个透明图层。

- 【删除图层】按钮 🗑️：选中准备删除的图层，单击该按钮即可将当前选中图层删除。

- 快速切换图层栏：按下【快速切换图层】按钮 ▪️后，单击该栏中的图层图标，将快速切换至该图层中，如单击文字图层图标 T，【图层】面板将切换至文字图层中。

10.2　创建及编辑图层的方法

在 Photoshop CS6 中，创建图层的方法多种多样，同时用户可以根据需要创建不同类型的图层，如文字图层、形状图层等。创建图层后，用户可以对原始的图层和创建的图层进行编辑操作。下面介绍创建及编辑图层的方法。

10.2.1　创建普通透明图层

在 Photoshop CS6 中，在【图层】面板中，单击【创建新图层】按钮 ◰，用户可以在【图层】面板中快速创建普通透明图层，如图 10-3 所示。

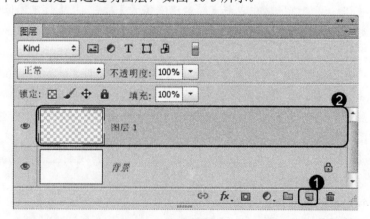

图 10-3

10.2.2 创建文字图层

在 Photoshop CS6 中，如果准备在文档窗口中输入文字，【图层】面板中将自动生成一个文字图层。下面介绍创建文字图层的操作方法。

 ① 在 Photoshop CS6 中，在工具箱中单击【横排文字工具】按钮 T，② 在文档窗口中单击并输入文字，如图 10-4 所示。

 通过以上方法即可完成创建文字图层的操作，如图 10-5 所示。

图 10-4

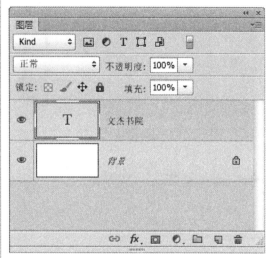

图 10-5

 在 Photoshop CS6 中，一般情况下，创建文字图层后，用户只能在文字图层中创建或编辑文字内容，而不可以进行其他操作。如果用户想进行更多编辑操作，则需要对文字图层进行栅格化，将文字图层转换成普通图层。

10.2.3 创建形状图层

在 Photoshop CS6 中，用户可以使用【钢笔】工具，创建形状图层。下面介绍创建形状图层的操作方法。

 ① 打开图像文件后，单击工具箱中的【钢笔工具】按钮 ，② 在钢笔工具选项栏中，在【形状图层】下拉列表框中，选择 Shape 选项，③ 在 Fill 颜色框中，选择创建形状的颜色，④ 在文档窗口中，在需要创建形状的不同位置处单击，连成一个完整的形状，如图 10-6 所示。

 通过以上方法即可完成创建形状图层的操作，如图 10-7 所示。

第二〇章 图层及图层样式

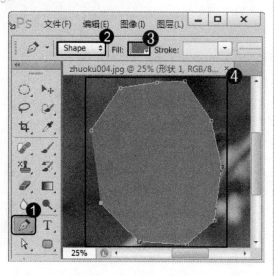

图 10-6

图 10-7

10.2.4　创建背景图层

在 Photoshop CS6 中，用户可以根据绘制图形的需要，将普通的图层转换成背景图层。下面介绍创建背景图层的方法。

step 1　① 创建透明图像文件后，单击【图层】主菜单，② 在弹出的下拉菜单中，选择【新建】菜单项，③ 在弹出的子菜单中，选择【图层背景】菜单项，如图 10-8 所示。

step 2　通过以上方法即可完成创建背景图层的操作，如图 10-9 所示。

图 10-8

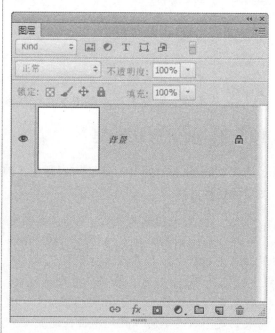

图 10-9

10.2.5 选择图层

在 Photoshop CS6 中，选择图层后，用户就可以在选择的图层中进行图像编辑操作了。下面介绍选择图层的方法。

 展开【图层】面板后，鼠标单击准备选择的图层，如图 10-10 所示。

step 2 通过以上方法即可完成选择图层的操作，如图 10-11 所示。

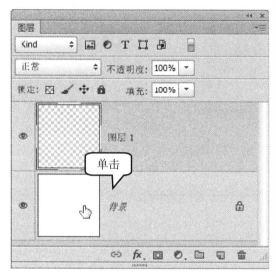

图 10-10

图 10-11

10.2.6 编辑图层的名称

在 Photoshop CS6 中，为方便用户对图层进行分类，用户可以修改图层名称。下面介绍编辑图层名称的方法。

 展开【图层】面板后，鼠标双击准备编辑的图层名称，如图 10-12 所示。

step 2 在弹出的【图层名称】文本框中，输入准备设置的图层名称，如图 10-13 所示，然后按 Enter 键，这样即可完成编辑图层名称的操作。

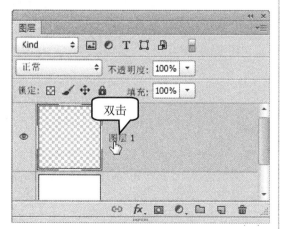

图 10-12

图 10-13

第二□章 图层及图层样式

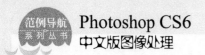
10.2.7 复制图层

在 Photoshop CS6 中，用户可以复制图层，这样可对一个图层上的同一图像设置不同的效果。下面介绍复制图层的方法。

step 1 ① 在【图层】面板中，右击准备复制的图层，② 在弹出的快捷菜单中，选择【复制图层】菜单项，如图 10-14 所示。

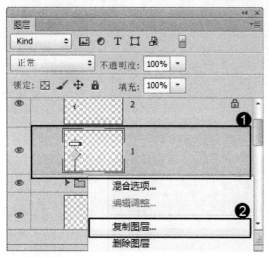

图 10-14

step 3 通过以上方法即可完成复制图层的操作，如图 10-16 所示。

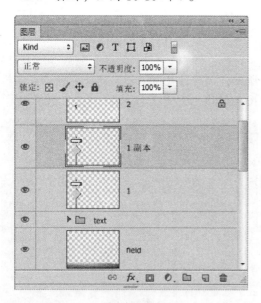

图 10-16

step 2 ① 弹出【复制图层】对话框，在【为】文本框中，输入图层复制后的名称，② 单击【确定】按钮，如图 10-15 所示。

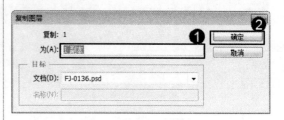

图 10-15

 智慧锦囊

在【图层】面板中，选中并拖动准备复制的图层至面板底部的【创建新图层】按钮上，然后释放鼠标，用户同样可以完成复制图层的操作。

考考您

请您根据上述方法，完成复制图层的操作，测试一下您的学习效果。

10.2.8　链接图层

如果准备对多个图层进行移动或编辑操作，用户可以将准备操作的多个图层进行链接，这样链接的多个图层将被同时移动或编辑。下面介绍链接图层的方法。

step 1 在【图层】面板中，在按住 Ctrl 键的同时，选择准备链接的两个图层，如图 10-17 所示。

选择图层

图 10-17

step 2 在【图层】面板的底部，单击【链接图层】按钮 ，如图 10-18 所示。

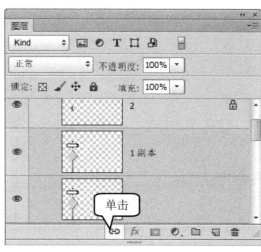

单击

图 10-18

step 3 通过以上方法即可完成链接图层的操作，如图 10-19 所示。

链接图层

图 10-19

智慧锦囊

在 Photoshop CS6 中，在按住 Ctrl 键的同时，在【图层】面板中选择准备链接的多个图层，然后单击【图层】主菜单，在弹出的下拉菜单中，选择【链接图层】菜单项，用户同样可以链接选择的图层。

考考您

请您根据上述方法，完成链接图层的操作，测试一下您的学习效果。

第二□章　图层及图层样式

10.2.9 删除图层

在 Photoshop CS6 中，用户可以在【图层】面板中删除不再准备应用的图层，下面介绍删除图层的方法。

 ① 在【图层】面板中，选择准备删除的图层，② 单击面板底部的【删除图层】按钮 🗑，如图 10-20 所示。

 弹出 Adobe Photoshop CS6 对话框，单击【是】按钮，如图 10-21 所示。

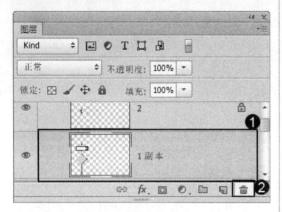

图 10-20

图 10-21

 通过以上方法即可完成删除图层的操作，如图 10-22 所示。

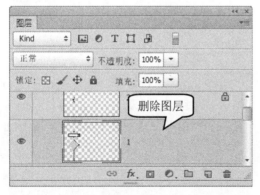

图 10-22

智慧锦囊

在 Photoshop CS6 中，在【图层面板】中选择准备删除的图层，然后按 Delete 键，用户同样可以进行删除图层的操作。

10.3 设置图层

在 Photoshop CS6 中，创建图层后，用户可以对图层进行不透明度的设置，以及盖印图层和栅格化图层等操作。本节将重点介绍设置图层方面的知识。

10.3.1　盖印图层

在 Photoshop CS6 中，盖印图层是一种特殊的合并图层方法。使用该方法，用户可将多个图层中的内容合并到一个图层中，同时可以保留原图层。下面介绍盖印图层的方法。

step 1　打开图像文件后，在【图层】面板中，单击任意一个图层后，按 Ctrl+Shift+Alt+E 组合键，如图 10-23 所示。

图 10-23

step 2　此时，在【图层】面板中，可见的图层已经全部盖印到新图层中，如图 10-24 所示，这样即可完成盖印图层的操作。

图 10-24

10.3.2　设置图层的不透明度

在 Photoshop CS6 中，用户可以设置图层的不透明度，这样可以制作阴影、暗影等艺术效果。下面介绍设置图层不透明度的方法。

step 1　① 打开图像文件后，选择准备设置不透明度的图层，② 在【不透明度】文本框中，输入图层的不透明度数值，如图 10-25 所示。

图 10-25

step 2　通过以上方法即可完成设置图层不透明度的操作，如图 10-26 所示。

图 10-26

第二○章　图层及图层样式

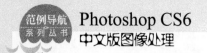
10.3.3 栅格化图层

如果准备对文字、形状或蒙版等包含矢量数据的图层进行填充或滤镜等操作，需要将其转换为光栅图像后进行编辑。下面介绍栅格化图层的方法。

step 1 ① 选择准备栅格化的文字图层后，单击【图层】主菜单，② 在弹出的下拉菜单中，选择【栅格化】菜单项，③ 在弹出的子菜单中，选择【文字】菜单项，如图 10-27 所示。

step 2 通过以上方法即可完成栅格化图层的操作，如图 10-28 所示。

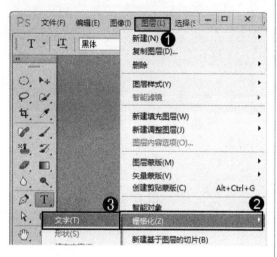

图 10-27

图 10-28

10.4 图层组

在 Photoshop CS6 中，如果图像文件中的图层过多，用户可以根据图层的功能属性与类型对图层进行编组管理。本节将重点介绍图层组的应用方面的知识。

10.4.1 创建图层组

在 Photoshop CS6 中，用户可以将图层按照不同的类型存放在不同的图层组内。下面介绍创建图层组的方法。

step 1 ① 打开图像文件后，单击【图层】面板中的【创建新组】按钮 ，② 在按住 Ctrl 键的同时，单击选中需要编入图层组的图层，如图 10-29 所示。

step 2 将选中的图层拖动到图层组名称的位置处，然后释放鼠标，如图 10-30 所示。

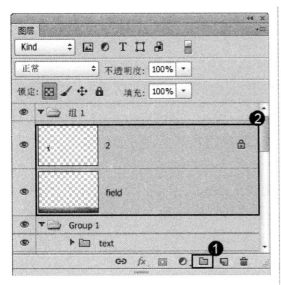

图 10-29

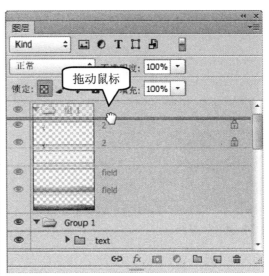

图 10-30

 3 通过以上方法即可完成创建图层组的操作，如图 10-31 所示。

图 10-31

> **智慧锦囊**
>
> 在 Photoshop CS6 中，单击【图层】主菜单，在弹出的下拉菜单中，选择【新建】菜单项，在弹出的子菜单中，选择【从图层建立组】菜单项，用户同样可以创建新的图层组。

> **考考您**
>
> 请您根据上述方法，完成创建图层组的操作，测试一下您的学习效果。

10.4.2　取消图层组

在 Photoshop CS6 中，如果不再准备使用图层组，用户可以快速将其从【图层】面板中删除。下面介绍取消图层组的方法。

 1 ① 打开图像文件后，在【图层】面板中，右击准备取消的图层组，② 在弹出的快捷菜单中，选择【取消图层编组】菜单项，如图 10-32 所示。

 2 通过以上方法即可完成取消图层组的操作，如图 10-33 所示。

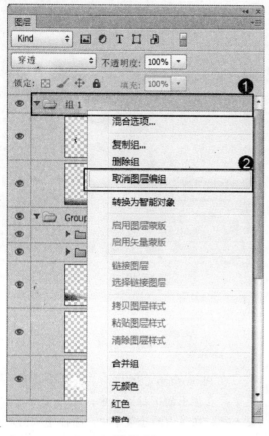

图 10-32

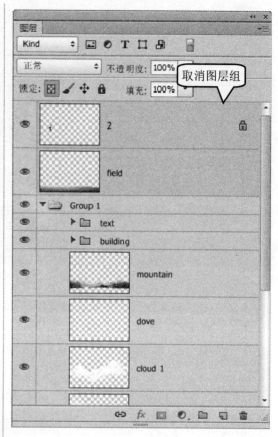

图 10-33

 # 10.5　合并图层

在 Photoshop CS6 中，如果创建的多个图层功能相近，用户可以将其全部选中并合并成一个图层，这样既方便用户编辑又节省程序的操作空间。本节将介绍合并图层方面的知识。

10.5.1　向下合并

对于两个相邻的图层来说，向下合并图层是指上方的图层向下与下方的图层合并为一个图层。下面介绍向下合并图层的方法。

 ① 打开图像文件后，在【图层】面板中，右击准备向下合并的图层，② 在弹出的快捷菜单中，选择【向下合并】菜单项，如图 10-34 所示。

 选中的图层已经向下合并，合并后的图层显示合并前处于下方的图层的名称，如图 10-35 所示，这样即可完成向下合并图层的操作。

图 10-34

图 10-35

10.5.2 合并任意多个图层

在 Photoshop CS6 中，用户可以将多个可相邻或不相邻的图层任意合并。下面介绍合并任意多个图层的方法。

step 1 ① 打开图像文件，在【图层】面板中，按住 Ctrl 键，任意选中需要合并的图层，② 右击需要合并的图层，在弹出的快捷菜单中，选择【合并图层】菜单项，如图 10-36 所示。

step 2 通过以上方法即可完成合并任意多个图层的操作，如图 10-37 所示。

图 10-36

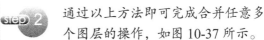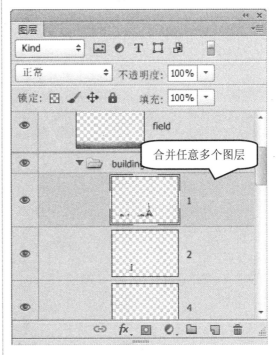

图 10-37

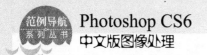
10.5.3　合并可见图层

在 Photoshop CS6 中，合并可见图层是指用户可以将所有可显示的图层合并成一个图层，隐藏的图层则无法合并到此图层中。下面介绍合并可见图层的方法。

step 1　① 打开图像文件，在【图层】面板中，右击任意一个可见图层，② 在弹出的快捷菜单中，选择【合并可见图层】菜单项，如图 10-38 所示。

step 2　通过以上方法即可完成合并可见图层的操作，如图 10-39 所示。

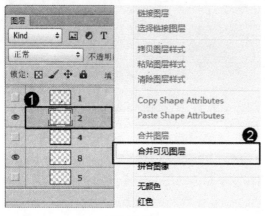

图 10-38

图 10-39

10.5.4　合并图层组

在 Photoshop CS6 中，用户可以将某一图层组中的所有图层合并成一个图层。下面介绍合并图层组的方法。

step 1　① 打开图像文件，在【图层】面板中，右击已创建的图层组，② 在弹出的快捷菜单中，选择【合并组】菜单项，如图 10-40 所示。

step 2　通过以上方法即可完成合并图层组的操作，如图 10-41 所示。

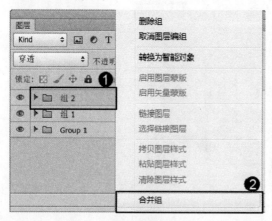

图 10-40

图 10-41

10.6　图层样式

在 Photoshop CS6 中，用户可以对图像进行添加各种图层样式的操作，方便用户编辑各种特殊效果。本节将重点介绍图层样式方面的知识。

10.6.1　投影和内阴影

投影样式是指在图层内容的后面添加阴影；内阴影样式是指在紧靠图层内容的边缘处添加阴影，使图层具有凹陷外观。下面介绍为一图层设置投影和内阴影样式的方法。

 ① 打开图像文件，在【图层】面板中，右击准备设置投影样式的图层，② 在弹出的快捷菜单中，选择【混合选项】菜单项，如图 10-42 所示。

图 10-42

 通过以上方法即可完成设置投影样式的操作，如图 10-44 所示。

 ① 弹出【图层样式】对话框，选择【投影】选项，② 在【角度】文本框中，输入投影角度值，③ 在【距离】文本框中，输入投影距离值，④ 在【扩展】文本框中，输入投影扩展值，⑤ 单击【确定】按钮，如图 10-43 所示。

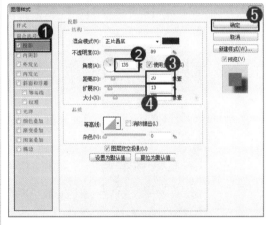

图 10-43

 ① 打开图像文件并选择准备设置内阴影样式的图层，打开【图层样式】对话框，选择【内阴影】选项，② 在【角度】文本框中，输入内阴影角度值，③ 在【距离】文本框中，输入内阴影距离值，④ 在【阻塞】文本框中，输入内阴影阻塞值，⑤ 单击【确定】按钮，如图 10-45 所示。

图 10-44

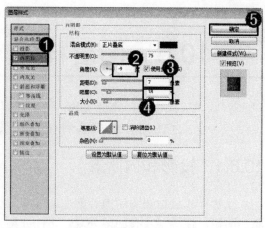

图 10-45

 5 通过以上方法即可完成设置内阴影
样式的操作，如图 10-46 所示。

图 10-46

10.6.2　内发光和外发光

　　内发光样式是指从图层内容的内边缘发光，外发光样式是指从图层内容的外边缘发光。
下面介绍为图层设置内发光和外发光样式的方法。

step 1　① 打开图像文件并选择准备设置内发光样式的图层，打开【图层样式】对话框，选择【内发光】选项，② 在【混合模式】下拉列表框中，选择【滤色】选项，③ 在【颜色】框中，设置准备内发光的颜色，④ 在【大小】文本框中，输入内发光大小的数值，⑤ 单击【确定】按钮，如图 10-47 所示。

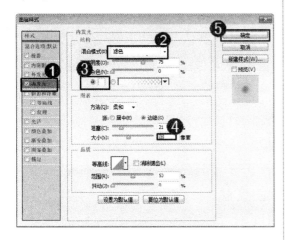

图 10-47

step 3　① 选择准备设置外发光样式的图层，打开【图层样式】对话框，选择【外发光】选项，② 在【混合模式】下拉列表框中，选择【滤色】选项，③ 在【颜色】框中，设置准备外发光的颜色，④ 在【大小】文本框中，输入外发光大小的数值，⑤ 单击【确定】按钮，如图 10-49 所示。

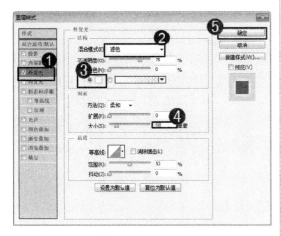

图 10-49

step 2　通过以上方法即可完成设置内发光样式的操作，如图 10-48 所示。

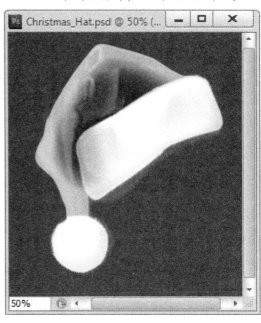

图 10-48

step 4　通过以上方法即可完成设置外发光样式的操作，如图 10-50 所示。

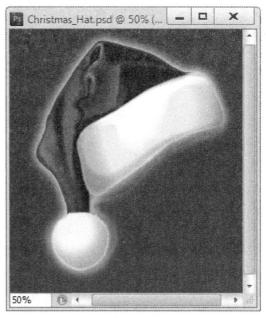

图 10-50

第二□章　图层及图层样式

275

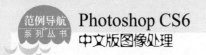

10.6.3 斜面和浮雕

在 Photoshop CS6 中，斜面和浮雕样式是指对图层添加高光与阴影的组合，这样可以使其呈现立体浮雕感。下面介绍为图层设置斜面和浮雕样式的方法。

step 1 ① 打开图像文件并选择准备设置斜面和浮雕样式的图层，打开【图层样式】对话框，选择【斜面和浮雕】选项，② 在【混合模式】下拉列表框中，选择【浮雕效果】选项，③ 在【大小】文本框中，输入浮雕效果的大小数值，④ 在【角度】文本框中，输入浮雕效果的角度数值，⑤ 在【高光模式】下拉列表框中，选择【减去】选项，⑥ 单击【确定】按钮，如图 10-51 所示。

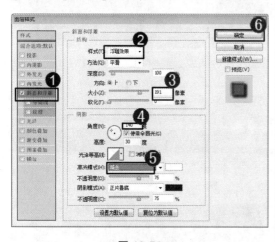

图 10-51

step 2 通过以上方法即可完成设置斜面和浮雕样式的操作，如图 10-52 所示。

图 10-52

10.6.4 渐变叠加

在 Photoshop CS6 中，渐变叠加样式是指在图层上叠加指定的渐变颜色。下面介绍为图层设置渐变叠加样式的方法。

step 1 ① 打开图像文件并选择准备设置渐变叠加样式的图层，打开【图层样式】对话框，选择【渐变叠加】选项，② 在【渐变】下拉列表框中，设置准备使用的渐变颜色，③ 单击【确定】按钮，如图 10-53 所示。

step 2 通过以上方法即可完成设置渐变叠加样式的操作，如图 10-54 所示。

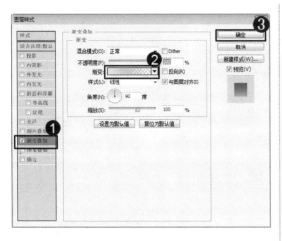

图 10-53

图 10-54

10.6.5　光泽

在 Photoshop CS6 中使用光泽样式，用户可以创建光滑光泽的内部阴影。下面介绍为图层设置光泽样式的方法。

step 1 ① 打开图像文件后，选择准备设置光泽样式的图层，打开【图层样式】对话框，选择【光泽】选项，② 在【混合模式】下拉列表框中，选择【正片叠底】选项，③ 在【角度】文本框中，输入图像光泽的角度数值，④ 在【大小】文本框中，输入图像光泽的大小数值，⑤ 单击【确定】按钮，如图 10-55 所示。

step 2 通过以上方法即可完成设置光泽样式的操作，如图 10-56 所示。

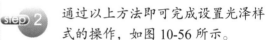

图 10-56

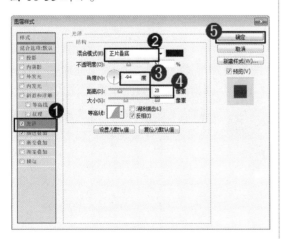

图 10-55

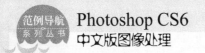
10.6.6 颜色叠加

颜色叠加样式是指在图层上叠加指定的颜色，通过设置颜色的混合模式和不透明度，可以控制颜色的叠加效果。下面介绍为图层设置颜色叠加样式的方法。

 step 1 ① 打开图像文件后，选择准备设置颜色叠加样式的图层，打开【图层样式】对话框，选择【颜色叠加】选项，② 在【混合模式】下拉列表框中，选择【滤色】选项，③ 在【颜色】框中，设置准备叠加的颜色，④ 在【不透明度】文本框中，输入图像不透明度的数值，⑤ 单击【确定】按钮，如图 10-57 所示。

step 2 通过以上方法即可完成为图层设置颜色叠加样式的操作，如图 10-58 所示。

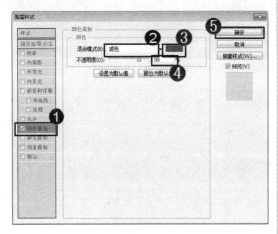

图 10-57

图 10-58

 在【图层样式】对话框的【颜色叠加】选项卡中，单击【设置为默认值】按钮，可以将颜色叠加样式设为默认状态。

10.6.7 图案叠加

在 Photoshop CS6 中，用户可以为图层设置图案叠加样式，将两幅图像完美地融合在一起，制作出不同质感、材质和内容的图像效果。下面介绍为图层设置图案叠加样式的方法。

 step 1 ① 打开图像文件后，选择准备设置图案叠加样式的图层，打开【图层样式】对话框，选择【图案叠加】选项，② 在【混合模式】下拉列表框中，选择【强光】选项，③ 在【不透明度】文本框中，输入图案填充的不透明度数值，④ 在【图案】下拉列表框中，选择准备填充的图案，⑤ 单击【确定】按钮，如图 10-59 所示。

step 2 通过以上方法即可完成为图层设置图案叠加样式的操作，如图 10-60 所示。

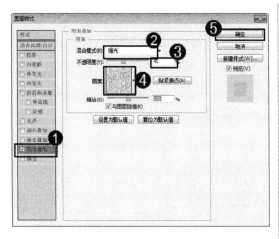

图 10-59

图 10-60

请您根据上述方法，完成为图层设置图案叠加样式的操作，测试一下您的学习效果。

10.7　管理图层样式

在 Photoshop CS6 中，在【图层】面板中，用户可以对创建的图层样式进行管理。本节将重点介绍管理图层样式方面的知识。

10.7.1　复制与粘贴图层样式

在 Photoshop CS6 中，用户可以对创建的图层样式进行复制与粘贴操作。下面介绍复制与粘贴图层样式的方法。

step 1 ① 打开图像文件并创建图层样式后，右击准备复制的图层样式，② 在弹出的快捷菜单中，选择【拷贝图层样式】菜单项，如图 10-61 所示，这样即可完成复制图层样式的操作。

step 2 ① 在【图层】面板中，右击准备粘贴样式的图层，② 在弹出的快捷菜单中，选择【粘贴图层样式】菜单项，如图 10-62 所示。

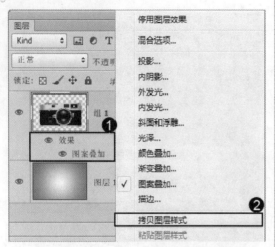

图 10-61

图 10-62

3 通过以上方法即可完成粘贴图层样式的操作，如图 10-63 所示。

图 10-63

智慧锦囊

在键盘上按住 Alt 键，同时拖动需要复制的图层样式效果图标 到另一个图层，用户可以将该图层的所有图层样式效果复制到目标图层中，如果只需要复制一个图层样式效果，在键盘上按住 Alt 键，同时拖动该图层样式效果名称至目标位置即可。

考考您

请您根据上述操作方法，完成复制与粘贴图层样式的操作，测试一下您的学习效果。

10.7.2 缩放图层样式

在 Photoshop CS6 中，用户可以对创建的图层样式进行缩放操作，以便调整图层样式的效果。下面介绍缩放图层样式的方法。

1 ① 打开图像文件并创建图层样式后，右击准备缩放的图层样式，② 在弹出的子菜单中，选择【缩放效果】菜单项，如图 10-64 所示。

2 ① 弹出【缩放图层效果】对话框，在【缩放】文本框中，输入缩放的数值，② 单击【确定】按钮，如图 10-65 所示。

图 10-64

 3 通过以上方法即可完成缩放图层样式的操作，如图 10-66 所示。

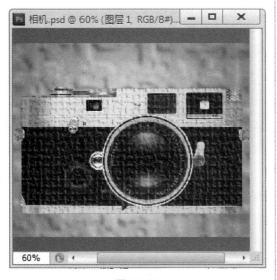

图 10-66

图 10-65

智慧锦囊

在【缩放图层效果】对话框中，可设置的缩放范围为 0～1000。

考考您

请您根据上述操作方法，完成缩放图层样式的操作，测试一下您的学习效果。

10.7.3 隐藏与显示图层样式

在 Photoshop CS6 中，用户可以将图层样式暂时隐藏，同时也可以将已经隐藏的图层样式再次显示，这样方便用户对图像进行编辑。下面介绍隐藏与显示图层样式的方法。

1 创建完图层样式后，在【图层】面板中，单击准备隐藏的图层样式前的【切换所有图层效果可见性】图标 ，如图 10-67 所示。

2 此时，返回到文档窗口中，用户可以查看图像隐藏图层样式后的艺术效果，如图 10-68 所示，这样即可完成隐藏图层样式的操作。

图 10-67

图 10-68

step 3 　隐藏图层样式后，在【图层】面板中，单击准备显示的图层样式前的【切换所有图层效果可见性】图标 ，如图 10-69 所示。

step 4 　此时，返回到文档窗口中，用户可以查看已经隐藏的图层样式再次显示的艺术效果，如图 10-70 所示，这样即可完成显示图层样式的操作。

图 10-69

图 10-70

10.7.4　删除图层样式

在 Photoshop CS6 中，用户可以删除不再准备使用的图层样式，以便对图层进行管理。下面介绍删除图层样式的操作方法。

step 1 ① 打开已经创建图层样式的图像文件后，右击准备删除的图层样式，② 在弹出的快捷菜单中，选择【清除图层样式】菜单项，如图 10-71 所示。

step 2 返回到【图层】面板中，此时，创建的图层样式已经被清除，这样即可完成删除图层样式的操作，如图 10-72 所示。

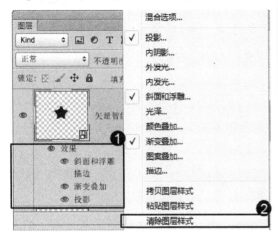

图 10-71

图 10-72

10.7.5 将图层样式转换为图层

在 Photoshop CS6 中，用户可以将已经创建的图层样式转换为普通的图层。下面介绍将图层样式转换为图层的方法。

step 1 ① 创建完图层样式后，展开【图层】面板，右击准备转换为图层的图层样式，② 在弹出的快捷菜单中，选择【创建图层】菜单项，如图 10-73 所示。

step 2 通过以上方法即可完成将图层样式转换为图层的操作，如图 10-74 所示。

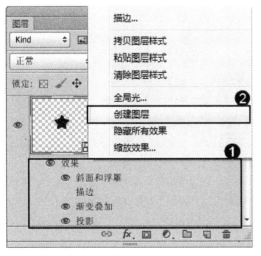

图 10-73

图 10-74

第二□章 图层及图层样式

10.8 范例应用与上机操作

通过本章的学习，读者可以掌握图层及图层样式方面的知识。下面介绍几个范例应用与上机操作，以达到巩固学习的目的。

10.8.1 制作棕色素描效果

在 Photoshop CS6 中，用户运用本章及前几章所学的知识，可以将图像文件制作出棕色素描效果。下面将详细介绍制作棕色素描效果的操作方法。

素材文件 ❀ 配套素材\第 10 章\素材文件\郁金香.jpg

效果文件 ❀ 配套素材\第 10 章\效果文件\10.8.1　制作棕色素描效果.jpg

step 1 ① 打开素材文件后，单击【图像】主菜单，② 在弹出的下拉菜单中，选择【调整】菜单项，③ 在弹出的子菜单中，选择【去色】菜单项，如图 10-75 所示。

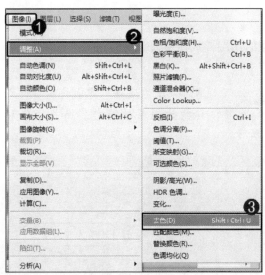

图 10-75

step 2 通过以上方法即可完成将素材图像文件去色的操作，如图 10-76 所示。

图 10-76

step 3 将素材文件去色后，按 Ctrl+J 快捷键，这样即可在【图层】面板中快速复制出一个图层，如图 10-77 所示。

step 4 ① 快速复制图层后，单击【图像】主菜单，② 在弹出的下拉菜单中，选择【调整】菜单项，③ 在弹出的子菜单中，选择【反相】菜单项，如图 10-78 所示。

图 10-77

step 5 通过以上方法即可完成将素材图像
文件反相的操作，如图 10-79 所示。

图 10-79

step 7 此时，返回到文档窗口中，图像变
成一片空白，如图 10-81 所示。

图 10-78

step 6 将图像反相后，在【图层】面板中，
将复制的图层的混合模式设置为
"颜色减淡"，如图 10-80 所示。

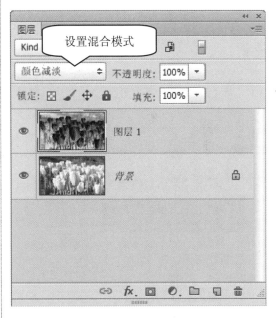

图 10-80

step 8 ① 单击【滤镜】主菜单，② 在弹
出的下拉菜单中，选择【模糊】菜
单项，③ 在弹出的子菜单中，选择【高斯模
糊】菜单项，如图 10-82 所示。

第二〇章 图层及图层样式

285

图 10-81

图 10-82

step 9 ① 弹出【高斯模糊】对话框，在【半径】文本框中，输入图像模糊半径的数值，② 单击【确定】按钮，如图 10-83 所示。

step 10 这样即可将素材文件设置为高斯模糊效果，如图 10-84 所示。

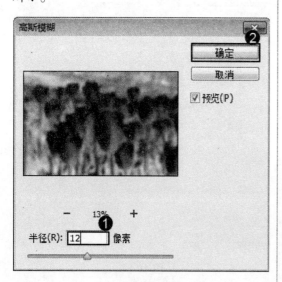

图 10-83

图 10-84

step 11 ① 单击【滤镜】主菜单，② 在弹出的下拉菜单中，选择【艺术效果】菜单项，③ 在弹出的子菜单中，选择【粗糙蜡笔】菜单项，如图 10-85 所示。

step 12 ① 弹出【粗糙蜡笔】对话框，在【描边长度】文本框中，输入描边的长度值，② 在【描边细节】文本框中，输入描边的细节值，③ 在【纹理】下拉列表框中，

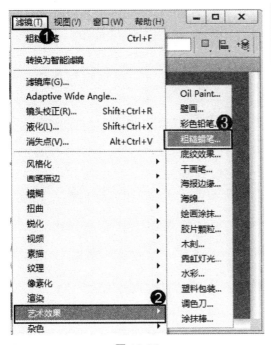

图 10-85

选择【画布】选项，④ 在【缩放】文本框中，输入图像缩放的数值，⑤ 在【凸现】文本框中，输入图像凸现的数值，⑥ 单击【确定】按钮，如图 10-86 所示。

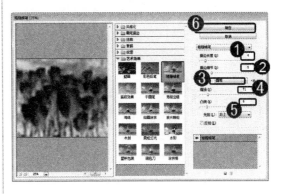

图 10-86

step13 按 Ctrl+Shift+E 组合键，合并可见图层，如图 10-87 所示。

step14 ① 在【图层】面板中，单击【创建新图层】按钮 🔲，② 创建一个普通透明图层，如图 10-88 所示。

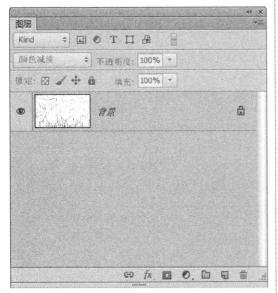

图 10-87

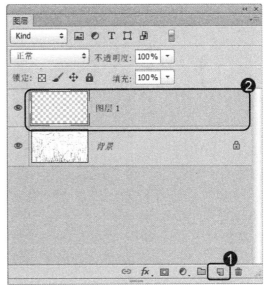

图 10-88

step15 在工具箱中，设置前景色为棕色，按 Alt+Delete 快捷键填充前景色，如图 10-89 所示。

step16 在【图层】面板中，设置"图层 1"的不透明度为 20%，如图 10-90 所示。

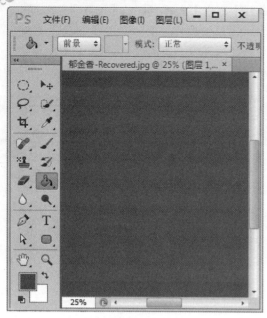

图 10-89

图 10-90

17　按 Ctrl+Shift+E 组合键，合并可见图层，如图 10-91 所示。

18　保存文档，这样即可完成制作棕色素描效果的操作，如图 10-92 所示。

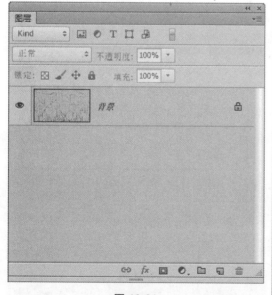

图 10-91

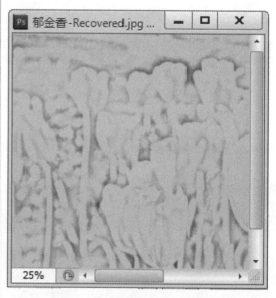

图 10-92

10.8.2　制作浮雕立体效果

在 Photoshop CS6 中，用户运用本章及前几章所学的知识，可以将图像文件制作出浮雕立体效果。下面将详细介绍制作浮雕立体效果的操作方法。

素材文件※ 配套素材\第 10 章\素材文件\汽车模型.jpg

效果文件※ 配套素材\第 10 章\效果文件\10.8.2　制作浮雕立体效果.jpg

step 1 打开素材文件后，按 Ctrl+J 快捷键，这样即可在【图层】面板中快速复制出一个图层，如图 10-93 所示。

图 10-93

step 3 ① 创建选区后，在【路径】面板中，单击【从选区生成工作路径】按钮 🔾，② 这样即可将选区转换成工作路径，如图 10-95 所示。

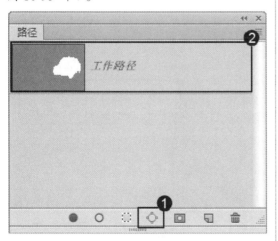

图 10-95

step 2 ① 在工具箱中，单击【魔棒工具】按钮 🔾，② 在文档窗口中，创建汽车模型的选区，如图 10-94 所示。

图 10-94

step 4 按 Ctrl+Shift+U 组合键，将图像转换成黑白色，如图 10-96 所示。

图 10-96

第一○章　图层及图层样式

289

step 5　① 将图像去色后，单击【滤镜】主菜单，② 在弹出的下拉菜单中，选择【风格化】菜单项，③ 在弹出的子菜单中，选择【浮雕效果】菜单项，如图 10-97 所示。

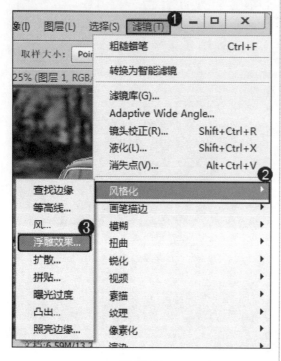

图 10-97

step 6　① 弹出【浮雕效果】对话框，在【角度】文本框中，设置浮雕效果的角度，② 在【高度】文本框中，设置浮雕效果的高度，③ 在【数量】文本框中，设置浮雕效果的数量，④ 单击【确定】按钮，如图 10-98 所示。

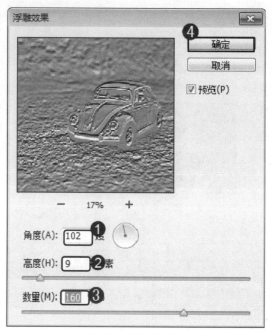

图 10-98

step 7　设置浮雕效果后，按 Ctrl+Enter 快捷键，将工作路径再次转换成选区，如图 10-99 所示。

图 10-99

step 8　转换选区后，按 Ctrl+J 快捷键，将选区内的图像内容快速复制到新图层中，如图 10-100 所示。

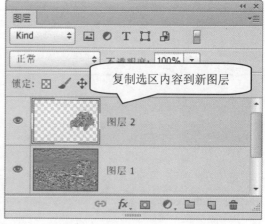

图 10-100

step 9 ① 在【图层】面板中，右击新复制选区内容的图层，② 在弹出的快捷菜单中，选择【混合选项】菜单项，如图 10-101 所示。

图 10-101

step 10 ① 弹出【图层样式】对话框，选择【斜面和浮雕】选项，② 在【样式】下拉列表框中，选择【浮雕效果】选项，③ 在【大小】文本框中，输入浮雕效果的大小数值，④ 在【角度】文本框中，输入浮雕效果的角度数值，⑤ 单击【确定】按钮，如图 10-102 所示。

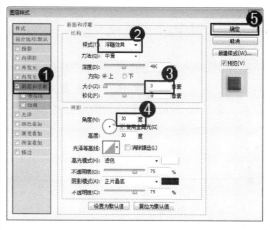

图 10-102

step 11 按 Ctrl+Shift+E 组合键，合并可见图层，如图 10-103 所示。

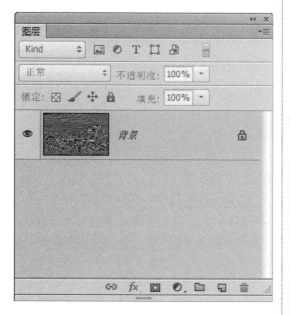

图 10-103

step 12 保存文档，这样即可完成制作浮雕立体效果的操作，如图 10-104 所示。

图 10-104

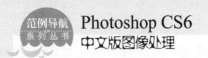

 10.9 课后练习

10.9.1 思考与练习

一、填空题

1. 图层的主要功能是将当前的图像_____清晰地显示出来。【图层】面板中列出了图像中的_____，用户可以方便快捷地对各图层进行编辑修改，还可以进行隐藏和显示图层、创建新图层以及处理图层组等其他操作。

2. 在 Photoshop CS6 中，创建图层的方法多种多样，同时用户可以根据需要创建不同类型的图层，如_____、_____等。创建图层后，用户可以对原始的图层和创建的图层进行_____操作。

二、判断题

1. 在 Photoshop CS6 中，创建图层后，用户可以对图层进行不透明度的设置，以及盖印图层和栅格化图层等操作。

2. 内阴影样式是指在图层内容的后面添加阴影；投影样式是指在紧靠图层内容的边缘外添加阴影，使图层具有凹陷外观

3. 在 Photoshop CS6 中，用户可以对创建的图层样式进行复制与粘贴操作。

三、思考题

1. 如何合并可见图层？
2. 如何删除图层样式？

10.9.2 上机操作

1. 启动 Photoshop CS6 软件，完成创建普通透明图层的操作练习。

2. 启动 Photoshop CS6 软件，打开"配套素材\第 10 章\素材文件\枫叶渐变叠加.psd"文件，进行添加图像图层样式的练习。效果文件可参考"配套素材\第 10 章\效果文件\枫叶渐变叠加.jpg"。

第 **11** 章

通道与蒙版

　　本章主要介绍通道和通道的基本操作及蒙版和图层蒙版方面的知识，同时还讲解矢量蒙版、剪贴蒙版、快速蒙版和蒙版图层方面的操作技巧。通过本章的学习，读者可以掌握通道与蒙版方面的知识，为深入学习 Photoshop CS6 知识奠定良好基础。

范 例 导 航

1. 什么是通道
2. 通道的基本操作
3. 什么是蒙版
4. 图层蒙版
5. 矢量蒙版
6. 剪贴蒙版
7. 快速蒙版

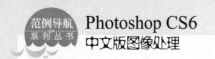
 # 11.1　什么是通道

　　在 Photoshop CS6 中，通道可以表示选择区域和墨水强度，同时还可以表示不透明度和颜色等信息。通道共分为三种类型，分别是颜色通道、Alpha 通道和专色通道，每种通道都有各自的用途。本节将重点介绍通道方面的知识。

11.1.1　通道的基本原理及特点

　　通道是存储不同类型信息的灰度图像，一个图像最多可有 56 个通道，所有的新通道都具有与原图像相同的尺寸和像素数目。通道的作用包括选区存储、存储专色信息、表示不透明度和表示颜色信息等。

- 选区存储：使用通道功能，在 Alpha 通道中，用户可以编辑和存储选区。
- 存储专色信息：使用专色通道功能，用户可以保存专色信息，每个专色通道只能存储一个专色信息。
- 表示不透明度：通道的不透明度设置功能主要应用在蒙版通道上，在蒙版通道中，黑色表示隐藏，白色表示显示，灰色表示半隐藏或半显示。
- 表示颜色信息：使用不同的通道，表示颜色信息的通道数量和质量也不同。

11.1.2　通道的种类

　　在 Photoshop CS6 中，通道共分为三种类型，分别是颜色通道、Alpha 通道和专色通道，下面分别介绍这三种通道的功能。

1. Alpha 通道

　　Alpha 通道用于保存选区，用户可以将选区存储为灰色图像，但不直接影响图像的颜色，如图 11-1 所示。在 Alpha 通道中，黑色表示未选择区域，白色表示选中区域，灰色表示部分选中的区域，也称为"羽化区域"。

图 11-1

2. 专色通道

专色通道是一种特殊的通道，用于存储专色，如图 11-2 所示。专色用于替代或补充印刷色的特殊预混油墨，如荧光油墨和金属质感的油墨。

图 11-2

3. 颜色通道

颜色通道是打开图像时自动生成的通道，主要用于记录图像的颜色信息。色彩模式不同，颜色通道的数量也不相同。下面介绍颜色通道的不同种类及特点。

- RGB 颜色通道：包含红、绿、蓝和用于编辑图像的复合通道。
- CMYK 颜色通道：包括青色、洋红、黄色、黑色和复合通道。
- Lab 通道：包括明度、a、b 和复合通道。
- 其他通道：位图、灰色、双色调和索引颜色图像只包含一个通道。

11.1.3 认识【通道】面板

在 Photoshop CS6 中，使用通道编辑图像之前，用户首先要对【通道】面板的组成有所了解。【通道】面板如图 11-3 所示。

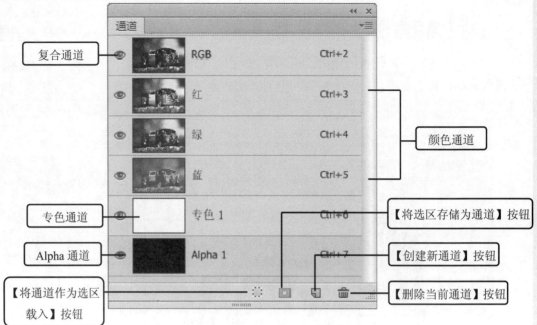

图 11-3

- 复合通道：在复合通道下，用户可以同时预览和编辑所有颜色通道。
- 颜色通道：用于记录图像颜色信息的通道。
- 专色通道：用于保存专色油墨的通道。
- Alpha 通道：用于保存选区的通道。
- 【将通道作为选区载入】按钮：单击该按钮，用户可以载入所选通道中的选区。
- 【将选区存储为通道】按钮：单击该按钮，用户可以将图像中的选区保存在通道内。
- 【创建新通道】按钮：单击该按钮，用户可以新建 Alpha 通道。
- 【删除当前通道】按钮：单击该按钮，用户可以删除当前选择的通道，复合通道不能删除。

11.2   通道的基本操作

在 Photoshop CS6 中，掌握了通道的基本原理与基础知识后，用户即可在通道中对图像进行基本的操作，包括创建 Alpha 通道、重命名通道、复制通道、删除通道和新建专色通道等。本节将重点介绍通道的基本操作方面的知识。

11.2.1 创建 Alpha 通道

在 Photoshop CS6 中，用户可以在【通道】面板中，创建新的 Alpha 通道。下面介绍创建 Alpha 通道的方法。

step 1 打开图像文件后，在【通道】面板中，单击【创建新通道】按钮 🔲，如图 11-4 所示。

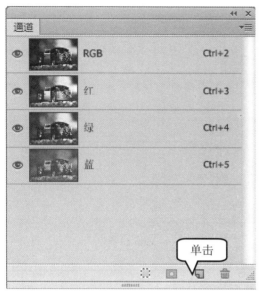

图 11-4

step 2 通过以上方法即可完成创建 Alpha 通道的操作，如图 11-5 所示。

新建 Alpha 通道

图 11-5

11.2.2 重命名通道

在 Photoshop CS6 中，用户可以对【通道】面板中的通道进行重命名操作。下面介绍重命名通道的方法。

step 1 选中需要重命名的通道后，双击该通道的名称，如图 11-6 所示。

双击

图 11-6

step 2 在弹出的文本框中，输入新的名称，并按 Enter 键，这样即可完成重命名通道的操作，如图 11-7 所示。

通道重命名

图 11-7

第二章 通道与蒙版

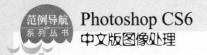

11.2.3 复制通道

在 Photoshop CS6 中，选择某一通道后，用户可以对其进行复制操作。下面介绍复制通道的操作方法。

 ① 打开图像文件后，在【通道】面板中，右击准备复制的通道，② 在弹出的快捷菜单中，选择【复制通道】菜单项，如图 11-8 所示。

图 11-8

 通过以上方法即可完成复制通道的操作，如图 11-10 所示。

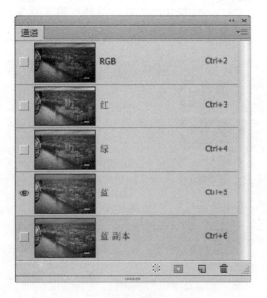

图 11-10

 ① 弹出【复制通道】对话框，在【为】文本框中，输入复制通道的名称，② 单击【确定】按钮，如图 11-9 所示。

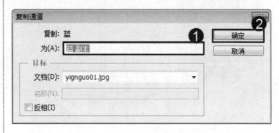

图 11-9

在 Photoshop CS6 中，在复制通道的过程中，如果打开的多个文档的像素尺寸相同，则只需要选择一个通道，执行【复制通道】命令，用户即可将该通道复制到其他图像中。在进行重命名通道的操作时，应注意的是，复合通道和颜色通道不能进行重命名通道的操作。

请您根据上述方法复制图像的一个通道，测试一下您的学习效果。

11.2.4 删除通道

在 Photoshop CS6 中，用户可以将不再准备使用的通道进行删除。下面介绍删除通道的方法。

 ① 打开图像文件后，在【通道】面板中，右击需要删除的通道，② 在弹出的快捷菜单中，选择【删除通道】菜单项，如图 11-11 所示。

 通过以上方法即可完成删除通道的操作，如图 11-12 所示。

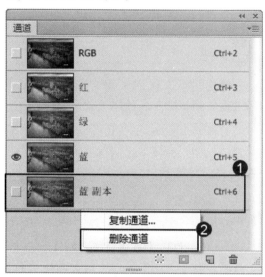

图 11-11

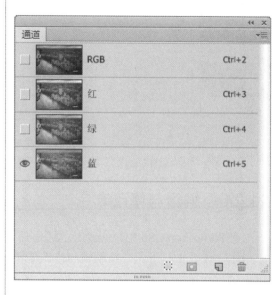

图 11-12

11.2.5 新建专色通道

在 Photoshop CS6 中，使用专色通道功能，用户可以保存专色信息，每个专色通道只能存储一个专色信息。下面介绍新建专色通道的方法。

 ① 打开图像文件后，在【通道】面板中，单击【面板】下拉按钮，② 在弹出的下拉菜单中，选择【新建专色通道】菜单项，如图 11-13 所示。

 ① 弹出【新建专色通道】对话框，在【颜色】框中选取准备使用的颜色，② 单击【确定】按钮，如图 11-14 所示。

图 11-13

图 11-14

3 通过以上方法即可完成新建专色通道的操作，如图 11-15 所示。

图 11-15

智慧锦囊

在 Photoshop CS6 中，在【通道】面板中创建一个专色通道后，单击【面板】下拉按钮 ，在弹出的下拉菜单中，选择【合并专色通道】菜单项，用户可以将创建的专色通道与复合通道进行合并。

考考您

请您根据上述方法新建图像的一个专色通道，测试一下您的学习效果。

11.2.6 编辑与修改专色

在 Photoshop CS6 中，创建专色通道后，用户可以编辑与修改通道的专色颜色，方便用户制作特殊效果。下面介绍编辑与修改专色的操作方法。

 1 打开图像文件后，在【通道】面板中，双击创建的专色通道，如图 11-16 所示。

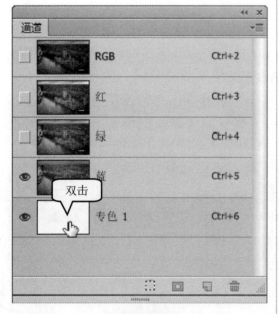

图 11-16

 2 ① 弹出【专色通道选项】对话框，在【颜色】框中选取准备使用的颜色，② 单击【确定】按钮，如图 11-17 所示。

图 11-17

智慧锦囊

在 Photoshop CS6 中，专色具有准确性、实地性、不透明性和透明性、表现色域宽等特点。用户在使用专色和专色通道之前，要清楚专色图像是否需要镂空；专色油墨叠印在其他油墨上时，如何防止龟纹的出现。

通过以上方法即可完成编辑与修改专色通道的操作，如图 11-18 所示。

图 11-18

 考考您

请您根据上述方法编辑与修改专色通道，测试一下您的学习效果。

11.3 什么是蒙版

在 Photoshop CS6 中，蒙版可将不同灰度色值转化为不同的透明度，并作用到它所在的图层，使图层不同部位的透明度产生相应的变化。本节将重点介绍蒙版方面的知识。

11.3.1 了解蒙版

在 Photoshop CS6 中，在【蒙版】面板中可以调整不透明度和羽化范围等，同时也可以对图层蒙版、矢量蒙版和剪贴蒙版进行调整，如图 11-19 所示。

图 11-19

■ 图层蒙版：使用图层蒙版可以将图像进行合成，蒙版中的白色区域可以遮盖下方图层中的内容，黑色区域可以遮盖当前图层中的内容。

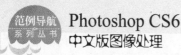

- 矢量蒙版：矢量蒙版是由路径工具创建的蒙版，该蒙版可以通过路径与矢量图形控制图形的显示区域。
- 剪贴蒙版：在 Photoshop CS6 中，使用剪贴蒙版，用户可以通过一个图层来控制多个图层的显示区域。

11.3.2 蒙版的作用

在 Photoshop CS6 中，蒙版具有用于控制图像显示区域的功能，用户可以隐藏不想显示的区域，但不会将其内容从图像中删除。蒙版具有转换方便、修改方便和可使用不同滤镜等优点。

- 转换方便：在 Photoshop CS6 中，任意灰度图都可以转换成蒙版，操作方便。
- 修改方便：在 Photoshop CS6 中，使用蒙版，不会因为使用橡皮擦工具或剪切删除功能而造成不可挽回的错误。
- 使用不同滤镜：在 Photoshop CS6 中，利用蒙版，用户可以使用不同滤镜，制作出不同的效果。

11.4 图层蒙版

在 Photoshop CS6 中，图层蒙版用于创建与分辨率相同的位图图像，使用图层蒙版可以进行合成图像的操作。本节将重点介绍图层蒙版方面的知识。

11.4.1 创建图层蒙版

使用图层蒙版可以合成图像，蒙版中的白色区域可以遮盖下方图层中的内容，黑色区域可以遮盖当前图层中的内容。下面介绍创建图层蒙版的方法。

step 1 ① 在【图层】面板中，选择准备添加图层蒙版的图层，② 在【图层】面板底部，单击【添加图层蒙版】按钮，如图 11-20 所示。

图 11-20

step 2 通过以上方法即可完成创建图层蒙版的操作，如图 11-21 所示。

图 11-21

11.4.2　将选区转换成图层蒙版

在 Photoshop CS6 中，用户可以将选区中的内容创建为蒙版，并快速进行更换背景的操作。下面介绍将选区转换成图层蒙版的方法。

step 1　① 打开图像文件后，在文档窗口中，选取需要添加图层蒙版的选区，② 在【图层】面板中，单击【添加图层蒙版】按钮 ，如图 11-22 所示。

step 2　通过以上方法即可完成将选区转换成图层蒙版的操作，如图 11-23 所示。

图 11-23

图 11-22

11.4.3　应用图层蒙版

在 Photoshop CS6 中，应用图层蒙版，用户可以永久删除图层的隐藏部分。下面介绍应用图层蒙版的方法。

step 1　① 打开图像文件后，在【图层】面板中，右击需要应用的图层蒙版，② 在弹出的快捷菜单中，选择【应用图层蒙版】菜单项，如图 11-24 所示。

step 2　此时，图层蒙版已经转换成普通图层，如图 11-25 所示，这样即可完成应用图层蒙版的操作。

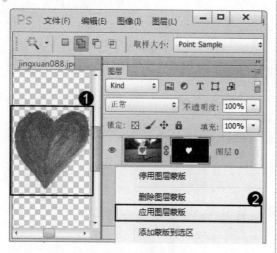

图 11-24

图 11-25

11.4.4 停用图层蒙版

在 Photoshop CS6 中，停用图层蒙版是将当前创建的蒙版暂停使用。下面介绍停用图层蒙版的方法。

step 1 ① 打开图像文件后，在【图层】面板中，右击需要停用的图层蒙版，② 在弹出的快捷菜单中，选择【停用图层蒙版】菜单项，如图 11-26 所示。

step 2 此时，选中的图层蒙版已经停用，如图 11-27 所示，这样即可完成停用图层蒙版的操作。

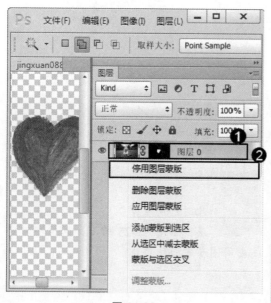

图 11-26

图 11-27

在 Photoshop CS6 中，单击【图层】主菜单，在弹出的下拉菜单中，选择【图层蒙版】菜单项，在弹出的子菜单中，选择【启用】菜单项，用户可以对停用的蒙版进行启用操作。

11.4.5 删除图层蒙版

在 Photoshop CS6 中，如果创建的图层蒙版已经不能满足用户编辑的需要，用户可以对其进行删除操作，这样即可删除不必要的效果，又可节省操作空间。下面介绍删除图层蒙版的方法。

step 1 ① 打开图像文件后，在【图层】面板中，右击需要删除的图层蒙版，② 在弹出的快捷菜单中，选择【删除图层蒙版】菜单项，如图 11-28 所示。

step 2 此时，选中的图层蒙版已经删除，如图 11-29 所示，这样即可完成删除图层蒙版的操作。

图 11-28

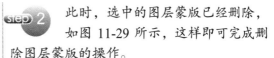

图 11-29

11.4.6 链接与取消链接图层蒙版

在 Photoshop CS6 中，图层与蒙版之间是链接的，创建图层蒙版后，如果需要单独编辑某一项，可以将两者的链接取消。下面介绍链接与取消链接图层蒙版的方法。

step 1 打开图像文件后，在【图层】面板中，单击准备取消的【指示图层蒙版链接到图层】按钮 🔗，如图 11-30 所示。

step 2 此时，在【图层】面板中，创建的图层蒙版链接已经被取消，如图 11-31 所示，这样即可完成取消链接图层蒙版的操作。

图 11-30

图 11-31

step 3　取消链接后，在【图层】面板中，单击准备链接的【指示图层蒙版链接到图层】按钮，如图 11-32 所示。

step 4　此时，在【图层】面板中，图层蒙版已经被链接，如图 11-33 所示，这样即可完成链接图层蒙版的操作。

图 11-32

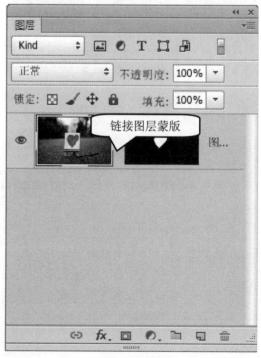

图 11-33

11.5 矢量蒙版

矢量蒙版是由钢笔工具或形状工具创建的蒙版，它可以通过图像路径与矢量图形来控制图形的显示区域。本节将重点介绍矢量蒙版方面的知识。

11.5.1 创建矢量蒙版

在 Photoshop CS6 中，用户可以使用钢笔工具或形状工具创建工作路径，并将其转换为矢量蒙版。下面将介绍创建矢量蒙版的方法。

 step 1 ① 在工具箱中，单击【自定形状工具】按钮 ，② 在形状工具选项栏中，单击【形状】下拉按钮 ，③ 在弹出的下拉面板中，选择准备使用的形状，如图 11-34 所示。

图 11-34

step 2 在文档窗口中绘制一个形状路径，如图 11-35 所示。

图 11-35

 step 3 ① 单击【图层】主菜单，② 在弹出的下拉菜单中，选择【矢量蒙版】菜单项，③ 在弹出的子菜单中，选择【当前路径】菜单项，如图 11-36 所示。

step 4 通过以上方法即可完成创建矢量蒙版的操作，如图 11-37 所示。

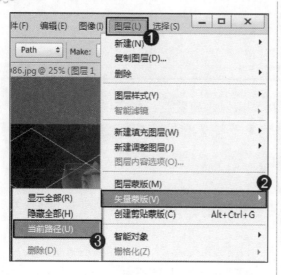

图 11-36

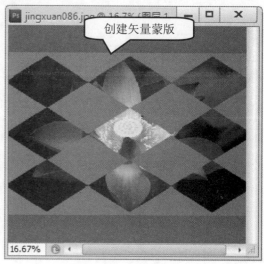

创建矢量蒙版

图 11-37

11.5.2　在矢量蒙版中添加形状

在 Photoshop CS6 中，用户可以向矢量蒙版中添加形状，以便制作出需要的图形效果。下面将介绍向矢量蒙版中添加形状的方法。

step 1 ① 选中创建的矢量蒙版后，在工具箱中，单击【自定形状工具】按钮，② 在形状工具选项栏中，在【路径】下拉列表框中，选择 Path 选项，③ 单击【形状】下拉按钮，在弹出的下拉面板中，选择准备使用的形状，如图 11-38 所示。

step 2 在文档窗口中，在指定的图像位置绘制准备添加的形状，如图 11-39 所示，这样即可完成在矢量蒙版中添加形状的操作。

图 11-38

添加一个形状

图 11-39

11.5.3　将矢量蒙版转换为图层蒙版

在 Photoshop CS6 中，如果准备使用图层蒙版对图层进行编辑，用户可以将矢量蒙版转换为图层蒙版。下面介绍将矢量蒙版转换为图层蒙版的操作方法。

step 1　① 在图像中创建矢量蒙版后，单击【图层】主菜单，② 在弹出的下拉菜单中，选择【栅格化】菜单项，③ 在弹出的子菜单中，选择【矢量蒙版】菜单项，如图 11-40 所示。

step 2　在【图层】面板中，创建的矢量蒙版已经转换成图层蒙版，如图 11-41 所示，这样即可完成将矢量蒙版转换为图层蒙版的操作。

图 11-40

图 11-41

 ## 11.6　剪贴蒙版

在 Photoshop CS6 中，剪贴蒙版也称剪贴组，它通过使用处于下方图层的形状来限制上方图层的显示状态，达到一种剪贴画的效果。剪贴蒙版在 Photoshop CS6 中是一个非常特别的蒙版，使用它可以制作出一些特殊的效果。本节将重点介绍剪贴蒙版方面的知识。

11.6.1　创建剪贴蒙版

在 Photoshop CS6 中，用户可以在图像中创建任意形状并添加剪贴蒙版，制作出不同的艺术效果。下面介绍创建剪贴蒙版的操作方法。

step 1 ① 打开图像文件后，在"背景 副本"图层和"背景"图层之间创建一个新图层，② 在工具箱中，单击【自定形状工具】按钮 ，③ 在形状工具选项栏中，在【路径】下拉列表框中，选择 Shape 选项，④ 在文档窗口中，绘制一个形状图形，如图 11-42 所示。

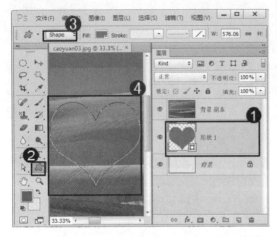

图 11-42

step 3 通过以上方法即可完成创建剪贴蒙版的操作，如图 11-44 所示。

图 11-44

step 2 ① 选择"背景 副本"图层，② 单击【图层】主菜单，③ 在弹出的下拉菜单中，选择【创建剪贴蒙版】菜单项，如图 11-43 所示。

图 11-43

智慧锦囊

在 Photoshop CS6 中，在【图层】面板中，选中准备创建剪贴蒙版的图层后，按 Ctrl+Alt+G 组合键，用户同样可以将选中的图层创建成剪贴蒙版。

考考您

请您根据上述方法创建一个剪贴蒙版，测试一下您的学习效果。

11.6.2 设置剪贴蒙版的不透明度

在 Photoshop CS6 中，创建剪贴蒙版后，用户可以设置剪贴蒙版的不透明度，以便制作特殊的艺术效果。下面介绍设置剪贴蒙版不透明度的操作方法。

step 1 ① 创建剪贴蒙版后，在【图层】面板中，选择创建的剪贴蒙版，② 在【不透明度】文本框中，输入剪贴蒙版的不透明度数值，如图 11-45 所示。

图 11-45

step 2 通过以上方法即可完成设置剪贴蒙版不透明度的操作，如图 11-46 所示。

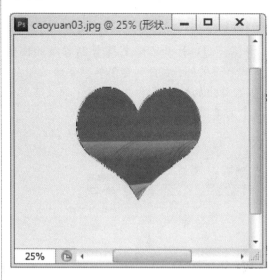

图 11-46

11.6.3 设置剪贴蒙版的混合模式

在 Photoshop CS6 中，用户可以对创建的剪贴蒙版设置混合模式。下面介绍设置剪贴蒙版混合模式的操作方法。

step 1 ① 选择准备设置混合模式的剪贴蒙版，打开【图层样式】对话框，选择【颜色叠加】选项，② 在【颜色】框中，设置准备使用颜色叠加的颜色，③ 单击【确定】按钮，如图 11-47 所示。

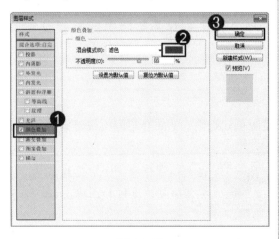

图 11-47

step 2 通过以上操作方法即可完成设置剪贴蒙版混合模式的操作，如图 11-48 所示。

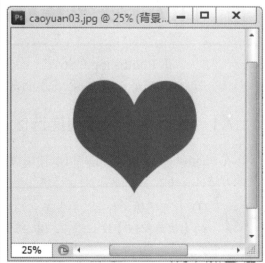

图 11-48

11.6.4 释放剪贴蒙版

在 Photoshop CS6 中，如果不再准备使用剪贴蒙版，用户可以将其还原成普通图层。下面介绍释放剪贴蒙版的方法。

 ① 打开已经创建剪贴蒙版的图像文件，右击创建了剪贴蒙版的图层，② 在弹出的快捷菜单中，选择【释放剪贴蒙版】菜单项，如图 11-49 所示。

 通过以上操作方法即可完成释放剪贴蒙版的操作，如图 11-50 所示。

图 11-49

图 11-50

11.7 快速蒙版

在 Photoshop CS6 中，快速蒙版是用来创建和编辑选区的蒙版。本节将重点介绍快速蒙版方面的知识。

11.7.1 应用快速蒙版创建选区

在 Photoshop CS6 中，用户可以使用快速蒙版创建选区。下面介绍应用快速蒙版创建选区的方法。

 ① 打开图像文件后，单击工具箱中的【快速蒙版】按钮 ，② 将前景色设置成黑色，③ 单击【画笔】工具按钮 ，如图 11-51 所示。

在文档窗口中，使用画笔工具，涂抹需要创建选区的图像，如图 11-52 所示。

图 11-51

step 3 涂抹完图像后，再次单击【快速蒙版】按钮 ，如图 11-53 所示。

图 11-52

step 4 通过以上方法即可完成应用快速蒙版创建选区的操作，如图 11-54 所示。

图 11-53

图 11-54

11.7.2　设置快速蒙版选项

　　默认情况下，快速蒙版为透明度 50%的红色，用户可以根据绘制图像的需要设置快速蒙版选项，以便用户更好地使用快速蒙版功能。下面介绍设置快速蒙版选项的方法。

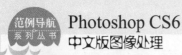

Photoshop CS6 中文版图像处理

Step 1 打开图像后，双击工具箱中的【快速蒙版】按钮，如图11-55所示。

图 11-55

Step 2 ① 弹出【快速蒙版选项】对话框，在【颜色】选项组中，在【不透明度】文本框中，输入不透明度数值，② 单击【确定】按钮，如图11-56所示，这样即可完成设置快速蒙版选项的操作。

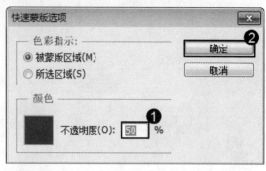

图 11-56

请您根据上述方法设置快速蒙版选项，测试一下您的学习效果。

在 Photoshop CS6 中，在蒙版上用黑色绘制的区域将会受到保护，而蒙版上用白色绘制的区域是可编辑区域。使用快速蒙版模式可将选区转换为临时蒙版以便更轻松地编辑。快速蒙版将作为带有可调整的不透明度的颜色叠加出现。退出快速蒙版模式之后，蒙版将转换为图像上的一个选区。

11.8 范例应用与上机操作

通过本章的学习，读者可以掌握通道与蒙版方面的知识。下面介绍几个范例应用与上机操作，以达到巩固学习的目的。

11.8.1 使用通道绘制相框

在 Photoshop CS6 中，用户运用本章及前几章所学的知识，可以在图像文件中制作出相框效果。下面将详细介绍使用通道绘制相框的操作方法。

素材文件 配套素材\第11章\素材文件\白色小猫.jpg
效果文件 配套素材\第11章\效果文件\11.8.1 使用通道绘制相框.jpg

Step 1 ① 打开素材文件后，在【通道】面板中，单击【创建新通道】按钮，② 这样即可在【通道】面板中，创建一个 Alpha 通道，如图11-57所示。

Step 2 ① 在工具箱中，单击【画笔工具】按钮，② 在文档窗口中，随意涂抹出一个形状，如图11-58所示。

314

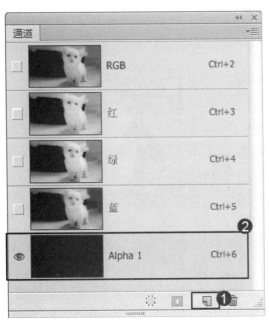

图 11-57

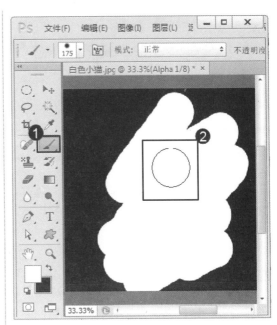

图 11-58

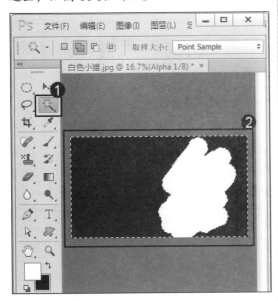

图 11-59

图 11-60

step 3 ① 涂抹出一个形状后，在工具箱中，单击【魔棒工具】按钮 ，② 在文档窗口中，单击黑色区域部分，创建选区，如图 11-59 所示。

step 4 ① 按 Shift+F6 快捷键，弹出【羽化选区】对话框，在【羽化半径】文本框中，输入羽化数值，② 单击【确定】按钮，羽化选区，如图 11-60 所示。

step 5 ① 按 Delete 键，弹出【填充】对话框，在【使用】下拉列表框中，选择【背景色】选项，② 单击【确定】按钮，如图 11-61 所示。

step 6 按 Ctrl+D 快捷键，取消创建的选区，如图 11-62 所示。

第二章　通道与蒙版

315

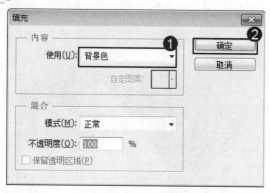

图 11-61

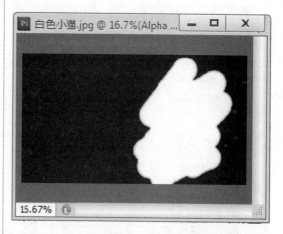

图 11-62

step 7 ① 单击【滤镜】主菜单，② 在弹出的下拉菜单中，选择【锐化】菜单项，③ 在弹出的子菜单中，选择【USM锐化】菜单项，如图 11-63 所示。

step 8 ① 弹出【USM 锐化】对话框，在【数量】文本框中，输入图像锐化的数量值，② 在【半径】文本框中，输入图像锐化的半径数值，③ 在【阈值】文本框中，输入图像锐化的阈值，④ 单击【确定】按钮，如图 11-64 所示。

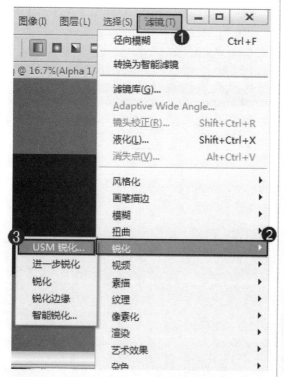

图 11-63

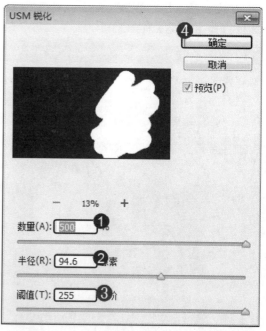

图 11-64

step 9 ① 锐化图形后，单击【滤镜】主菜单，② 在弹出的下拉菜单中，选择【风格化】菜单项，③ 在弹出的子菜单中，选择【扩散】菜单项，如图 11-65 所示。

step 10 ① 弹出【扩散】对话框，在【模式】选项组中，选中【正常】单选按钮，② 单击【确定】按钮，如图 11-66 所示。

图 11-65

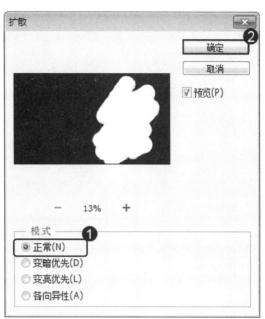

图 11-66

step11　① 设置图像扩散效果后，单击【滤镜】主菜单，② 在弹出的下拉菜单中，选择【模糊】菜单项，③ 在弹出的子菜单中，选择 More Blurs 菜单项，④ 在弹出的子菜单中，选择【径向模糊】菜单项，如图 11-67 所示。

step12　① 弹出【径向模糊】对话框，在【数量】文本框中，输入图像径向模糊的数量值，② 在【模糊方法】选项组中，选中【缩放】单选按钮，③ 在【品质】选项组中，选中【好】单选按钮，④ 单击【确定】按钮，如图 11-68 所示。

图 11-67

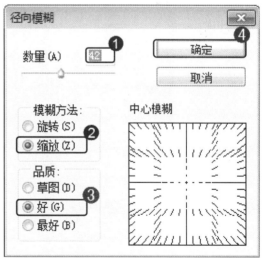

图 11-68

step13　设置模糊效果后，在按住 Ctrl 键的同时，单击创建的 Alpha1 通道，创建选区，如图 11-69 所示。

step14　创建选区后，在【图层】面板中，按 Ctrl+J 快捷键，复制"背景"图层，如图 11-70 所示。

第二章　通道与蒙版

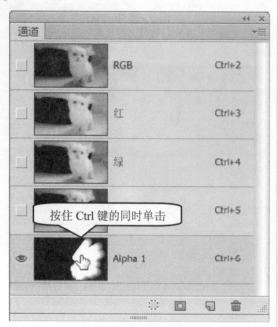

图 11-69

图 11-70

step15 ① 复制图层后，在【图层】面板中，选择准备添加图层蒙版的图层，② 在【图层】面板底部，单击【添加图层蒙版】按钮 ▣ ，添加图层蒙版，如图 11-71 所示。

step16 添加图层蒙版后，在【图层】面板中，选择"背景"图层，如图 11-72 所示。

图 11-71

图 11-72

step17 ① 在工具箱中，单击【渐变工具】按钮 ▣ ，② 在文档窗口中，填充一个渐变颜色，如图 11-73 所示。

step18 保存文档，这样即可完成使用通道绘制相框的操作，如图 11-74 所示。

图 11-73

图 11-74

11.8.2 使用快速蒙版制作图像撕裂效果

在 Photoshop CS6 中,用户运用本章及前几章所学的知识,可以在图像文件中制作出撕裂效果。下面将详细介绍使用快速蒙版制作图像撕裂效果的操作方法。

素材文件 ❀ 配套素材\第 11 章\素材文件\蔚蓝海风.jpg
效果文件 ❀ 配套素材\第 11 章\效果文件\使用快速蒙版制作图像撕裂效果.jpg

 打开素材文件后,在【图层】面板中,按 Ctrl+J 快捷键,复制"背景"图层,如图 11-75 所示。

step 2 ① 在工具箱中,单击【多边形套索工具】按钮 ,② 在文档窗口中,随意绘制出一个选区,如图 11-76 所示。

图 11-75

图 11-76

step 3 ① 创建选区后，单击工具箱中的【快速蒙版】按钮 ◻，② 在文档窗口中，红色区域表示被蒙住的区域，如图 11-77 所示。

图 11-77

step 5 ① 弹出【晶格化】对话框，在【单元格大小】文本框中，输入图像晶格化的大小数值，② 单击【确定】按钮，如图 11-79 所示。

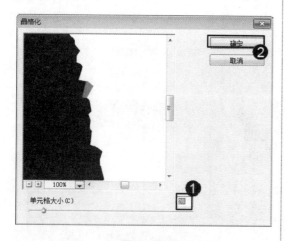

图 11-79

step 4 ① 单击【滤镜】主菜单，② 在弹出的下拉菜单中，选择【像素化】菜单项，③ 在弹出的子菜单中，选择【晶格化】菜单项，如图 11-78 所示。

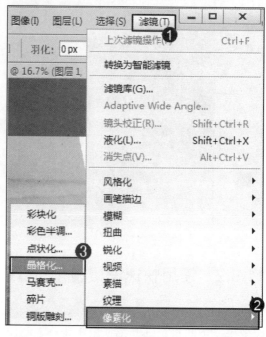

图 11-78

step 6 返回到文档窗口中，可以看到红色区域边缘出现锯齿状，如图 11-80 所示。

图 11-80

step 7 ① 再次单击工具箱中的【快速蒙版】按钮 ⊡ ，退出快速蒙版状态，② 在文档窗口中，已经显示出选区不规则，如图 11-81 所示。

图 11-81

step 8 按 Ctrl+T 快捷键，自由变换选区内的图形，制作撕裂效果，如图 11-82 所示。

自由变换图形

图 11-82

step 9 制作完撕裂效果并取消选区后，在【图层】面板中，选择"背景"图层并填充指定的颜色，如"白色"，如图 11-83 所示。

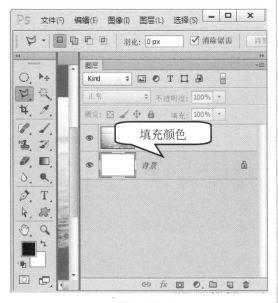

填充颜色

图 11-83

step 10 保存文档，这样即可完成使用快速蒙版制作图像撕裂效果的操作，如图 11-84 所示。

图 11-84

第二章 通道与蒙版

321

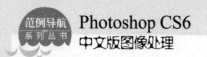

▦ 11.9 课后练习

11.9.1 思考与练习

一、填空题

1. 在 Photoshop CS6 中，_____可以表示选择区域和墨水强度，同时还可以表示_____和颜色等信息。通道共分为三种类型，分别是颜色通道、_____和专色通道。

2. _____是由钢笔工具或_____创建的蒙版，它可以通过图像路径与矢量图形来控制图形的_____。

3. 在 Photoshop CS6 中，剪贴蒙版也称_____，它是通过使用处于下方图层的形状来限制上方图层的_____，达到一种_____的效果。剪贴蒙版在 Photoshop CS6 中是一个非常特别的蒙版，使用它可以制作出一些特殊的效果。

二、判断题

1. 在 Photoshop CS6 中，用户可以使用快速蒙版创建选区。
2. 在 Photoshop CS6 中，用户可以将选区中的内容创建为蒙版。
3. 在 Photoshop CS6 中，如果准备使用图层蒙版对图层进行编辑，用户可以将矢量蒙版转换为剪贴蒙版。

三、思考题

1. 如何停用图层蒙版？
2. 如何应用快速蒙版创建选区？

11.9.2 上机操作

1. 启动 Photoshop CS6 软件，完成创建 Alpha 通道的操作练习。
2. 启动 Photoshop CS6 软件，完成创建图层蒙版的操作练习。

第 **12** 章

文字工具

　　本章主要介绍创建横排文字与直排文字、段落文字和选区文字方面的知识，同时还讲解变形文字、路径文字和编辑文字方面的操作技巧。通过本章的学习，读者可以掌握文字工具方面的知识，为深入学习 Photoshop CS6 知识奠定良好基础。

范 例 导 航

1. 创建横排文字与直排文字
2. 段落文字
3. 选区文字
4. 变形文字
5. 路径文字
6. 编辑文字

12.1　创建横排文字与直排文字

在 Photoshop CS6 中，使用工具箱中的文字工具，用户可以创建出精美的文字或文字选区，以便制作出用户满意的文本效果。创建文字包括输入横排文字、输入直排文字等。本节将重点介绍创建横排文字与直排文字方面的知识。

12.1.1　创建横排文字

在 Photoshop CS6 中，使用工具箱中的横排文字工具，用户可以输入横排文字。下面介绍创建横排文字的操作方法。

step 1　① 打开图像文件，单击工具箱中的【横排文字】按钮 T，② 在横排文字工具选项栏中，在【字体】下拉列表框中选择字体，③ 在【字号大小】下拉列表框中，设置字号大小，④ 在文档窗口中，在指定位置单击并输入文字，如图 12-1 所示。

step 2　输入横排文字后，按下 Ctrl+Enter 快捷键，这样即可退出文字编辑状态，完成创建横排文字的操作，如图 12-2 所示。

图 12-1

图 12-2

12.1.2　创建直排文字

在 Photoshop CS6 中，使用工具箱中的直排文字工具，用户可以输入直排文字。下面介绍创建直排文字的操作方法。

step 1 ① 打开图像文件,单击工具箱中的【直排文字】按钮 **IT**,② 在直排文字工具选项栏中,在【字体】下拉列表框中选择字体,③ 在【字号大小】下拉列表框中设置字号大小,④ 在文档窗口中,在指定位置单击并输入文字,如图12-3所示。

图 12-3

step 2 输入直排文字后,按 Ctrl+Enter 快捷键,这样即可退出文字编辑状态,完成创建直排文字的操作,如图 12-4 所示。

图 12-4

12.2　段落文字

在 Photoshop CS6 中,段落文字就是创建于文字定界框内的文字。段落文字的基本操作包括创建段落文字、设置段落的对齐与缩进方式和设置段落的前后间距等。本节将重点介绍段落文字方面的知识。

12.2.1　创建段落文字

在 Photoshop CS6 中,在定界框中输入段落文字时,系统提供自动换行和文字区域大小可调等功能。下面介绍创建段落文字的方法。

step 1 ① 打开图像文件,单击工具箱中的【横排文字】按钮 **T**,② 在文档窗口中,在图像指定位置处,拖动鼠标划取一个段落文字定界框,如图12-5所示。

step 2 ① 在直排文字工具选项栏中,在【字体】下拉列表框中,选择准备应用的字体,② 在【字体大小】下拉列表框中,设置字体大小,③ 在段落文字定界框中,输入文字,如图12-6所示。

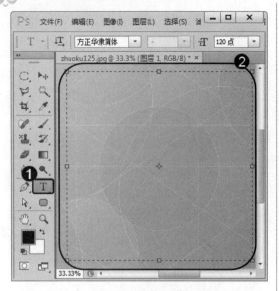

图 12-5

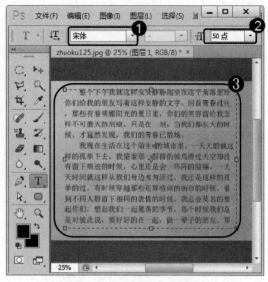

图 12-6

step 3 输入段落文字后，按 Ctrl+Enter 快捷键，这样即可退出文字编辑状态，完成创建段落文字的操作，如图 12-7 所示。

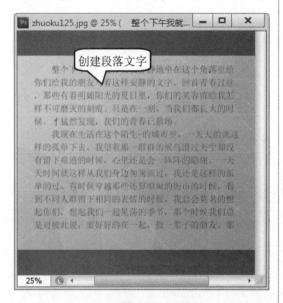

图 12-7

智慧锦囊

在 Photoshop CS6 中使用文字工具创建直排文字或横排文字的过程中，如果需要移动已经创建的文字，用户可以单击工具箱中的【移动工具】按钮，进行移动操作。

考考您

请您根据上述方法创建一个段落文本，测试一下您的学习效果。

12.2.2　设置段落文字的对齐与缩进方式

在 Photoshop CS6 中，使用【段落】面板，用户可以对文字的段落属性进行设置，如调整对齐方式和缩进量等，使其更加美观。下面介绍设置段落文字的对齐与缩进方式的方法。

step 1 打开已创建文字的图像文件,在【图层】面板中,选择准备设置的文字图层,如图12-8所示。

图 12-8

step 3 这样即可完成设置段落文字的对齐与缩进方式的操作,如图12-10所示。

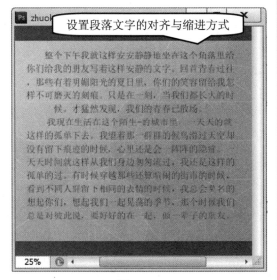

图 12-10

step 2 ① 在【段落】面板中,按下【居中对齐文本】按钮,② 在【左推进】文本框中,设置缩进大小的数值,③ 在【右推进】文本框中,设置缩进大小的数值,如图12-9所示。

图 12-9

 智慧锦囊

在 Photoshop CS6 中,在【段落】面板中,用户可以对段落文字进行避头尾法则的设置,包括"无"、"JIS 宽松"和"JIS 严格"三种法则。

考考您

请您根据上述方法设置段落文字的对齐与缩进方式,测试一下您的学习效果。

12.2.3 设置段落文字的前后间距

在 Photoshop CS6 中,用户在【段落】面板中的【段前添加空格】文本框和【段后添加空格】文本框中可以调整段落文字的间距。下面介绍设置段落文字的前后间距的方法。

step 1 ① 在文档窗口中，选择准备设置段落间距的段落文字，② 在【段落】面板中，在【段前添加空格】文本框中，设置段前添加空格间距的数值，③ 在【段后添加空格】文本框中，设置段后添加空格间距的数值，如图 12-11 所示。

step 2 通过以上方法即可完成设置段落文字的前后间距的操作，如图 12-12 所示。

图 12-11

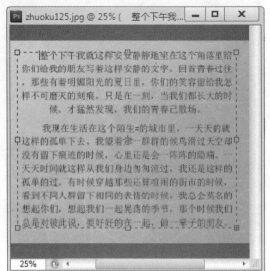

图 12-12

12.3 选区文字

在 Photoshop CS6 中，创建选区文字后，用户可以对选区文字进行填充、描边的操作；用户也可以对创建的文字进行选择文字选区的操作。本节将重点介绍创建选区文字方面的知识。

12.3.1 创建选区文字

在 Photoshop CS6 中，使用工具箱中的横排文字蒙版工具和直排文字蒙版工具，用户可以创建选区文字。下面介绍创建选区文字的方法。

 **step 1** ① 打开图像文件后，单击工具箱中的【横排文字蒙版工具】按钮 T，② 在工具选项栏中，在【字体】下拉列表框中选择字体，③ 在【字号大小】下拉列表框中设置字号大小，④ 在文档窗口中，在指定位置单击，进入文字蒙版，输入文本，如图 12-13 所示。

step 2 输入蒙版文字后，按 Ctrl+Enter 快捷键，这样即可退出文字编辑状态，完成创建选区文字的操作，如图 12-14 所示。

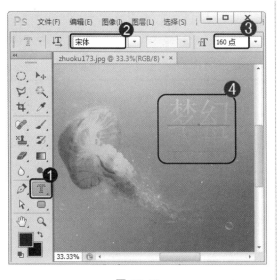

图 12-13

图 12-14

12.3.2 选择文字选区

在 Photoshop CS6 中，创建文字后，用户可以选择文字的选区，以进行移动或编辑选区等操作。下面介绍选择文字选区的方法。

step 1 打开创建文字的图像文件后，在按住 Ctrl 键的同时，在【图层】面板中，单击准备选择文字选区的文字图层，如图 12-15 所示。

step 2 此时，文档窗口中的文字选区已经被选中，如图 12-16 所示，这样即可完成选择文字选区的操作。

图 12-15

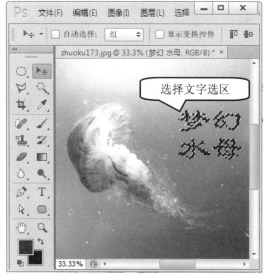

图 12-16

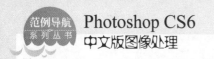

12.4 变形文字

在 Photoshop CS6 中，通过创建变形文字效果，用户可以更改文字的形状，美化文本。变形文字的基本操作包括创建变形文字和设置变形选项等。本节将介绍变形文字方面的知识。

12.4.1 创建变形文字

在 Photoshop CS6 中，用户可以对创建的文字进行处理得到变形文字，如拱形、波浪和鱼形等。下面介绍创建变形文字的方法。

step 1 ① 创建文字后，单击工具箱中的【横排文字工具】按钮 T，② 在【图层】面板中选中准备设置的文字图层，③ 在文字工具选项栏中单击【创建变形文字】按钮 工，如图 12-17 所示。

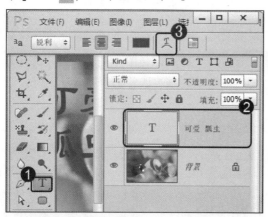

图 12-17

step 3 通过以上方法即可完成创建变形文字的操作，如图 12-19 所示。

图 12-19

step 2 ① 弹出【变形文字】对话框，在【样式】下拉列表框中，选择准备应用的样式，② 在【弯曲】文本框中，输入弯曲数值，③ 在【水平扭曲】文本框中，输入字体水平扭曲度，④ 在【垂直扭曲】文本框中，输入字体垂直扭曲度，⑤ 单击【确定】按钮，如图 12-18 所示。

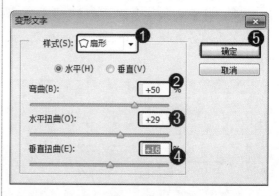

图 12-18

考考您

请您根据上述方法创建一个变形文字，测试一下您的学习效果。

12.4.2　编辑变形文字选项

在 Photoshop CS6 中，用户可以重新编辑变形文字的选项，对已经创建的变形文字进行编辑操作。下面介绍编辑变形文字选项的方法。

step 1 ① 创建文字后，在【图层】面板中，右击准备设置的文字图层，② 在弹出的快捷菜单中，选择【文字变形】菜单项，如图 12-20 所示。

图 12-20

step 3 通过以上方法即可完成编辑变形文字选项的操作，如图 12-22 所示。

图 12-22

step 2 ① 弹出【变形文字】对话框，在【样式】下拉列表框中，选择准备应用的样式，② 在【弯曲】文本框中，输入弯曲数值，③ 在【水平扭曲】文本框中，输入字体水平扭曲度，④ 单击【确定】按钮，如图 12-21 所示。

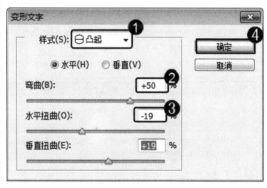

图 12-21

智慧锦囊

在 Photoshop CS6 中，变形文字的样式包括扇形、下弧、上弧、拱形、凸起，贝壳、旗帜、波浪、鱼形、增加、鱼眼、膨胀、挤压、扭转等。

考考您

请您根据上述方法编辑变形文字选项，测试一下您的学习效果。

第12章　文字工具

12.5 路径文字

在 Photoshop CS6 中，用户可以使创建的文字沿路径排列，同时也可以将创建的路径文字进行移动与翻转。本节将介绍路径文字方面的知识。

12.5.1 创建路径文字

在 Photoshop CS6 中，创建完路径后，用户可以沿路径输入文字。下面介绍创建路径文字的方法。

step 1 ① 打开图像文件后，在工具箱中单击【钢笔工具】按钮，② 在钢笔工具选项栏中，选择 Path 选项，③ 在文档窗口中，绘制一条曲线路径，如图 12-23 所示。

step 2 ① 绘制曲线路径后，在工具箱中单击【横排文字工具】按钮，② 将鼠标指针移动至路径处，当鼠标指针变为形状时，单击鼠标，如图 12-24 所示。

图 12-23

图 12-24

step 3 进入文字路径编辑状态后，在路径上输入文本，如图 12-25 所示。

step 4 按 Ctrl+Enter 快捷键，退出文字编辑状态，这样即可完成创建路径文字的操作，如图 12-26 所示。

图 12-25

图 12-26

12.5.2 移动与翻转路径文字

创建路径文字后，用户即可移动与翻转路径文字，以便制作出合适的艺术效果。下面介绍移动与翻转路径文字的操作方法。

step 1 创建路径文字后，将光标定位在文字上，当鼠标指针变为 形状后，拖动鼠标移动文字，如图 12-27 所示。

step 2 将文字移动至合适的位置后释放鼠标，这样即可完成移动路径文字的操作，如图 12-28 所示。

图 12-27

拖动鼠标移动文字

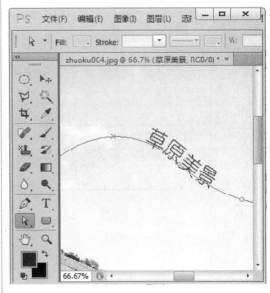

图 12-28

step 3　进入路径文字编辑状态后，在按住 Ctrl 键的同时向下拖动创建的文字，如图 12-29 所示。

step 4　通过以上方法即可完成翻转路径文字的操作，如图 12-30 所示。

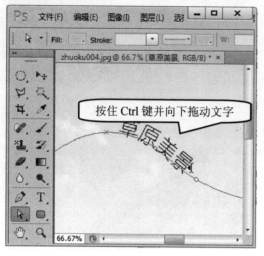

图 12-29

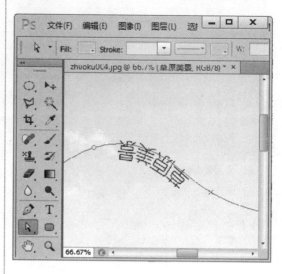

图 12-30

12.5.3　编辑路径文字

创建路径文字后，用户还可以编辑路径文字的样式，以便更美观地展示效果。下面介绍编辑路径文字的操作方法。

step 1　① 在工具箱中单击【横排文字工具】按钮 T，② 选中创建的路径文字，如图 12-31 所示。

step 2　① 在工具栏中，在【字体】下拉列表框中选择字体，② 在【字号大小】下拉列表框中设置字号大小，③ 这样即可完成编辑路径文字的操作，如图 12-32 所示。

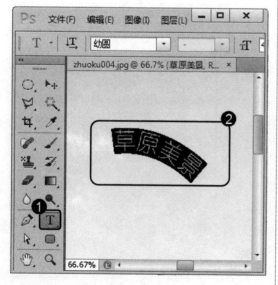

图 12-31

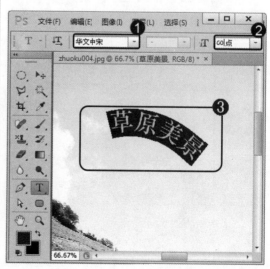

图 12-32

12.6 编辑文字

在 Photoshop CS6 中,创建文字后,用户可以对创建的文字进行编辑操作,以获得符合要求的文字样式。本节将重点介绍编辑文字方面的知识。

12.6.1 切换文字方向

在 Photoshop CS6 中,用户可以根据绘制图像的需要,对创建文字的方向进行切换。下面介绍切换文字方向的方法。

step 1 ① 创建文字后,单击工具箱中的【横排文字】按钮 T,进入文字编辑模式,② 在文字工具选项栏中,单击【切换文本方向】按钮 ,如图 12-33 所示。

step 2 通过以上方法即可完成切换文字方向的操作,如图 12-34 所示。

图 12-33

图 12-34

12.6.2 将文字转换为形状

在 Photoshop CS6 中,用户可以将文字直接转换为具有矢量蒙版的形状图层,转换后不会保留文字图层。下面介绍将文字转换为形状的方法。

step 1 ① 创建文字后,在【图层】面板中,右击准备转换为形状图层的文字图层,② 在弹出的快捷菜单中,选择【转换为形状】菜单项,如图 12-35 所示。

step 2 此时,返回到文档窗口中,文字已经转换成形状,这样即可完成将文字转换为形状的操作,如图 12-36 所示。

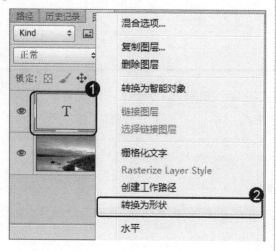

图 12-35

图 12-36

12.6.3　查找和替换文字

在 Photoshop CS6 中，如果准备批量更改文本，用户可以使用查找和替换功能。下面介绍查找和替换文字的方法。

step 1　① 创建段落文字后，单击【编辑】主菜单，② 在弹出的下拉菜单中，选择【查找和替换文本】菜单项，如图 12-37 所示。

step 2　① 弹出【查找和替换文本】对话框，在【查找内容】文本框中，输入准备查找的文字，② 在【更改为】文本框中，输入准备替换的文字，③ 单击【更改全部】按钮，如图 12-38 所示。

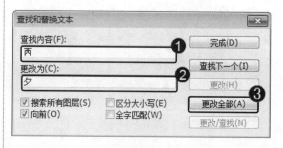

图 12-38

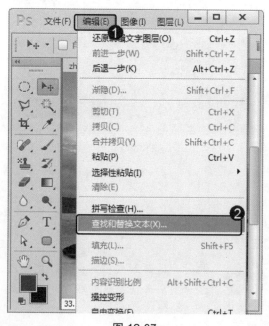

图 12-37

step 3 弹出 Adobe Photoshop CS6 对话框，单击【确定】按钮，如图 12-39 所示。

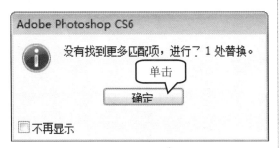

图 12-39

step 4 通过以上方法即可完成查找和替换文字的操作，如图 12-40 所示。

图 12-40

12.6.4 将文字转换为路径

在 Photoshop CS6 中，用户可以将文字直接转换为路径，而文字属性保持不变。下面介绍将文字转换为路径的方法。

step 1 ① 创建文字后，在【图层】面板中，右击准备转换为路径的文字图层，② 在弹出的快捷菜单中，选择【创建工作路径】菜单项，如图 12-41 所示。

图 12-41

step 2 通过以上方法即可完成将文字转换为路径的操作，如图 12-42 所示。

图 12-42

第12章 文字工具

337

12.6.5 栅格化文字

在 Photoshop CS6 中，如果准备对文字进行滤镜、变换等操作时，用户必须对文字进行栅格化处理。下面介绍栅格化文字的方法。

① 创建文字后，右击准备栅格化的文字图层，② 在弹出的快捷菜单中，选择【栅格化文字】菜单项，如图 12-43 所示。

通过以上方法即可完成栅格化文字的操作，如图 12-44 所示。

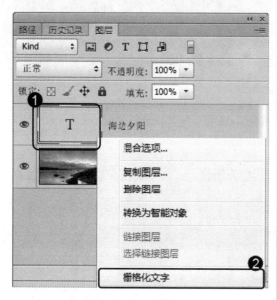

图 12-43

图 12-44

12.7 范例应用与上机操作

通过本章的学习，读者可以掌握文字工具方面的知识。下面介绍几个范例应用与上机操作，以达到巩固学习的目的。

12.7.1 制作梦幻漂亮的彩色艺术字

在 Photoshop CS6 中，用户运用本章及前几章所学的知识，可以制作出梦幻漂亮的彩色艺术字。下面将详细介绍制作梦幻漂亮的彩色艺术字的操作方法。

素材文件❀ 配套素材\第 12 章\素材文件\背景素材.jpg

效果文件❀ 配套素材\第 12 章\效果文件\12.7.1 制作梦幻漂亮的彩色艺术字.jpg

step 1 新建一个透明文档，其长度与宽度均为 230 像素，如图 12-45 所示。

图 12-45

step 3 ① 在工具箱中，设置前景色为灰色，② 按 Alt+Delete 快捷键，填充前景色，如图 12-47 所示。

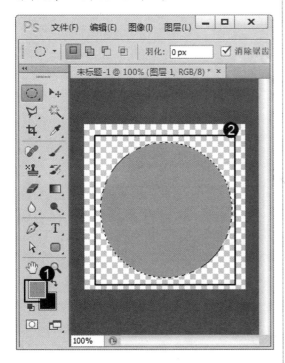

图 12-47

step 2 ① 在工具箱中，单击【椭圆选框】按钮，② 在文档窗口中，绘制一个椭圆选区，如图 12-46 所示。

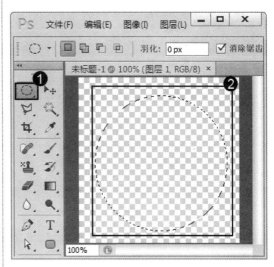

图 12-46

step 4 按 Ctrl+D 快捷键，取消创建的选区，如图 12-48 所示。

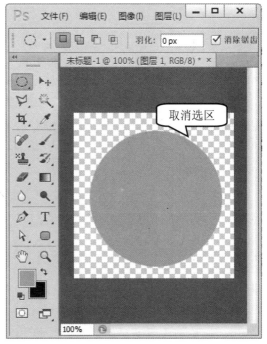

图 12-48

step 5　① 在【图层】面板中，右击准备设置常规混合选项的图层，② 在弹出的快捷菜单中，选择【混合选项】菜单项，如图 12-49 所示。

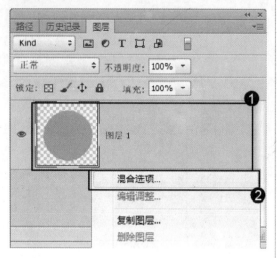

图 12-49

step 7　在【图层样式】对话框中，在【渐变】下拉列表框上单击，如图 12-51 所示。

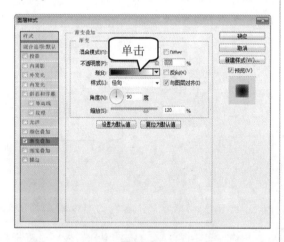

图 12-51

step 9　返回到【图层样式】对话框中，单击【确定】按钮，如图 12-53 所示。

step 6　① 弹出【图层样式】对话框，选择【渐变叠加】选项，② 在【样式】下拉列表框中，选择【径向】选项，如图 12-50 所示。

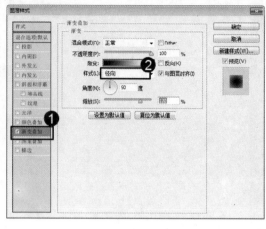

图 12-50

step 8　① 弹出【渐变编辑器】对话框，在【渐变类型】选项组中，设置渐变色标颜色，从左至右颜色分别为"#e9e9e9"、"#b3b3b3"和"#636363"，② 单击【确定】按钮，如图 12-52 所示。

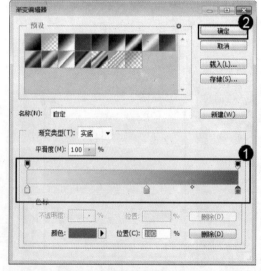

图 12-52

step 10　返回到文档窗口中，绘制的圆形已经被添加了渐变叠加样式，如图 12-54 所示。

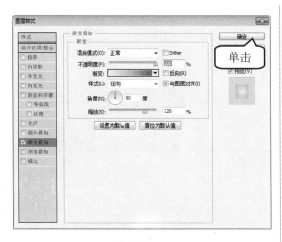

图 12-53

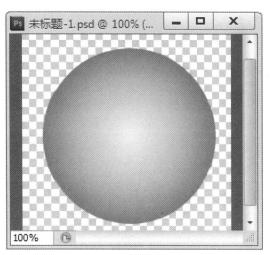

图 12-54

step11 ① 单击【编辑】主菜单，② 在弹出的下拉菜单中，选择【定义画笔预设】菜单项，如图 12-55 所示。

step12 ① 弹出【画笔名称】对话框，在【名称】文本框中输入准备保存的画笔名称，② 单击【确定】按钮，如图 12-56 所示。

图 12-56

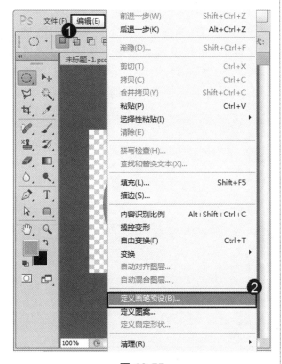

图 12-55

智慧锦囊

在 Photoshop CS6 中，在定义画笔预设的过程中，如果有创建选区，程序将定义选区内的图形作为画笔样式；如果没有创建选区，程序则会把当前图层的所有东西都作为一个画笔样式来定义。

step13 新建一个空白文档，其长度为 700 像素，宽度则为 493 像素，如图 12-57 所示。

step14 ① 在工具箱中，单击【渐变工具】按钮，② 在【前景色】框和【背景色】框中，设置准备渐变的颜色，如前景色为 "#a6a301"，背景色为 "486024"，③ 在渐变工具选项栏中，单击【渐变样式的管理

图 12-57

step 15 打开素材文件"背景素材.jpg",将其拖入刚刚创建的渐变颜色的图纸上,如图 12-59 所示。

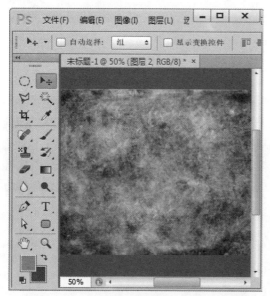

图 12-59

step 17 ① 弹出【色相/饱和度】对话框,在【饱和度】文本框中,设置饱和度数值为-100,② 单击【确定】按钮,如图 12-61 所示。

器】下拉按钮 ,④ 在弹出的下拉面板中,选择准备应用的渐变样式,⑤ 在文档窗口中,填充渐变颜色,如图 12-58 所示。

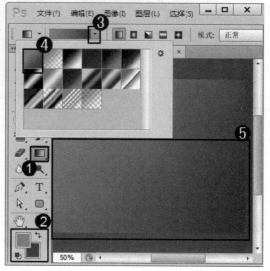

图 12-58

step 16 ① 单击【图像】主菜单,② 在弹出的下拉菜单中,选择【调整】菜单项,③ 在弹出的子菜单中,选择【色相/饱和度】菜单项,如图 12-60 所示。

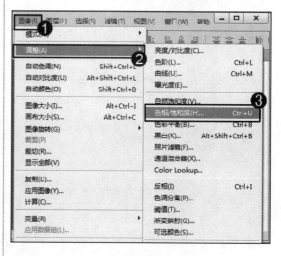

图 12-60

step 18 在【图层】面板中,将素材层的图层混合模式更改为【柔光】选项,如图 12-62 所示。

图 12-61

图 12-62

step 19 ① 设置素材混合模式后按 Ctrl+M 快捷键,弹出【曲线】对话框,在【曲线调整】区域中,在【高光】范围内,向上拉伸曲线,设置第一个调整点,这样可以增加图像高光亮度,② 在【阴影】范围内,向下拉伸曲线,设置第二个调整点,这样可以增强图像阴影亮度,③ 单击【确定】按钮,如图 12-63 所示。

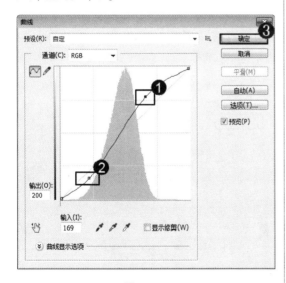

图 12-63

step 21 ① 创建文本后,在工具箱中,将前景色设置为"#6f500c",② 将创建的文本选中并填充成前景色,如图 12-65 所示。

step 20 ① 设置素材的亮度和对比度后,单击工具箱中的【横排文字】按钮 T,② 在横排文字工具选项栏中,在【字体】下拉列表框中选择字体,③ 在【字号大小】下拉列表框中设置字号大小,④ 在文档窗口中,在指定位置单击并输入文字,如图 12-64 所示。

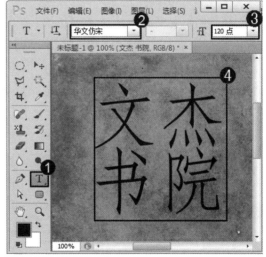

图 12-64

step 22 ① 在【图层】面板中,双击文字图层,弹出【图层样式】对话框,选择【投影】选项,② 在【混合模式】下拉列表框中,选择【正片叠底】选项,③ 取消选中【使用全局光】复选框,④ 在【角度】文

图 12-65

本框中，输入投影角度值，如"-36"，⑤ 在【距离】文本框中，输入投影距离值，如"11"，⑥ 在【扩展】文本框中，输入投影扩展值，如"15"，⑦ 在【大小】文本框中，输入投影大小值，如"13"，⑧ 单击【确定】按钮，如图 12-66 所示。

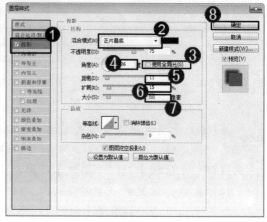

图 12-66

step23 ① 设置字体投影效果后，打开【画笔】面板，在【画笔笔尖形状】区域，选择刚刚定义的画笔形状，② 在【大小】文本框中设置画笔的大小，③ 在【间距】文本框中输入画笔的角度值，如图 12-67 所示。

step24 ① 选中【形状动态】复选框，② 在【大小抖动】文本框中，输入数值，③ 在【角度抖动】文本框中，输入数值，④ 在【最小圆度】文本框中，输入数值，如图 12-68 所示。

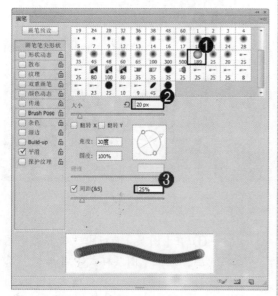

图 12-67

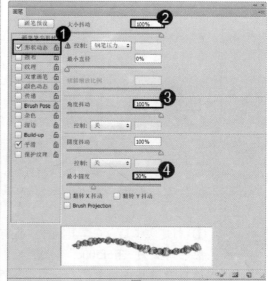

图 12-68

step25 ① 选中【散布】复选框，② 在【散布】文本框中，输入画笔散布的范围值，③ 在【数量】文本框中，输入画笔散布的数量值，④ 在【数量抖动】文本框中，输入画笔散布的抖动值，如图 12-69 所示。

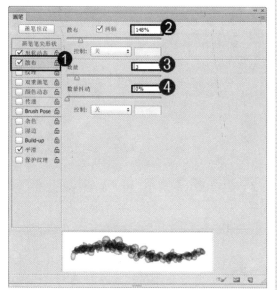

图 12-69

step26 ① 选中【颜色动态】复选框，② 在【前景/背景抖动】文本框中，输入数值，③ 在【色相抖动】文本框中，输入数值，④ 在【亮度抖动】文本框中，输入数值，如图 12-70 所示。

图 12-70

step27 ① 设置画笔样式后，在【图层】面板中，右击文字图层，② 在弹出的快捷菜单中，选择【创建工作路径】菜单项，如图 12-71 所示。

图 12-71

step28 ① 创建工作路径后，在工具箱中，在【前景色】框和【背景色】框中设置准备应用的颜色，如前景色为"# a7a400"，背景色为"5a5919"，② 在【图层】面板中，新建一个名为"绿"的图层，如图 12-72 所示。

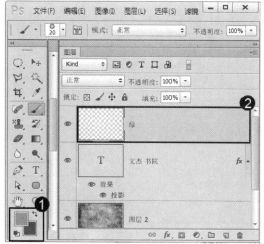

图 12-72

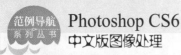
step29 ① 在工具箱中，单击【选择工具】按钮 ，② 在文档窗口中，右击创建的工作路径，在弹出的快捷菜单中，选择【描边路径】菜单项，如图 12-73 所示。

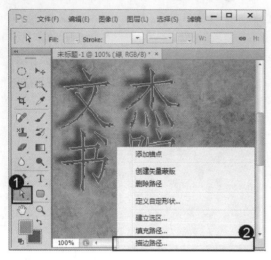

图 12-73

step31 描边工作路径后，效果如图 12-75 所示。

图 12-75

step30 ① 弹出【描边路径】对话框，在【工具】下拉列表框中，设置描边工具，如【画笔】，② 取消选中【模拟压力】复选框，③ 单击【确定】按钮，如图 12-74 所示。

图 12-74

step32 ① 打开【画笔】面板，在【画笔笔尖形状】区域，选择具有喷溅效果的画笔形状，② 在【大小】文本框中，设置画笔的大小，如图 12-76 所示。

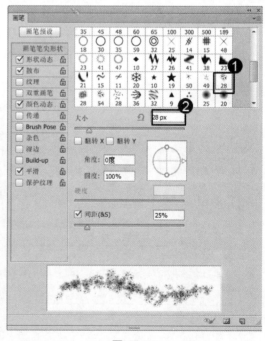

图 12-76

step33 ① 选中【形状动态】复选框，② 在【大小抖动】文本框中，输入数值，③ 在【角度抖动】文本框中，输入数值，④ 在【最小圆度】文本框中，输入数值，如图 12-77 所示。

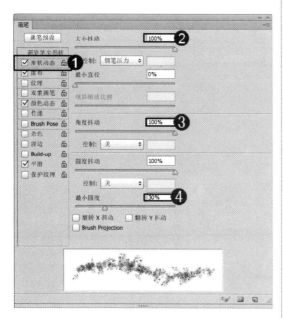

图 12-77

step34 ① 选中【散布】复选框，② 在【散布】文本框中，输入画笔散布的范围值，③ 在【数量】文本框中，输入画笔散布的数量值，④ 在【数量抖动】文本框中，输入画笔散布的抖动值，如图 12-78 所示。

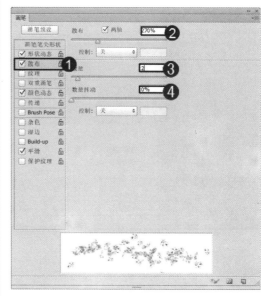

图 12-78

step35 ① 选中【颜色动态】复选框，② 在【前景/背景抖动】文本框中，输入数值，③ 在【色相抖动】文本框中，输入数值，④ 在【亮度抖动】文本框中，输入数值，如图 12-79 所示。

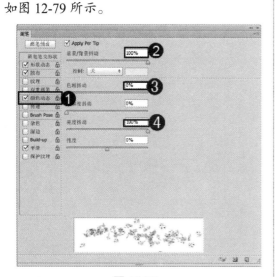

图 12-79

step36 ① 在工具箱中，在【前景色】框和【背景色】框中设置颜色，如前景色为"#f49e9c"，背景色为"#df0024"，② 在【图层】面板中，新建一个名为"玫瑰色"的图层，如图 12-80 所示。

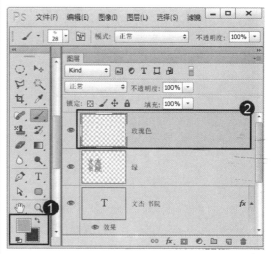

图 12-80

step37 ① 在工具箱中，单击【选择工具】按钮 ，② 在文档窗口中，右击创建的工作路径，在弹出的快捷菜单中，选择【描边路径】菜单项，如图 12-81 所示。

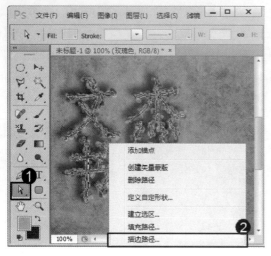

图 12-81

step38 ① 弹出【描边路径】对话框，在【工具】下拉列表框中，设置描边工具，如【画笔】，② 取消选中【模拟压力】复选框，③ 单击【确定】按钮，如图 12-82 所示。

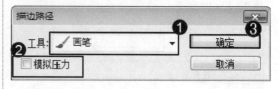

图 12-82

step39 描边工作路径后，效果如图 12-83 所示。

图 12-83

step40 在【图层】面板中，将素材层的图层混合模式更改为【颜色减淡】选项，如图 12-84 所示。

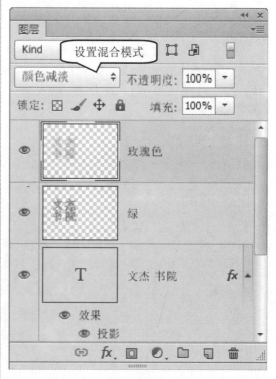

图 12-84

step41 ① 在工具箱中，单击【选择工具】按钮 ，② 在文档窗口中，右击创建的工作路径，在弹出的快捷菜单中，选择【删除路径】菜单项，如图 12-85 所示。

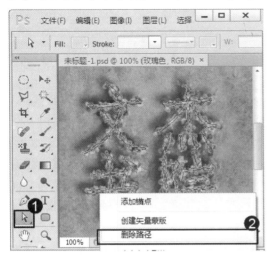

图 12-85

step43 ① 合并图层后，双击合并的图层，弹出【图层样式】对话框，选择【投影】选项，② 在【混合模式】下拉列表框中，选择【正片叠底】选项，③ 在【角度】文本框中，输入投影角度值，④ 在【距离】文本框中，输入投影距离值，⑤ 在【大小】文本框中，输入投影大小值，⑥ 单击【确定】按钮，如图 12-87 所示。

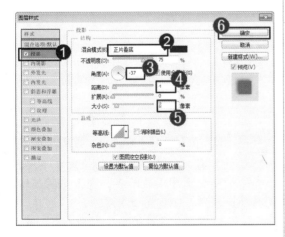

图 12-87

step42 删除工作路径后，在【图层】面板中，将"绿"层和"玫瑰色"层合并，如图 12-86 所示。

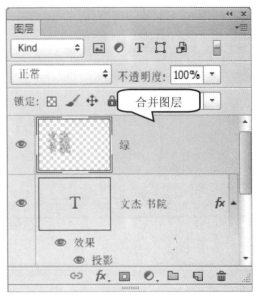

图 12-86

step44 保存文档，这样即可完成制作梦幻漂亮的彩色艺术字的操作，如图 12-88 所示。

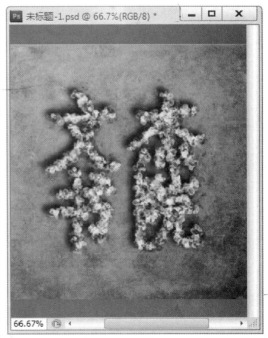

图 12-88

12.7.2　制作晶莹剔透的文字效果

在 Photoshop CS6 中，用户运用本章及前几章所学的知识，可以制作出一个晶莹剔透的文字效果。下面将详细介绍制作晶莹剔透的文字效果的操作方法。

素材文件 ❀ 无

效果文件 ❀ 配套素材\第 12 章\效果文件\12.7.2　制作晶莹剔透的文字效果.jpg

step 1 ① 启动 Photoshop CS6 主程序，单击【文件】主菜单，② 在弹出的下拉菜单中，选择【新建】菜单项，如图 12-89 所示。

图 12-89

step 2 ① 弹出【新建】对话框，在【名称】文本框中，输入新建图像的名称，② 在【宽度】文本框中，设置新建文件的宽度值，如 10 厘米，③ 在【高度】文本框中，设置新建文件的高度值，如 5 厘米，④ 在【分辨率】文本框中，设置图像的分辨率为 300 像素/英寸，⑤ 单击【确定】按钮，如图 12-90 所示。

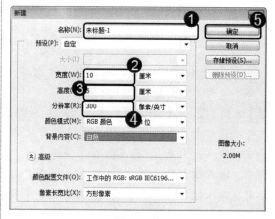

图 12-90

step 3 ① 新建空白文档后，单击工具箱中的【横排文字】按钮 ，② 在横排文字工具选项栏中，在【字体】下拉列表框中选择字体，③ 在【字号大小】下拉列表框中设置字号大小，④ 在文档窗口中，在指定位置单击并输入文字，如"文杰书院"，如图 12-91 所示。

step 4 ① 在【图层】面板中，在文字图层上右击，② 在弹出的快捷菜单中，选择【栅格化文字】菜单项，将文字图层转换为普通图层，如图 12-92 所示。

图 12-91

step 5 ① 双击栅格化的文字图层，弹出【图层样式】对话框，选择【投影】选项，② 在【混合模式】下拉列表框中，选择【正片叠底】选项，③ 在【角度】文本框中，输入投影角度值，④ 在【距离】文本框中，输入投影距离值，⑤ 在【大小】文本框中，输入投影大小值，⑥ 单击【确定】按钮，如图 12-93 所示。

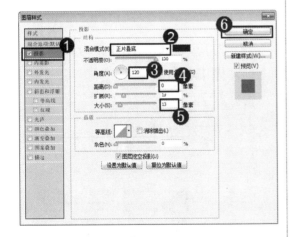

图 12-93

step 7 ① 在【图层】面板中，单击【添加图层样式】按钮 fx.，② 在弹出的下拉菜单中，选择【斜面和浮雕】菜单项，如图 12-95 所示。

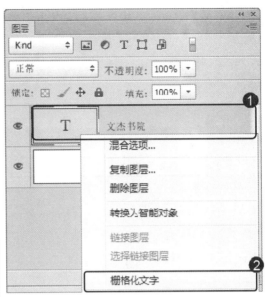

图 12-92

step 6 设置投影样式后，文字效果如图 12-94 所示。

图 12-94

step 8 ① 弹出【图层样式】对话框，在【大小】文本框中，输入斜面和浮雕大小值，② 在【高度】文本框中，输入斜面和浮雕高度值，③ 将【高光模式】的不透明度

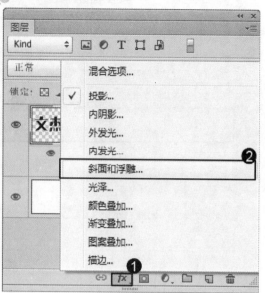

图 12-95

设置为100，④ 在【阴影模式】下拉列表框中，选择【颜色加深】选项，⑤ 将【阴影模式】的不透明度设置为26，⑥ 单击【确定】按钮，如图 12-96 所示。

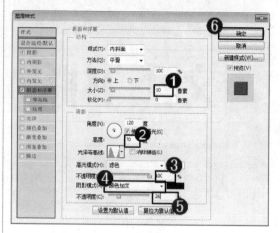

图 12-96

step 9　设置斜面和浮雕样式后，文字效果如图 12-97 所示。

图 12-97

step 10　① 在【图层】面板中，单击【添加图层样式】按钮 fx，② 在弹出的下拉菜单中，选择【颜色叠加】菜单项，如图 12-98 所示。

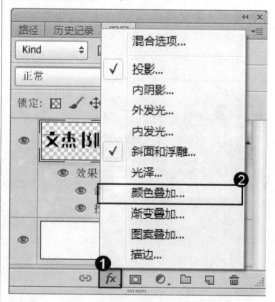

图 12-98

step 11　① 弹出【图层样式】对话框，在【颜色】框中，设置准备应用的颜色，② 单击【确定】按钮，如图 12-99 所示。

step 12　① 在【图层】面板中，单击【添加图层样式】按钮 fx，② 在弹出的下拉菜单中，选择【内阴影】菜单项，如图 12-100 所示。

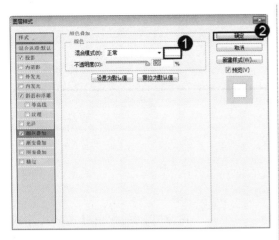

图 12-99

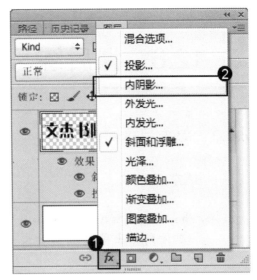

图 12-100

step13 ① 弹出【图层样式】对话框，在【不透明度】文本框中，设置不透明度为50%，② 在【距离】文本框中，输入内阴影距离值，③ 在【大小】文本框中，输入内阴影大小值，④ 单击【确定】按钮，如图 12-101 所示。

step14 通过以上方法即可完成制作晶莹剔透的文字效果的操作，如图 12-102 所示。

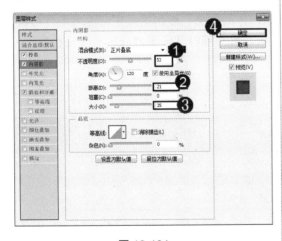

图 12-101

图 12-102

第12章 文字工具

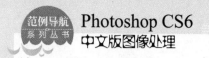

 12.8　课后练习

12.8.1　思考与练习

一、填空题

1. 在 Photoshop CS6 中，使用工具箱中的_____，用户可以创建出精美的文字或_____，以便制作出用户满意的文本效果。创建文字包括输入横排文字、输入_____等。

2. 在 Photoshop CS6 中，_____就是创建于文字定界框内的文字。段落文字的基本操作包括创建段落文字、_____和设置段落的_____等。

3. 在 Photoshop CS6 中，通过创建变形文字效果，用户可以更改文字的_____，美化文本。变形文字的基本操作包括创建变形文字和_____等。

二、判断题

1. 在 Photoshop CS6 中，使用工具箱中的横排文字工具和直排文字工具，用户可以创建文字的选区。

2. 在 Photoshop CS6 中，用户可以根据绘制图像的需要，对创建文字的方向进行切换。

3. 在 Photoshop CS6 中，使用【图层】面板，用户可以对文字的段落属性进行设置，如调整对齐方式和缩进量等，使其更加美观。

三、思考题

1. 如何创建直排文字？
2. 如何将文字转换为形状？

12.8.2　上机操作

1. 启动 Photoshop CS6 软件，打开"配套素材\第 12 章\素材文件\云淡风轻.psd"文件，进行选择素材"云淡风轻"文字选区的练习。

2. 启动 Photoshop CS6 软件，打开"配套素材\第 12 章\素材文件\城堡.psd"文件，进行替换素材"城堡"错别字的练习。效果文件可参考"配套素材\第 12 章\效果文件\城堡.psd"。

第13章

动作与任务自动化

本章主要介绍【动作】面板、创建与设置动作方面的知识，同时还讲解编辑与管理动作和批处理方面的操作技巧。通过本章的学习，读者可以掌握动作与任务自动化方面的知识，为深入学习 Photoshop CS6 知识奠定良好基础。

范 例 导 航

1. 了解动作
2. 创建与设置动作
3. 编辑与管理动作
4. 批处理

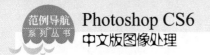

 # 13.1 了解动作

在 Photoshop CS6 中，动作用来记录 Photoshop 的操作步骤，从而便于再次回放以提高工作效率和标准化操作流程。本节将介绍动作方面的基础知识。

13.1.1 【动作】面板

在 Photoshop CS6 中，【动作】面板用于执行对动作的编辑操作，如创建和修改动作等。在【窗口】主菜单中，选择【动作】菜单项即可显示【动作】面板，如图 13-1 所示。

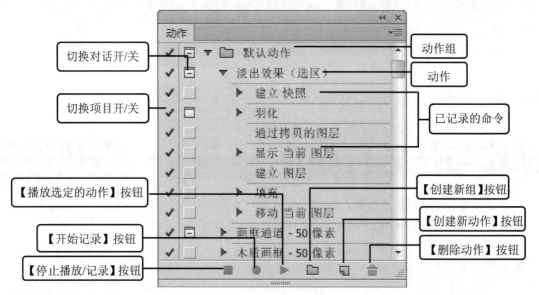

图 13-1

- 动作组/动作/已记录的命令：动作组是一系列动作的集合，动作是一系列操作命令的集合，单击下三角按钮，可以展开命令列表，显示命令的具体参数。

- 切换项目开/关：如果目前的动作组、动作和已记录的命令中显示 ✔ 标志，表示这个动作组、动作和已记录的命令可以执行；如果无该标志，则动作组和已记录的命令不能执行。

- 切换对话开/关：如果命令前有 □ 标志，表示动作执行到该命令时暂停，并打开相应命令的对话框，可以修改相应命令的参数，单击【确定】按钮可以继续执行后面的动作；如果动作组和动作前出现该标志，并显示为红色，则表示该动作中有部分命令设置了暂停。

- 【停止播放/记录】按钮：单击该按钮可以停止播放动作和停止记录动作。

- 【开始记录】按钮：单击该按钮可以开始录制动作。

- 【播放选定的动作】按钮：选择一个动作后，单击该按钮可以播放该动作。
- 【创建新组】按钮：单击该按钮可以创建一个新的动作组。
- 【创建新动作】按钮：单击该按钮可以创建一个新动作。
- 【删除动作】按钮：单击该按钮将删除动作组、动作和已记录命令。

13.1.2　动作的基本功能

在 Photoshop CS6 中，动作是指在单个文件或一批文件上执行的一系列任务，如菜单命令、面板选项、工具动作等。例如，可以创建这样一个动作，首先更改图像大小，对图像应用效果，然后按照所需格式存储文件。

动作可以包含相应步骤，同时可以执行无法记录的任务(如使用绘画工具等)。动作也可以包含模态控制，使用户可以在播放动作时在对话框中输入值。用户可以记录、编辑、自定义和批处理动作，也可以使用动作组来管理各组动作。

13.2　创建与设置动作

在 Photoshop CS6 中，用户可以进行创建与设置动作的操作，这样可以使动作根据用户自定义的设置进行文件处理操作。本节将重点介绍创建与设置动作方面的知识。

13.2.1　录制动作

在 Photoshop CS6 中，处理图像时，如果经常使用同样的动作，用户可以对该动作进行录制，以方便日后重复使用。下面介绍录制动作的方法。

step 1　打开图像文件后，在【动作】面板中，单击【创建新动作】按钮 ，如图 13-2 所示。

step 2　① 弹出【新建动作】对话框，在【名称】文本框中，输入动作名称，② 单击【记录】按钮，如图 13-3 所示。

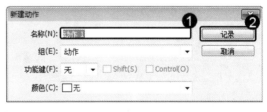

图 13-3

图 13-2

step 3　① 进入记录状态后，单击【图像】主菜单，② 在弹出的下拉菜单中，选择【模式】菜单项，③ 在弹出的子菜单中，选择【灰度】菜单项，如图 13-4 所示。

step 4　完成图像的编辑操作后，单击【停止播放/记录】按钮■，如图 13-5 所示，这样即可完成录制动作的操作。

图 13-4

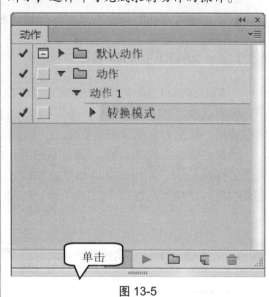

图 13-5

13.2.2　播放录制的动作

在 Photoshop CS6 中创建完动作后，用户可以运用该动作对其他图像进行设置。下面介绍播放录制的动作的方法。

step 1　① 打开需要播放动作的图像文件后，在【动作】面板中，选中需要播放的动作，② 单击【播放选定的动作】按钮▶，如图 13-6 所示。

step 2　通过以上方法即可完成播放录制的动作的操作，如图 13-7 所示。

图 13-6

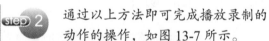

图 13-7

13.2.3　设置回放选项

在 Photoshop CS6 中录制动作后，用户可以调整动作的回放速度，或者对其进行暂停操作，这样便于对动作进行调整。下面介绍设置回放选项的方法。

 step 1 ① 打开图像文件后，单击【面板】按钮 ▼≡，② 在弹出的下拉菜单中，选择【回放选项】菜单项，如图 13-8 所示。

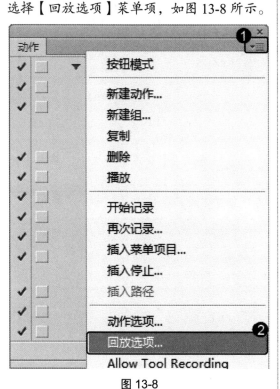

图 13-8

step 2 ① 弹出【回放选项】对话框，选中【加速】单选按钮，② 单击【确定】按钮，如图 13-9 所示，这样即可完成设置回放选项的操作。

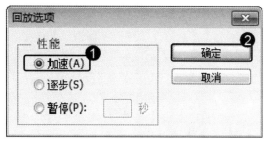

图 13-9

 看看您

请您根据上述方法设置动作回放选项，测试一下您的学习效果。

知识精讲 在 Photoshop CS6 中，长而复杂的动作有时不能正确播放，但是难以断定问题发生在何处。【回放选项】命令提供了加速、逐步和暂停三种播放动作的方式，使用户可以看到每一条命令的执行情况。

13.2.4　在动作中插入命令

在 Photoshop CS6 中，如果想在已经创建的动作中继续追加其他动作，用户可以在【动作】面板中，再次单击【开始记录】按钮 ●。下面介绍在动作中插入命令的方法。

step 1 ① 打开图像文件后，在【动作】面板中，选中需要继续记录其他命令的动作，② 单击【开始记录】按钮 ●，如图 13-10 所示。

step 2 ① 开始记录动作后，单击【图像】主菜单，② 在弹出的下拉菜单中，选择【调整】菜单项，③ 在弹出的子菜单中，选择【亮度/对比度】菜单项，如图 13-11 所示。

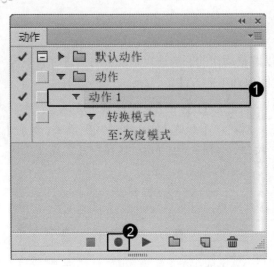

图 13-10

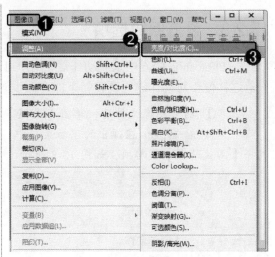

图 13-11

step 3　① 弹出【亮度/对比度】对话框，在【亮度】文本框中，输入亮度的数值，② 在【对比度】文本框中，输入对比度的数值，③ 单击【确定】按钮，如图 13-12所示。

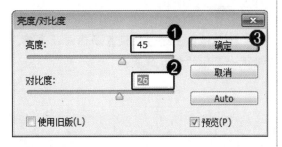

图 13-12

step 4　返回到【动作】面板中，单击【停止记录】按钮 ■，如图 13-13 所示，这样即可完成在动作中插入命令的操作。

图 13-13

13.2.5　在动作中插入路径

在 Photoshop CS6 中，用户可以在动作中插入路径，方便用户批量创建路径。下面介绍在动作中插入路径的方法。

　① 打开图像文件后，在【动作】面板中，选中准备插入路径的动作，② 单击【开始记录】按钮 ●，如图 13-14所示。

　① 开始记录动作后，单击【工具箱】中的【矩形工具】按钮 ■，② 在选项栏中，选择 Path 选项，③ 在文档窗口中绘制一个矩形路径，如图 13-15 所示。

图 13-14

图 13-15

step 3　返回到【动作】面板中，单击【停止记录】按钮 ■，如图 13-16 所示，这样即可完成在动作中插入路径的操作。

图 13-16

💡 智慧锦囊

　　在 Photoshop CS6 中，选定动作后，单击【面板】按钮，在弹出的下拉菜单中，选择【开始记录】菜单项，用户同样可以进行继续记录其他命令的操作。

✏️ 考考您

　　请您根据上述方法在动作中插入路径，测试一下您的学习效果。

▦ 13.3　编辑与管理动作

　　在 Photoshop CS6 中录制动作后，用户可以对【动作】面板中的动作进行整理，这样可以使其更具条理性，方便用户操作。下面介绍编辑与管理动作方面的知识。

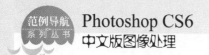
13.3.1 修改动作的名称

在 Photoshop CS6 中，用户可以对创建的动作进行修改动作名称的操作。下面介绍修改动作名称的方法。

step 1 打开图像文件后，在【动作】面板中双击准备修改名称的动作，如图 13-17 所示。

step 2 在弹出的文本框中，输入准备修改的动作名称，如图 13-18 所示，这样即可完成修改动作名称的操作。

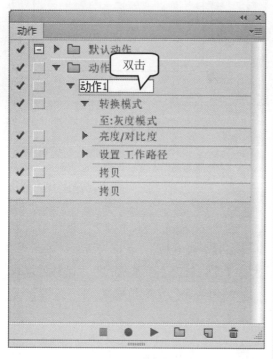

图 13-17

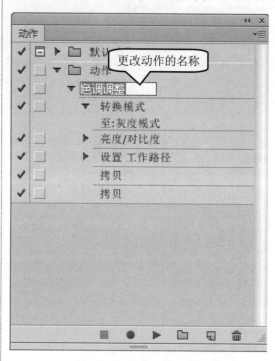

图 13-18

13.3.2 重排、复制与删除动作

在 Photoshop CS6 中，用户可以将创建的动作重排、复制与删除。下面介绍重排、复制与删除动作的方法。

1. 重排动作

在 Photoshop CS6 中，动作的顺序将影响图像效果的制作，创建动作后，用户可以重排动作的顺序。下面介绍重排的方法。

step 1 打开图像文件后，在【动作】面板中，选择准备排序的动作并按住鼠标左键向下拖动至指定位置，然后释放鼠标左键，如图 13-19 所示。

step 2 通过以上方法即可完成重排动作的操作，如图 13-20 所示。

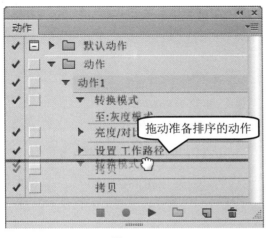

图 13-19

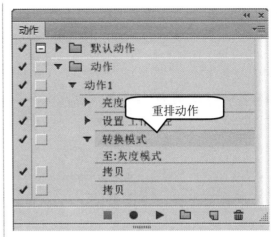

图 13-20

2. 复制动作

在 Photoshop CS6 中，用户可以对创建的动作命令进行复制操作。下面介绍复制动作的方法。

step 1　① 打开图像文件后，在【动作】面板中，选中需要复制的动作，② 单击【面板】按钮 ▾☰，③ 在弹出的下拉菜单中，选择【复制】菜单项，如图 13-21 所示。

step 2　通过以上方法即可完成复制动作的操作，如图 13-22 所示。

图 13-21

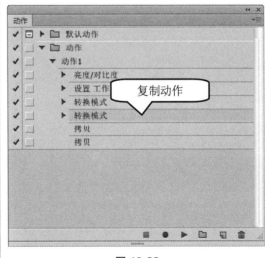

图 13-22

3. 删除动作

在 Photoshop CS6 中，用户可以对不再准备使用的动作进行删除操作。下面介绍删除动作的方法。

step 1 ① 打开图像文件后，在【动作】面板中，选中需要删除的动作，② 单击【面板】按钮，③ 在弹出的下拉菜单中，选择【删除】菜单项，如图 13-23 所示。

图 13-23

step 3 通过以上方法即可完成删除动作的操作，如图 13-25 所示。

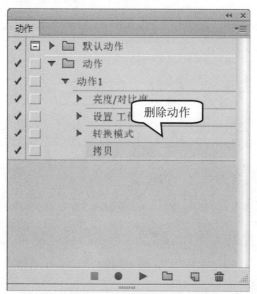

图 13-25

step 2 弹出 Adobe Photoshop CS6 对话框，单击【确定】按钮，如图 13-24 所示。

图 13-24

智慧锦囊

启动 Photoshop CS6 后，在【动作】面板中，选中并拖动准备删除的动作至【动作】面板底部【删除】按钮上，然后释放鼠标，用户同样可以进行删除动作的操作。

考考您

请您根据上述方法删除动作，测试一下您的学习效果。

13.3.3 插入停止命令

在 Photoshop CS6 中使用某一动作时，用户可以在该动作中插入停止，让动作播放到某一步时自动停止。下面介绍插入停止命令的方法。

step 1 ① 在【动作】面板中，选择准备插入停止命令的动作，② 单击【面板】按钮，③ 在弹出的下拉菜单中，选择【插入停止】菜单项，如图 13-26 所示。

图 13-26

step 3 通过以上方法即可完成插入停止命令的操作，如图 13-28 所示。

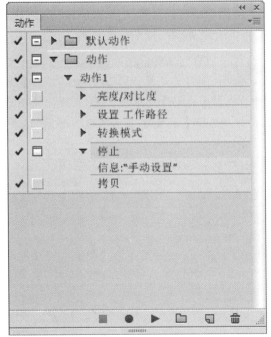

图 13-28

step 5 播放动作至停止命令的位置时，系统弹出【信息】对话框，单击【停止】按钮，即可停止播放动作，如图 13-30 所示。

step 2 ① 弹出【记录停止】对话框，在【信息】文本框中输入信息文字，② 单击【确定】按钮，如图 13-27 所示。

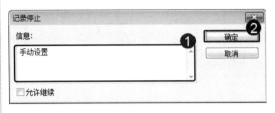

图 13-27

step 4 ① 打开一个图像文件，选中刚刚插入停止命令的动作，② 单击【播放选定的动作】按钮，如图 13-29 所示。

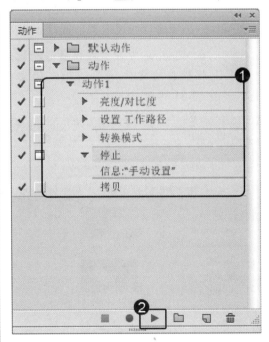

图 13-29

图 13-30

13.4　批处理

在 Photoshop CS6 中，录制动作后，用户可以使用创建的动作进行批处理操作，方便用户快捷编辑多个图形文件。下面介绍批处理方面的知识。

13.4.1　处理一批图像文件

在 Photoshop CS6 中，批处理是指将同一动作应用于所有的目标文件，这样可以对需要重复操作的图像进行快速设置，提高工作效率。下面介绍处理一批图像文件的方法。

step 1 在 Windows 7 中，将准备进行批处理操作的文件保存到指定的文件夹，如图 13-31 所示。

图 13-31

step 2 ① 启动 Photoshop CS6 后，单击【文件】主菜单，② 在弹出的下拉菜单中，选择【自动】菜单项，③ 在弹出的子菜单中，选择【批处理】菜单项，如图 13-32 所示。

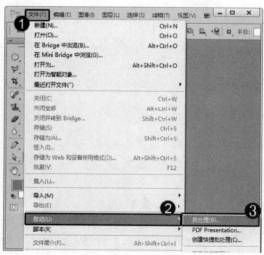

图 13-32

step 3　① 弹出【批处理】对话框，在【动作】下拉列表框中，选择需要应用的动作，② 在【源】下拉列表框中，选择源文件存放的类型，如【文件夹】，③ 单击【选择】按钮，如图 13-33 所示。

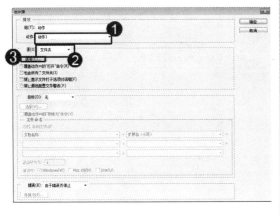

图 13-33

step 5　返回【批处理】对话框，单击【确定】按钮，如图 13-35 所示，这样即可完成处理一批图像文件的操作。

图 13-35

step 4　① 弹出【浏览文件夹】对话框，在【选取批处理文件夹】区域中，选择准备批处理图像的文件夹，② 单击【确定】按钮，如图 13-34 所示。

图 13-34

step 6　在 Photoshop CS6 中可查看图像批处理的效果，如图 13-36 所示。

图 13-36

13.4.2　裁剪并修齐照片

在 Photoshop CS6 中，如果某一图像文件中包含许多张照片，用户可以使用【裁剪并修齐照片】命令将这些照片分离出来。下面介绍裁剪并修齐照片的方法。

1 ① 在 Photoshop CS6 中，打开包含多张照片的图像文件后，单击【文件】主菜单，② 在弹出的下拉菜单中，选择【自动】菜单项，③ 在弹出的子菜单中，选择【裁剪并修齐照片】菜单项，如图 13-37 所示。

图 13-37

step 2 通过上述方法即可完成裁剪并修齐照片的操作，系统自动为每张照片生成一个副本图像文档，如图 13-38 所示。

图 13-38

13.5 范例应用与上机操作

通过本章的学习，读者可以掌握动作与任务自动化方面的知识。下面介绍几个范例应用与上机操作，以达到巩固学习的目的。

13.5.1 修改动作命令参数

在 Photoshop CS6 中完成动作录制后，如果对动作中某一命令的参数值不满意，用户可以对其进行修改。下面介绍修改动作命令参数的方法。

step 1 在【动作】面板中，展开命令所在的动作选项，双击准备修改参数的命令选项，如"亮度/对比度"，如图 13-39 所示。

step 2 ① 弹出【亮度/对比度】对话框，在【亮度】文本框中，输入数值，② 在【对比度】文本框中，输入数值，③ 单击【确定】按钮，如图 13-40 所示，这样即可完成修改动作命令参数的操作。

图 13-39

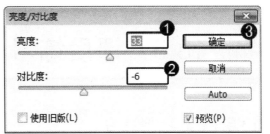

图 13-40

13.5.2 清除全部动作

在 Photoshop CS6 中完成动作录制后，如果对动作不满意，用户可以进行清除全部动作的操作。下面介绍清除全部动作的方法。

step 1 ① 制作动作后，单击【面板】按钮，② 在弹出的下拉菜单中，选择【清除全部动作】菜单项，如图 13-41 所示。

step 2 通过以上方法即可完成清除全部动作的操作，此时，动作面板中的动作已经全部清除，如图 13-42 所示。

图 13-41

图 13-42

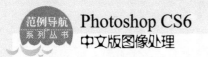

 13.6 课后练习

13.6.1 思考与练习

一、填空题

1. 动作可以包含相应步骤，同时可以执行＿＿＿＿的任务(如使用绘画工具等)。动作也可以包含模态控制，使用户可以在播放动作时在对话框中输入值。用户可以记录、＿＿＿＿、自定义和批处理动作，也可以使用＿＿＿＿来管理各组动作。

2. 在 Photoshop CS6 中，＿＿＿＿是指将同一动作应用于所有的＿＿＿＿，这样可以对需要重复操作的图像进行＿＿＿＿，提高工作效率。

二、判断题

1. 在 Photoshop CS6 中，使用某一动作时，用户不可以在该动作中插入停止命令，让动作播放到某一步时自动停止。

2. 在 Photoshop CS6 中，创建完动作后，用户可以运用该动作对其他图像进行设置。

3. 在 Photoshop CS6 中，处理图像时，如果经常使用同样的动作，用户可以对该动作进行录制，以方便日后重复使用。

三、思考题

1. 如何设置回放选项？
2. 如何在动作中插入路径？

13.6.2 上机操作

1. 启动 Photoshop CS6 软件，进行重排、复制与删除动作的操作练习。

2. 启动 Photoshop CS6 软件，打开"配套素材\第 13 章\素材文件\风景.jpg"文件，进行裁剪修齐素材"风景"的练习。效果文件可参考"配套素材\第 13 章\效果文件\风景 副本.jpg、风景 副本 2.jpg 和风景 副本 3.jpg"。

第14章

Photoshop 图像处理案例解析

本章主要介绍三个 Photoshop 图像处理案例，包括：字体设计案例——线框字体，滤镜设计案例——水晶花，变换设计案例——宠物动态影像。

范 例 导 航

1. 字体设计案例——线框字体
2. 滤镜设计案例——水晶花
3. 变换设计案例——宠物动态影像

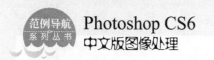

14.1　字体设计案例——线框字体

　　用户可以使用 Photoshop CS6 制作各种精美的艺术字体，这些艺术字体可以应用于图书封面、海报设计、建筑设计和标识设计等领域中。下面介绍制作线框字体的操作方法。

14.1.1　创建文字

　　在 Photoshop CS6 中，创建线框字体之前，用户首先要在新建的图像文字中，输入需要创建的文字。下面介绍创建文字的操作方法。

step 1　① 新建图像文件后，将前景色设置为黑色，② 单击工具箱中的【横排文字】按钮 T，③ 在横排文字工具选项栏中，在【字体】下拉列表框中，选择准备应用的字体，④ 在文档窗口中，输入文字，如图 14-1 所示。

图 14-1

step 2　输入文字后，按 Ctrl+E 快捷键，将文字图层和背景图层向下合并为一个图层，如图 14-2 所示，这样即可完成创建文字的操作。

图 14-2

14.1.2　使用马赛克滤镜

　　创建文字后，用户可以使用马赛克滤镜，对创建的文字进行马赛克处理，这样可以使文字出现线框的轮廓。下面介绍使用马赛克滤镜的操作方法。

step 1 ① 创建文字后，单击【滤镜】主菜单，② 在弹出的下拉菜单中，选择【像素化】菜单项，③ 在弹出的子菜单中，选择【马赛克】菜单项，如图 14-3 所示。

step 2 ① 弹出【马赛克】对话框，在【单元格大小】文本框中，输入单元格大小数值，② 单击【确定】按钮，如图 14-4 所示，这样即可完成使用马赛克滤镜的操作。

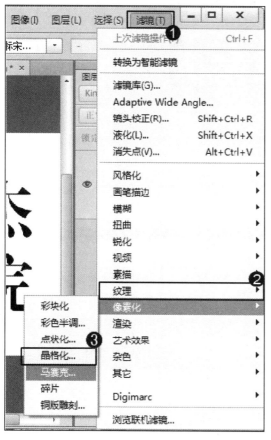

图 14-3

图 14-4

14.1.3 使用照亮边缘滤镜

使用马赛克滤镜制作文字线框后，用户可以使用照亮边缘滤镜，对创建的文字进行照亮边缘的处理，这样可以使文字线框的边缘亮化。下面介绍使用照亮边缘滤镜的操作方法。

step 1 ① 使用马赛克滤镜后，在文档窗口中，单击【滤镜】主菜单，② 在弹出的下拉菜单中，选择【风格化】菜单项，③ 在弹出的子菜单中，选择【照亮边缘】菜单项，如图 14-5 所示。

step 2 ① 弹出【照亮边缘】对话框，在【边缘宽度】文本框中，输入宽度数值，如"2"，② 在【边缘亮度】文本框中，输入亮度数值，如"4"，③ 在【平滑度】文本框中，输入平滑度数值，如"1"，④ 单击【确定】按钮，如图 14-6 所示，这样即可完成使用照亮边缘滤镜的操作。

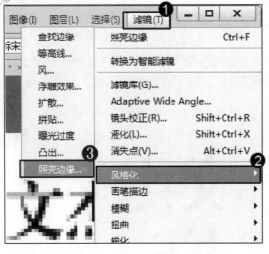

图 14-5

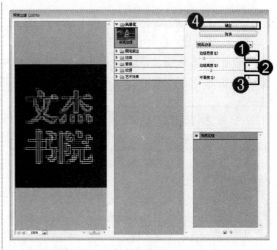

图 14-6

14.1.4 使用查找边缘滤镜

使用照亮边缘滤镜照亮文字线框边缘后，用户可以使用查找边缘滤镜，对创建的文字进行边缘反相操作。下面介绍使用查找边缘滤镜的操作方法。

step 1 ① 照亮文字边缘后，单击【滤镜】主菜单，② 在弹出的下拉菜单中，选择【风格化】菜单项，③ 在弹出的子菜单中，选择【查找边缘】菜单项，如图 14-7 所示。

step 2 通过以上操作即可完成使用查找边缘滤镜的操作，如图 14-8 所示。

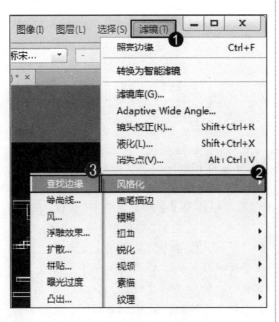

图 14-7

图 14-8

14.1.5 使用【渐变映射】命令

绘制完成线框文字的轮廓后，用户可以使用【渐变映射】命令对线框文字的边缘进行填充。下面介绍使用【渐变映射】命令的操作方法。

step 1 ① 创建线框文字轮廓后，将前景色设置为粉红色，② 在调出的【图层】面板中，单击【创建新的填充或调整图层】下拉按钮 ，③ 在弹出的下拉菜单中，选择【渐变映射】菜单项，如图 14-9 所示。

图 14-9

step 2 通过以上操作即可完成使用【渐变映射】命令的操作，如图 14-10 所示。

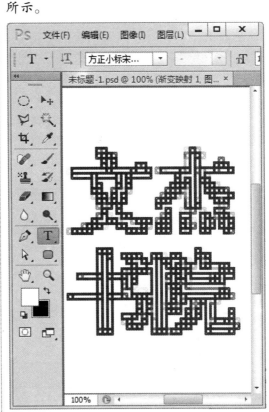

图 14-10

14.1.6 使用【色彩范围】命令

将线框文字主体填充颜色后，用户可以使用【色彩范围】命令将背景色选取出来，然后对其进行删除操作。下面介绍使用【色彩范围】命令的操作方法。

step 1 按 Ctrl+E 快捷键，将渐变映射层和背景层向下合并，然后双击"背景"图层的锁定图标，进行解锁图层的操作，如图 14-11 所示。

step 2 ① 弹出【新建图层】对话框，在【名称】文本框中输入图层名称，② 单击【确定】按钮，如图 14-12 所示。

第 14 章 Photoshop 图像处理案例解析

375

图 14-11

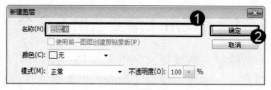

图 14-12

step 3 ① 解锁背景图层后，单击【选择】主菜单，② 在弹出的下拉菜单中，选择【色彩范围】菜单项，如图 14-13 所示。

step 4 ① 弹出【色彩范围】对话框，在【图像预览】区域，当鼠标指针变为 ✐ 形状时，单击鼠标选取背景色，② 单击【确定】按钮，如图 14-14 所示。

图 14-13

图 14-14

step 5 返回到文档窗口中，按 Delete 键，背景色变为透明，如图 14-15 所示。

step 6 按 Ctrl+D 快捷键取消选择，这样即可完成使用【色彩范围】命令的操作，如图 14-16 所示。

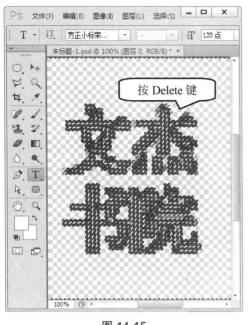

图 14-15

图 14-16

14.1.7 使用魔棒工具

删除线框文字背景色后，用户可以使用魔棒工具将线框文字主体的选区选取出来，然后填充颜色。下面介绍使用魔棒工具的操作方法。

step 1 ① 删除线框文字背景色后，单击工具箱中的【魔棒工具】按钮 ，② 在文档窗口中，选取需要填充颜色的选区，如图 14-17 所示。

step 2 ① 选取选区后，将背景色设置为蓝色，② 在文档窗口中，按 Ctrl+Delete 快捷键，将选区填充为蓝色，如图 14-18 所示。

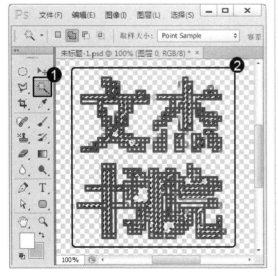

图 14-17

图 14-18

step 3 按 Ctrl+D 快捷键取消选择，如图 14-19 所示。

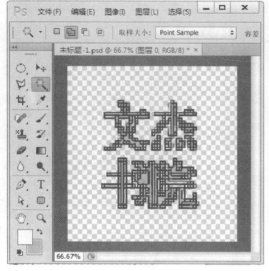

图 14-19

step 4 保存文档，这样即可完成制作线框字体的操作，如图 14-20 所示。

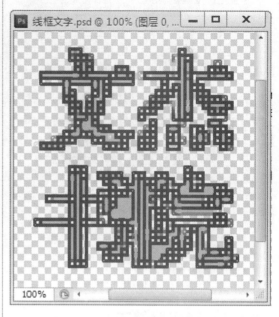

图 14-20

14.2 滤镜设计案例——水晶花

用户可以使用 Photoshop CS6 的滤镜功能制作各种精美的艺术效果，这些艺术效果可以应用于广告设计等领域中。下面介绍制作水晶花的操作方法。

14.2.1 制作花朵图形

在 Photoshop CS6 中，创建水晶花之前，用户需要在新建的文档中，制作花朵的基本图形。下面介绍制作花朵图形的操作方法。

step 1 ① 启动 Photoshop CS6 主程序，单击【文件】主菜单，② 在弹出的下拉菜单中，选择【新建】菜单项，如图 14-21 所示。

step 2 ① 弹出【新建】对话框，在【名称】文本框中，输入新建图像的名称，② 在【宽度】文本框中，输入新建文件的宽度值，如 "800" 像素，③ 在【高度】文本框中，输入新建文件的高度值，如 "800" 像素，④ 单击【确定】按钮，如图 14-22 所示。

图 14-21

step 3 ① 新建空白文档后，将背景色设置为黑色，② 在文档窗口中，按 Ctrl+Delete 快捷键，将创建的文档填充为黑色，如图 14-23 所示。

图 14-23

step 5 ① 复制图层后，单击【滤镜】主菜单，② 在弹出的下拉菜单中，选择【渲染】菜单项，③ 在弹出的子菜单中，选择【镜头光晕】菜单项，如图 14-25 所示。

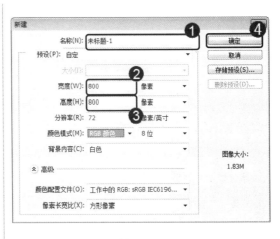

图 14-22

step 4 将新建的空白文档填充成黑色后，按 Ctrl+J 快捷键，复制背景图层，如图 14-24 所示。

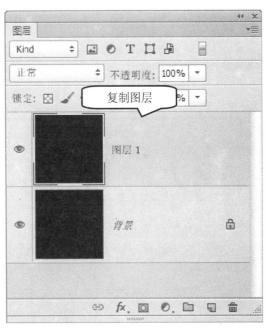

复制图层

图 14-24

step 6 ① 弹出【镜头光晕】对话框，在【镜头类型】选项组中，选中【电影镜头】单选按钮，② 在【高度】文本框中，输入光晕的扩散高度值，③ 在【预览】区域，指定镜头光晕的位置，④ 单击【确定】按钮，如图 14-26 所示。

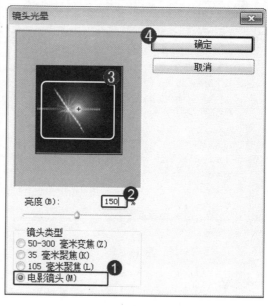

图 14-25

图 14-26

step 7 这样即可完成制作花朵光晕效果的操作，如图 14-27 所示。

step 8 ① 单击【滤镜】主菜单，② 在弹出的下拉菜单中，选择【扭曲】菜单项，③ 在弹出的子菜单中，选择【旋转扭曲】菜单项，如图 14-28 所示。

图 14-27

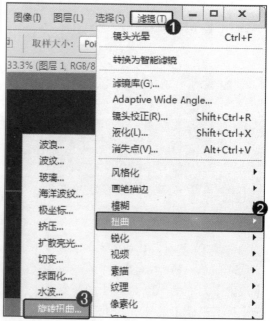

图 14-28

step 9 ① 弹出【旋转扭曲】对话框，在【角度】文本框中输入旋转角度值，如"50"，② 单击【确定】按钮，如图 14-29 所示。

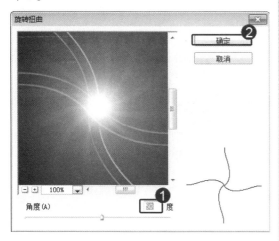

图 14-29

step 10 这样即可使光晕图形产生旋转效果，如图 14-30 所示。

图 14-30

step 11 按 Ctrl+J 快捷键，复制"图层 1"图层，如图 14-31 所示。

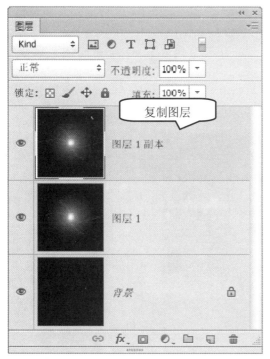

图 14-31

step 12 复制图层后，将复制图层的混合模式设置为"变亮"模式，如图 14-32 所示。

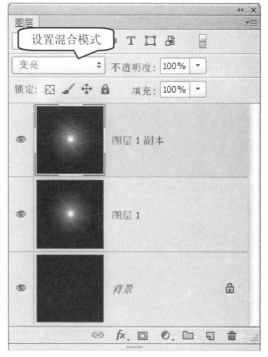

图 14-32

第 14 章 Photoshop 图像处理案例解析

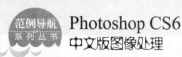

step13 设置图层混合模式后，按 Ctrl+T 快捷键，进入自由变换模式，图像中显示定界框，如图 14-33 所示。

step14 在定界框内部右击，在弹出的快捷菜单中，选择【水平翻转】菜单项，如图 14-34 所示。

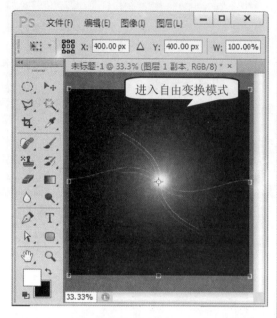

图 14-33

图 14-34

step15 水平翻转图形后，按 Enter 键退出自由变换模式，图像如图 14-35 所示。

step16 按 Ctrl+E 快捷键，向下合并一个图层，如图 14-36 所示。

图 14-35

图 14-36

step 17 按 Ctrl+J 快捷键，复制"图层 1"图层，如图 14-37 所示。

step 18 复制图层后，将复制图层的混合模式设置为"变亮"模式，如图 14-38 所示。

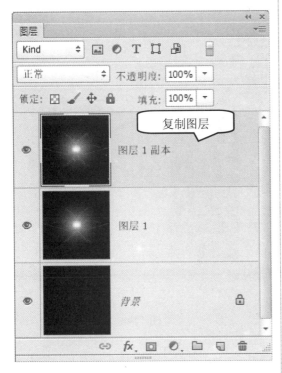

图 14-37

图 14-38

step 19 设置图层混合模式后，按 Ctrl+T 快捷键，进入自由变换模式，图像中显示定界框，如图 14-39 所示。

step 20 在定界框内部右击，在弹出的快捷菜单中，选择【旋转 90 度(顺时针)】菜单项，如图 14-40 所示。

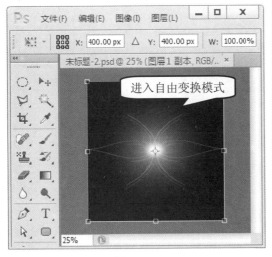

图 14-39

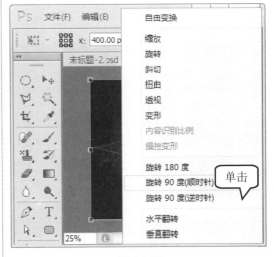

图 14-40

step 21 顺时针 90 度旋转图形后，按 Enter 键退出自由变换模式，图像如图 14-41 所示。

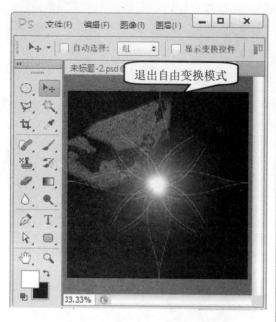

图 14-41

step 22 按 Ctrl+E 快捷键，向下合并一个图层，如图 14-42 所示。

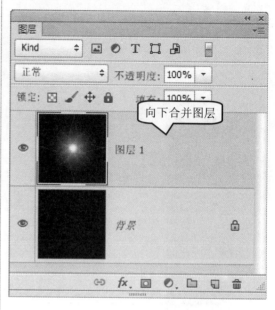

图 14-42

step 23 按 Ctrl+J 快捷键，复制"图层 1"图层，如图 14-43 所示。

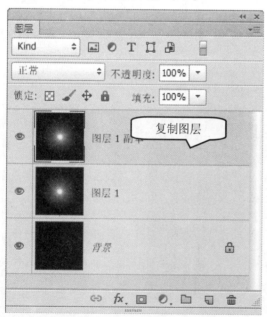

图 14-43

step 24 复制图层后，将复制图层的混合模式设置为"变亮"模式，如图 14-44 所示。

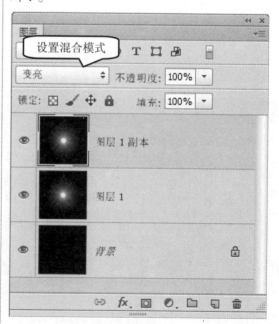

图 14-44

step 25 设置图层混合模式后，按 Ctrl+T 快捷键，进入自由变换模式，图像中显示定界框，如图 14-45 所示。

图 14-45

step 26 在工具选项栏中，在【旋转角度】文本框中，输入图形旋转角度值，如 "45"，如图 14-46 所示。

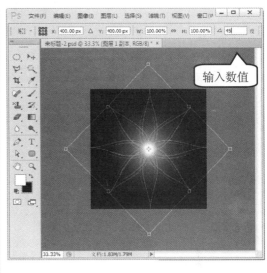

图 14-46

step 27 旋转图形后，按 Enter 键退出自由变换模式，图像如图 14-47 所示。

图 14-47

step 28 按 Ctrl+E 快捷键，向下合并一个图层，如图 14-48 所示。

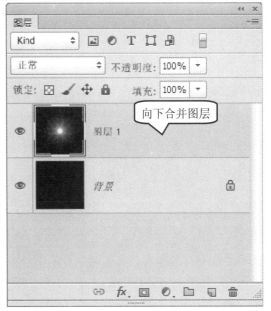

图 14-48

第 14 章 Photoshop 图像处理案例解析

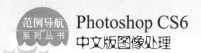
step 29 按 Ctrl+J 快捷键，复制"图层 1"图层，如图 14-49 所示。

图 14-49

step 30 复制图层后，将复制图层的混合模式设置为"变亮"模式，如图 14-50 所示。

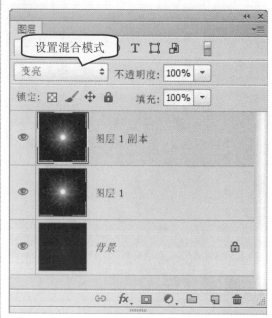

图 14-50

step 31 设置图层混合模式后，按 Ctrl+T 快捷键，进入自由变换模式，图像中显示定界框，如图 14-51 所示。

图 14-51

step 32 在工具选项栏中，在【旋转角度】文本框中，输入图形旋转角度值，如"22.5"，如图 14-52 所示。

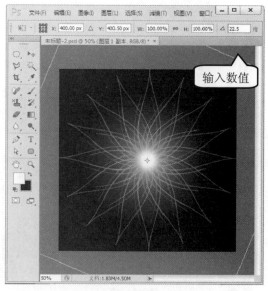

图 14-52

step33 旋转图形后，按 Enter 键退出自由变换模式，图像如图 14-53 所示。

图 14-53

step34 按 Ctrl+E 快捷键，向下合并一个图层，如图 14-54 所示，这样即可完成绘制花朵图形的操作。

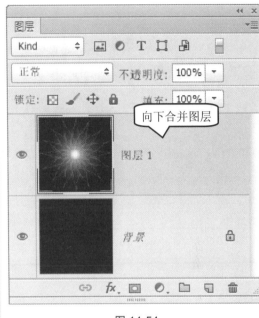

图 14-54

14.2.2 在通道中提取选区

在 Photoshop CS6 中，绘制花朵图形后，用户可以在通道中提取选区，填充颜色。下面介绍在通道中提取选区的操作方法。

step1 按 Ctrl+3 快捷键，在文档窗口中，显示红色通道的灰色图像，如图 14-55 所示。

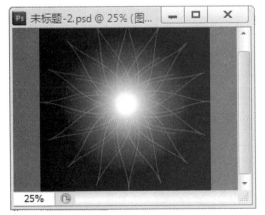

图 14-55

step2 按 Ctrl+4 快捷键，在文档窗口中，显示绿色通道的灰色图像，如图 14-56 所示。

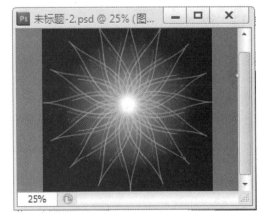

图 14-56

step 3 按 Ctrl+5 快捷键，在文档窗口中，显示蓝色通道的灰色图像，如图 14-57 所示。

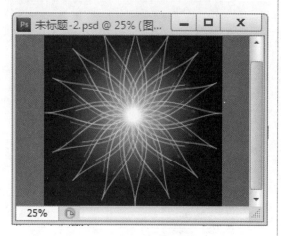

图 14-57

step 4 在【通道】面板中，在按住 Ctrl 键的同时单击蓝色通道，载入蓝色通道选区，如图 14-58 所示。

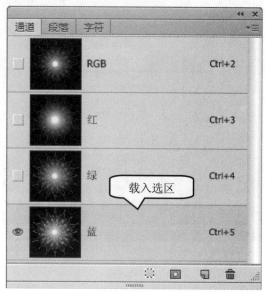

图 14-58

step 5 按 Ctrl+2 快捷键，在文档窗口中，显示 RGB 复合图像，如图 14-59 所示。

图 14-59

step 6 ①按 Ctrl+J 快捷键，将选区内的图像复制到一个新的图层上，② 在【图层】面板中单击【锁定透明像素】按钮 ◫，锁定复制图层的透明区域，如图 14-60 所示。

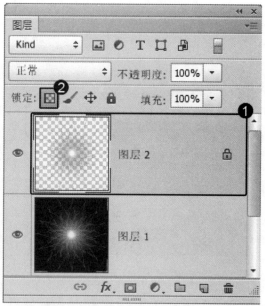

图 14-60

step 7　在【图层】面板中，单击"图层1"图层前的【指示图层可见性】按钮 👁，隐藏"图层1"图层，如图14-61所示。

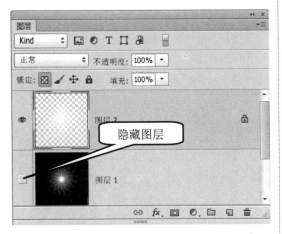

隐藏图层

图 14-61

step 8　① 在【图层】面板中，选择"图层2"图层并将其填充成白色，② 这样即可在通道中提取选区，如图14-62所示。

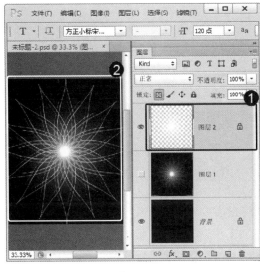

图 14-62

14.2.3　制作彩色水晶花

在 Photoshop CS6 中，用户在通道中提取选区并填充颜色后，即可开始制作彩色水晶花的最终效果。下面介绍制作彩色水晶花的操作方法。

step 1　① 在【图层】面板中，单击【添加图层样式】下拉按钮 fx，② 在弹出的下拉菜单中，选择【外发光】菜单项，如图14-63所示。

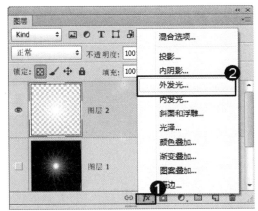

图 14-63

step 2　① 打开【图层样式】对话框，在【混合模式】下拉列表框中，选择【滤色】选项，② 在【颜色】框中，设置准备外发光的颜色，③ 在【大小】文本框中，输入外发光大小的数值，④ 单击【确定】按钮，如图14-64所示。

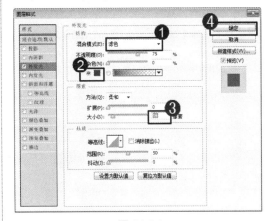

图 14-64

第 14 章　Photoshop 图像处理案例解析

389

step 3 在【图层】面板中，按 Ctrl+Shift+Alt+E 组合键，盖印图层，如图 14-65 所示。

step 4 保存文档，这样即可完成制作彩色水晶花的操作，如图 14-66 所示。

图 14-65

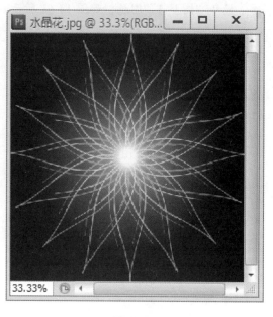

图 14-66

14.3 变换设计案例——宠物动态影像

使用 Photoshop CS6 的自由变换功能，用户可以制作出各种艺术效果，如变换图形角度、形状等，也可以制作出图形动态影像的效果。下面介绍制作宠物动态影像的操作方法。

14.3.1 自由变换素材图形

在 Photoshop CS6 中，打开素材文件后，用户首先要制作出一个表现动态效果的基础图形，以便后续操作可以该基础图形为坐标进行自由变换。下面介绍自由变换素材图形的操作方法。

step 1 打开素材文件后，在【图层】面板中，按 Ctrl+J 快捷键，复制"宠物"图层，如图 14-67 所示。

step 2 ① 选择复制后的图层，如"宠物 副本"图层，② 按 Ctrl+T 快捷键，进入自由变换模式，在图像中显示定界框，如图 14-68 所示。

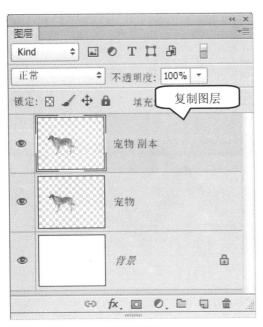

图 14-67

图 14-68

step 3　将中心点拖动到定界框外,如图 14-69 所示。

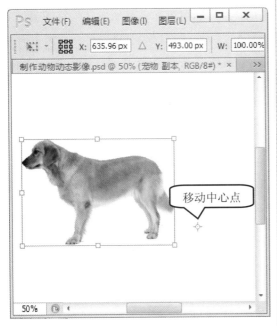

图 14-69

step 4　① 在工具选项栏中,在【旋转角度】文本框中,输入图形旋转角度值,如"12",② 此时,文档窗口中的图像跟随旋转角度旋转, 如图 14-70 所示。

图 14-70

step 5　旋转图形后, 在按住 Shift 键的同时成比例地缩放图像, 如图 14-71 所示。

step 6　成比例地缩放图像后, 按 Enter 键, 退出自由变换模式,图像如图 14-72 所示, 这样即可完成自由变换素材图像的操作。

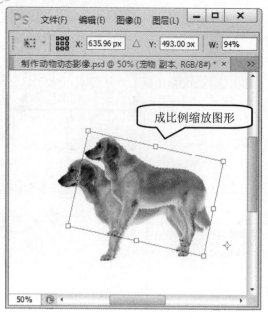

图 14-71

图 14-72

14.3.2 制作宠物动态影像效果

在 Photoshop CS6 中，制作旋转的宠物效果后，用户即可制作动态影像的最终效果。下面介绍制作宠物动态影像效果的操作方法。

step 1 在【图层】面板中，选择"宠物 副本"图层，在【不透明度】文本框中输入不透明度的数值，如"60%"，如图 14-73 所示。

step 2 设置图像效果后，按 Ctrl+Shift+Alt+T 组合键，生成一个新的旋转效果的图像，如图 14-74 所示。

图 14-73

图 14-74

step 3 在【图层】面板中，新生成的旋转图像将成为一个新图层，如"宠物 副本 2"图层，如图 14-75 所示。

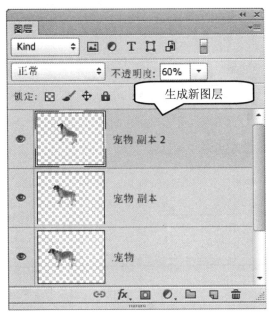

图 14-75

step 4 连续按 Ctrl+Shift+Alt+T 组合键 30 次，最终图像如图 14-76 所示。

图 14-76

step 5 在【图层】面板中，选择最后生成的图层，如"宠物 副本 30"图层，如图 14-77 所示。

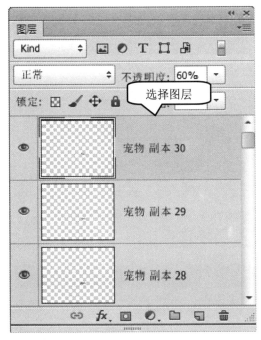

图 14-77

step 6 在【图层】面板中，在按住 Shift 键的同时，选择"宠物 副本"图层，这样即可将所有通过复制和变换生成的图层全部选中，如图 14-78 所示。

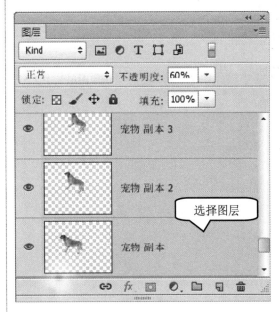

图 14-78

step 7 按 Ctrl+E 快捷键，将选择的图层合并为一个图层，如"宠物 副本 30"，如图 14-79 所示。

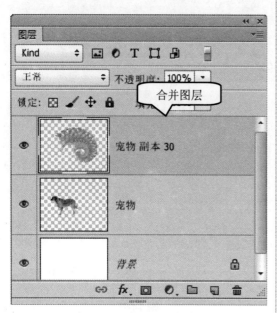

图 14-79

step 8 将合并后的图层拖曳移动至"宠物"图层的下方，如图 14-80 所示。

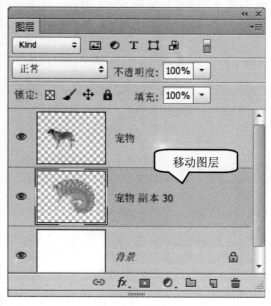

图 14-80

step 9 在【图层】面板中，按 Ctrl+Shift+Alt+E 组合键，盖印图层，如图 14-81 所示。

图 14-81

step 10 保存文档，这样即可完成制作宠物动态影像效果的操作，如图 14-82 所示。

图 14-82

课后练习答案

第 1 章

1.7.1 思考与练习

一、填空题

1. 图像扫描 图像制作 图像输入与输出
2. 像素 小方格 越丰富
3. 矢量图 矢量图 不失真

二、判断题

1. √
2. √
3. ×

三、思考题

1. 状态栏用于显示文档的窗口缩放比例、文档尺寸和当前工具等信息。单击状态栏中的右三角按钮，在弹出的下拉菜单中选择【显示】菜单项，在弹出的子菜单中可以选择【文档大小】、【文档配置文件】、【文档尺寸】、【测量比例】、【暂存盘大小】、【效率】、【即时】、【当前工具】、【32 位曝光】和 Save Progress 等子菜单项。

2. 在 Photoshop CS6 中打开图像，单击【视图】主菜单；在弹出的下拉菜单中，选择【标尺】菜单项。

返回到 Photoshop CS6 工作主界面中，在图像文档窗口顶部和左侧显示出标尺刻度器，这样即可完成启动标尺的操作。

1.7.2 上机操作

1. 打开图像后，单击【窗口】主菜单；在弹出的下拉菜单中，选择【动画】菜单项，这样即可在现有工作区的基础上添加用户需要的面板。

打开图像文件后，单击【窗口】主菜单；在弹出的下拉菜单中，选择【工作区】菜单项；在弹出的子菜单中，选择【新建工作区】菜单项。

弹出【新建工作区】对话框，在【名称】文本框中，输入保存的工作区名称，单击【存储】按钮，这样即可完成定制自己的工作区的操作。

2. 打开图像后，单击【视图】主菜单；在弹出的下拉菜单中，选择【显示】菜单项；在弹出的子菜单中，选择【网格】菜单项。

启用网格功能后，在文档窗口中将显示网格，这样即可完成显示网格的操作。

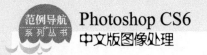

第 2 章

2.6.1　思考与练习

一、填空题

1. 新建文件　背景图层　图像丢失
2. 打开图像文件　素材　操作空间
3. 置入文件　导出文件
4. 整体或局部　使用【导航器】面板查看图像　使用抓手工具查看图像

二、判断题

1. √
2. ×
3. √

三、思考题

1. 在 Photoshop CS6 中，保存图像文件后，单击【文件】主菜单；在弹出的下拉菜单中，选择【关闭】菜单项，这样即可完成关闭图像文件的操作。

2. 在 Photoshop CS6 中，调出【导航器】面板后，在【导航器】预览窗口中，使用鼠标左键，拖动红框至准备查看的图像区域，然后释放鼠标左键，这样即可完成使用【导航器】面板查看图像的操作。

2.6.2　上机操作

1. 启动 Photoshop CS6 主程序，单击【文件】主菜单；在弹出的下拉菜单中，选择【新建】菜单项。

弹出【新建】对话框，在【名称】文本框中，输入新建图像的名称；在【宽度】文本框中，输入新建文件的宽度值；在【高度】文本框中，输入新建文件的高度值；单击【确定】按钮，这样即可完成新建图像文件的操作。

2. 在 Photoshop CS6 中，保存多个图像文件后，单击【文件】主菜单；在弹出的下拉菜单中，选择【关闭全部】菜单项，这样即可完成关闭全部图像文件的操作。

第 3 章

3.8.1　思考与练习

一、填空题

1. 像素与分辨率　图像的大小　不失真
2. 尺寸和画布大小　图像尺寸　画布大小

3. 复制与粘贴 剪切 清除

二、判断题

1. ×

2. √

3. √

三、思考题

1. 在 Photoshop CS6 中，单击【图像】主菜单；在弹出的下拉菜单中，选择【图像大小】菜单项。弹出【图像大小】对话框，在【文档大小】选项组中，在【宽度】文本框中，输入准备设置的图像宽度值，这样即可完成修改图像尺寸的操作。

2. 打开图像文件后，选择准备斜切图像的图层；按 Ctrl+T 快捷键，图像中出现边界框、中心点和控制点；右击图像文件，在弹出的快捷菜单中，选择【斜切】菜单项。

将光标定位在定界框外靠近上方处，当光标变形时，按住鼠标左键并拖动鼠标对图像进行斜切操作，然后按 Enter 键，这样即可完成斜切图像的操作。

3.8.2　上机操作

1. 打开图像文件后，单击【图像】主菜单；在弹出的下拉菜单中，选择【图像大小】菜单项。

弹出【图像大小】对话框，在【像素大小】选项组中，在【宽度】文本框中，输入图像像素大小的数值，如"1000"，单击【确定】按钮，这样即可完成修改图像像素的操作。

2. 打开图像文件后，选择准备透视图像的图层；按 Ctrl+T 快捷键，图像中出现边界框、中心点和控制点；右击图像文件，在弹出的快捷菜单中，选择【透视】菜单项。

将光标定位在定界框外靠近上方处，当光标变形时，按住鼠标左键并拖动鼠标对图像进行透视操作，然后按 Enter 键，这样即可完成透视图像的操作。

第 4 章

4.10.1　思考与练习

一、填空题

1. 【扩大选取】 【选取相似】

2. 调整边缘 收缩选区 羽化选区

二、判断题

1. ×

2. √

三、思考题

1. 打开准备创建选区的图像文件，单击【选择】主菜单；在弹出的下拉菜单中，选择

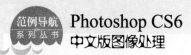

【全部】菜单项。

返回到文档窗口中，此时图像区域将全部选中，这样即可完成使用【全部】菜单命令创建选区的操作。

2. 创建一个选区后，单击【选择】主菜单；在弹出的下拉菜单中，选择【修改】菜单项；在弹出的子菜单中，选择【扩展】菜单项。

弹出【扩展选区】对话框，在【扩展量】文本框中输入扩展数值，单击【确定】按钮。返回到文档窗口中，创建的选区已经被扩展，这样即可完成扩展选区的操作。

4.10.2 上机操作

1. 在 Photoshop CS6 中，用户可以使用工具箱中的矩形选框工具、椭圆选框工具、单行选框工具、单列选框工具等创建规则形状选区，请操作练习。

2. 在 Photoshop CS6 中，用户可以使用工具箱中的套索工具、多边形套索工具和磁性套索工具等创建不规则形状选区，请操作练习。

第 5 章

5.6.1 思考与练习

一、填空题

1. 修复图像 修复画笔工具 污点修复画笔工具
2. 仿制图章工具 图案图章工具 图像
3. 模糊工具 涂抹工具 海绵工具

二、判断题

1. ×
2. √
3. ×

三、思考题

1. 打开图像后，单击工具箱中的【修补工具】按钮；在文档窗口中，当鼠标指针变形时，划取需要修补的图像区域。

将鼠标指针移动至选区周围，当鼠标指针变形时，按住鼠标左键并拖动鼠标，将选区移动到可以替换需要修补的图像的位置。

此时在文档窗口中，图像中的文字部分已经被修补，这样即可完成使用修补工具修复图像的操作。

2. 打开图像文件后，在工具箱中，单击【锐化工具】按钮；在文档窗口中，对准备锐化的图像进行涂抹操作。

对图像进行反复的涂抹操作，在达到满意的制作效果后释放鼠标，这样即可完成使用锐化工具锐化图像的操作。

5.6.2 上机操作

1. 打开图像文件后，单击工具箱中的【红眼工具】按钮；在文档窗口中，当鼠标指针变形时，在需要修复红眼的地方单击。

此时在文档窗口中，图像中红眼的部分已经被修复，这样即可完成使用红眼工具修复图像的操作。

2. 打开图像文件后，在工具箱中，单击【橡皮擦工具】按钮；在工具箱中的【背景色】框中，设置准备擦除图像的颜色；在文档窗口中，对准备擦除的图像区域进行涂抹操作。

对图像进行反复的涂抹操作，图像中的文字就会被擦除干净，这样即可完成使用橡皮擦工具的操作。

第 6 章

6.6.1 思考与练习

一、填空题

1. 自动校正图像色彩与色调　自动调整对比度
2. 【渐变映射】命令　【阈值】命令　【黑白】命令
3. 【替换颜色】命令　【通道混合器】命令

二、判断题

1. ×
2. √
3. √

三、思考题

1. 打开图像文件后，单击【图像】主菜单；在弹出的下拉菜单中，选择【自动颜色】菜单项。此时，图像的颜色已经自动调整，这样即可完成使用【自动颜色】命令自动校正图像偏色问题的操作。

2. 打开图像文件后，单击【图像】主菜单；在弹出的下拉菜单中，选择【调整】菜单项；在弹出的子菜单中，选择【色彩平衡】菜单项。

弹出【色彩平衡】对话框，向左滑动【青色】滑块，向左滑动【洋红】滑块，单击【确定】按钮，这样即可完成使用【色彩平衡】命令调整图像偏色问题的操作。

6.6.2 上机操作

1. 打开素材文件后，单击【图像】主菜单；在弹出的下拉菜单中，选择【调整】菜单项，在弹出的子菜单中，选择【渐变映射】菜单项。

弹出【渐变映射】对话框，在【灰度映射所用的渐变】下拉列表框中，设置渐变映射选项，单击【确定】按钮。

返回到文档窗口中，图像已经设置成渐变映射的颜色，这样即可完成制作图像渐变效果的操作。

2. 打开素材文件后，单击【图像】主菜单；在弹出的下拉菜单中，选择【调整】菜单项；在弹出的子菜单中，选择【照片滤镜】菜单项。

弹出【照片滤镜】对话框，选中【滤镜】单选按钮，在【滤镜】下拉列表框中，设置滤镜颜色；在【浓度】文本框中，输入滤镜颜色的浓度数值，单击【确定】按钮。

返回到文档窗口中，图像已经按照设定的滤镜颜色显示，这样即可完成制作图像颜色滤镜效果的操作。

第 7 章

7.7.1 思考与练习

一、填空题

1. 前景色 背景色
2. RGB 颜色模式 灰度模式 Lab 颜色模式
3. 画笔的大小、硬度和形状 设置绘图模式 形状动态

二、判断题

1. √
2. ×
3. √

三、思考题

1. 在 Photoshop CS6 中，在工具箱中单击【吸管工具】按钮，在图像文件上单击以拾取准备应用的颜色，这样即可完成使用吸管工具快速吸取颜色的操作。

2. 在 Photoshop CS6 中，在工具箱中单击【画笔工具】按钮，在画笔工具选项栏中，在【模式】下拉列表框中，选择准备应用的绘图模式选项，这样即可完成设置绘图模式的操作。

7.7.2 上机操作

1. 在 Photoshop CS6 中，用户可以将图像色彩模式转换为 RGB 颜色模式、CMYK 颜色模式、灰度模式、位图模式、双色调模式、索引颜色模式和 Lab 颜色模式等。

2. 在 Photoshop CS6 中，用户可以在打开的图像中，使用【填充】菜单命令、使用油漆桶工具和使用渐变工具填充颜色，从而熟练掌握填充颜色的操作方法。

第8章

8.11.1 思考与练习

一、填空题

1. 杂色滤镜 模糊滤镜
2. 风格化 画笔描边
3. "平面坐标到极坐标" "极坐标到平面坐标"

二、判断题

1. √
2. √
3. ×

三、思考题

1. 打开图像文件后，单击【滤镜】主菜单；在弹出的下拉菜单中，选择【渲染】菜单项；在弹出的子菜单中，选择【分层云彩】菜单项，这样即可完成使用分层云彩滤镜的操作。

2. 打开图像文件后，单击【滤镜】主菜单；在弹出的下拉菜单中，选择【其它】菜单项，在弹出的子菜单中，选择【高反差保留】菜单项。

弹出【高反差保留】对话框，在【半径】文本框中，输入高反差保留的半径值，单击【确定】按钮，这样即可完成使用高反差保留滤镜的操作。

8.11.2 上机操作

1. 打开图像文件后，单击【滤镜】主菜单、在弹出的下拉菜单中，选择【艺术效果】菜单项；在弹出的子菜单中，选择【粗糙蜡笔】菜单项。

弹出【粗糙蜡笔】对话框，在【描边长度】文本框中，输入描边的长度值；在【描边细节】文本框中，输入描边的细节值；在【纹理】下拉列表框中，选择【画布】选项；在【缩放】文本框中，输入图像缩放的数值；在【凸现】文本框中，输入图像凸现的数值；单击【确定】按钮，这样即可完成制作图像蜡笔效果的操作。

2. 打开图像文件后，单击【滤镜】主菜单；在弹出的下拉菜单中，选择【像素化】菜单项；在弹出的子菜单中，选择【晶格化】菜单项。

弹出【晶格化】对话框，在【单元格大小】文本框中，输入图像晶格化的大小数值，单击【确定】按钮，这样即可完成制作照片晶格化效果的操作。

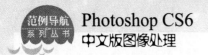

第 9 章

9.8.1 思考与练习

一、填空题

1. 开放式路径 闭合式路径 子路径
2. 填充颜色 描边
3. 锚点 平滑点和角点 方向线

二、判断题

1. √
2. ×
3. √

三、思考题

1. 在【路径】面板中，右击准备删除的路径；在弹出的快捷菜单中，选择【删除路径】菜单项，这样即可完成删除路径的操作。

2. 绘制一个自定义形状的路径后，按 Ctrl+Enter 快捷键，这样即可完成从路径建立选区的操作。

9.8.2 上机操作

1. 新建图像文件后，单击工具箱中的【矩形工具】按钮；在工具选项栏中，选择 Path 选项；在文档窗口中，绘制一个矩形路径，这样即可完成使用矩形工具绘制矩形路径的操作。

2. 新建图像文件后，单击工具箱中的【椭圆工具】按钮；在椭圆工具选项栏中，选择 Path 选项；在文档窗口中，绘制一个椭圆路径，这样即可完成使用椭圆工具绘制椭圆路径的操作。

第 10 章

10.9.1 思考与练习

一、填空题

1. 组成关系 所有图层
2. 文字图层 形状图层 编辑

二、判断题

1. √

2. ×

3. √

三、思考题

1. 打开图像文件，在【图层】面板中，右击任意一个可见图层；在弹出的快捷菜单中，选择【合并可见图层】菜单项，这样即可完成合并可见图层的操作。

2. 打开已经创建图层样式的图像文件后，右击准备删除的图层样式；在弹出的快捷菜单中，选择【清除图层样式】菜单项。

返回到【图层】面板中，此时，创建的图层样式已经被清除，这样即可完成删除图层样式的操作。

10.9.2 上机操作

1. 在 Photoshop CS6 中，在【图层】面板中，单击【创建新图层】按钮，这样即可完成创建普通透明图层的操作。

2. 打开图像文件并选择准备设置渐变叠加样式的图层，打开【图层样式】对话框，选择【渐变叠加】选项；在【渐变】下拉列表框中，设置准备使用的渐变颜色；单击【确定】按钮，这样即可完成设置渐变叠加样式的操作。

第 11 章

11.9.1 思考与练习

一、填空题

1. 通道 不透明度 Alpha 通道
2. 矢量蒙版 形状工具 显示区域
3. 剪贴组 显示状态 剪贴画

二、判断题

1. √

2. √

3. ×

三、思考题

1. 打开图像文件后，在【图层】面板中，右击需要停用的图层蒙版；在弹出的快捷菜单中，选择【停用图层蒙版】菜单项。

此时，选中的图层蒙版已经停用，这样即可完成停用图层蒙版的操作。

2. 打开图像文件后，单击工具箱中的【快速蒙版】按钮，将前景色设置成黑色，单击【画笔】工具按钮。

在文档窗口中，使用画笔工具，涂抹需要创建选区的图像。

涂抹完图像后，再次单击【快速蒙版】按钮，这样即可完成应用快速蒙版创建选区的操作。

11.9.2　上机操作

1. 打开图像文件后，在【通道】面板中，单击【创建新通道】按钮，这样即可完成创建 Alpha 通道的操作。

2. 在【图层】面板中，选择准备添加图层蒙版的图层；在【图层】面板底部，单击【添加图层蒙版】按钮，这样即可完成创建图层蒙版的操作。

第 12 章

12.8.1　思考与练习

一、填空题

1. 文字工具　文字选区　直排文字
2. 段落文字　设置段落的对齐与缩进方式　前后间距
3. 形状　设置变形选项

二、判断题

1. ×
2. √
3. ×

三、思考题

1. 打开图像文件，单击工具箱中的【直排文字】按钮；在直排文字工具选项栏中，在【字体】下拉列表框中选择字体，在【字号大小】下拉列表框中设置字号大小，在文档窗口中，在指定位置单击并输入文字。

输入直排文字后，按 Ctrl+Enter 快捷键，这样即可退出文字编辑状态，完成创建直排文字的操作。

2. 创建文字后，在【图层】面板中，右击准备转换为形状图层的文字图层；在弹出的快捷菜单中，选择【转换为形状】菜单项。

此时，返回到文档窗口中，文字已经转换成形状，这样即可完成将文字转换为形状的操作。

12.8.2　上机操作

1. 打开素材文件后，在按住 Ctrl 键的同时，在【图层】面板中，单击准备选择文字选区的文字图层。

此时，文档窗口中的文字选区已经被选中，这样即可完成选择文字选区的操作。

2. 打开素材文件后，单击【编辑】主菜单；在弹出的下拉菜单中，选择【查找和替换文本】菜单项。

弹出【查找和替换文本】对话框，在【查找内容】文本框中，输入准备查找的文字，如"包"；在【更改为】文本框中，输入准备替换的文字，如"堡"；单击【更改全部】按钮。

弹出 Adobe Photoshop CS6 对话框，单击【确定】按钮，这样即可完成查找和替换文字的操作。

第 13 章

13.6.1　思考与练习

一、填空题

1. 无法记录　编辑　动作组
2. 批处理　目标文件　快速设置

二、判断题

1. ×
2. √
3. √

三、思考题

1. 打开图像文件后，单击【面板】按钮；在弹出的下拉菜单中，选择【回放选项】菜单项。

弹出【回放选项】对话框，选中【加速】单选按钮，单击【确定】按钮，这样即可完成设置回放选项的操作。

2. 打开图像文件后，在【动作】面板中，选中准备插入路径的动作，单击【开始记录】按钮。

开始记录动作后，单击【工具箱】中的【矩形工具】按钮；在选项栏中，选择 Path 选项；在文档窗口中，绘制一个矩形路径。

返回到【动作】面板中，单击【停止记录】按钮，这样即可完成在动作中插入路径的操作。

13.6.2　上机操作

1. 打开图像文件后，在【动作】面板中，选择准备排序的动作并按住鼠标左键拖动至指定位置，然后释放鼠标左键，这样即可完成重排动作的操作。

打开图像文件后，在【动作】面板中，选中需要复制的动作；单击【面板】按钮，在弹出的下拉菜单中，选择【复制】菜单项，这样即可完成复制动作的操作。

　　打开图像文件后，在【动作】面板中，选中需要删除的动作；单击【面板】按钮，在弹出的下拉菜单中，选择【删除】菜单项。弹出 Adobe Photoshop CS6 对话框，单击【确定】按钮，这样即可完成删除动作的操作。

　　2. 在 Photoshop CS6 中，打开包含多张照片的图像文件后，单击【文件】主菜单；在弹出的下拉菜单中，选择【自动】菜单项；在弹出的子菜单中，选择【裁剪并修齐照片】菜单项。

　　通过上述方法即可完成裁剪并修齐照片的操作，系统自动为每张照片生成一个副本图像文档。